普通高等教育"十二五"规划教材

高等学校计算机科学与技术系列教材

高级 Web 程序设计

——ASP.NET 网站开发

吴志祥　李光敏　郑军红　主编

科　学　出　版　社

北　京

内 容 简 介

本书以实际应用为目的,以介绍 ASP.NET Web 应用程序开发所需的关键技术为主线,系统地介绍了基于 C#语言的 ASP.NET 网站开发的控件和对象编程技术。全书共 17 章,主要内容包括高级 Web 程序设计的基础知识、ASP.NET 网站开发环境与运行环境、C#语言编程、各类 Web 服务器控件、ASP.NET 的内置对象与 HTTP 状态信息管理、使用 ADO.NET 访问数据库、用户控件、Web 服务、母版技术、XML 技术和 Web 环境下的文件与目录操作等。其中,ADO.NET 数据库编程是 ASP.NET 网站开发的核心内容。

为方便教学,本书每章都有配套的上机实验和习题(含答案)。这些实验内容和习题凸显了本章的知识要点,通过实践环节体现做中学的道理。与本书配套的教学网站,包括教学大纲、实验大纲、实验效果演示、源代码下载、在线测试和综合示例网站(鲜花网站)等,极大地方便了教与学。

本书结构合理,逻辑性强,写作特色鲜明。每个章节、每个知识点都有精心设计的典型例子说明其用法,各章节之间的联系紧凑、自然。

本书可以作为高等院校计算机专业及相关专业学生学习高级网页设计或 Web 程序设计的教材,还可以作为网页设计爱好者学习网页设计的参考书。

图书在版编目(CIP)数据

高级 Web 程序设计—ASP.NET 网站开发/吴志祥,李光敏,郑军红主编.
—北京:科学出版社,2013.2

普通高等教育"十二五"规划教材 高等学校计算机科学与技术系列教材
ISBN 978-7-03-036732-7

Ⅰ.高… Ⅱ.①吴… ②李… ③郑… Ⅲ.网页制作工具-程序设计-高等学校-教材 Ⅳ.TP393.092

中国版本图书馆 CIP 数据核字(2013)第 031909 号

责任编辑:黄金文/责任校对:肖 婷
责任印制:徐晓晨/封面设计:苏 波

斜 学 出 版 社出版
北京东黄城根北街 16 号
邮政编码:100717
http://www.sciencep.com

北京京华虎彩印刷有限公司 印刷
科学出版社发行 各地新华书店经销

*

开本:787×1000 1/16
2013 年 1 月第 一 版 印张:19 1/2
2017 年 9 月第二次印刷 字数:442 000
定价:55.00 元
(如有印装质量问题,我社负责调换)

高等学校计算机科学与技术系列教材
编 委 会

前　　言

目前,网站类型按使用的技术可分为 ASP. NET,JSP 或 PHP 三种。ASP. NET 由 Microsoft 公司推出,其功能强大、开发效率高,因为配套的 Visual Studio 中不仅提供了大量的可视化的控件,还有丰富的类库支持。

高级 Web 程序设计是相对 ASP 程序设计而言的。ASP 网站采用解释工作方式,而 ASP. NET 网站和 JSP 网站采用编译工作方式。此外,ASP 页面中的界面代码与业务逻辑代码是混合的,而 ASP. NET 页面则是可以分离的,加上它们对类的支持,从而可实现代码复用。

本书全面地介绍了开发 ASP. NET 网站所使用的技术,全书共 17 章。第 1 章主要介绍高级 Web 程序设计的基础知识,如面向对象编程、服务器型数据库、XML 文件等;第 2 章介绍 ASP. NET 网站集成开发环境的使用,如新建网站与窗体、联机支持和网站配置等;第 3 章介绍网站的运行环境、工作原理和发布;第 4 章介绍 C♯编程语言和类的使用;第 6、第 7 章介绍 ASP. NET 内置对象和 HTTP 状态信息管理;第 5、第 8、第 11、第 12、第 15 章分别介绍 ASP. NET 的常用控件、数据控件、Ajax 控件、XML 控件和导航控件的使用;第 9 章是 ASP. NET 网站开发的最主要内容,即使用 ADO. NET 访问数据库;第 10 章介绍在 ASP. NET 中使用 XML;第 11 章介绍 Web 服务;第 13 章介绍网站设计的主题、母版、Web 用户控件、第三方控件和自定义控件等技术;第 14 章介绍 Web 环境下的文件与目录操作;第 16 章介绍一个关于鲜花网站的综合设计;第 17 章通过新闻网站介绍了 ASP. NET 三层架构的应用。

本书写作特色鲜明,一是教材结构合理,对教材目录设置进行了深思熟虑的推敲,在正文中指出了相关章节知识点之间的联系;二是知识点介绍简明,例子生动并紧扣理论,很多例子是作者精心设计的;三是教材中通过大量的设计和浏览效果截图,加强了学生对控件效果的感性认识;四是通过综合案例的设计与分析,让学生综合使用 ASP. NET 的各个知识点;五是有配套的上机实验网站,包括实验目的、实验内容、效果演示、在线测试(含答案和评分)和素材的提供等;六是提供综合运用的鲜花示例网站供初学者模仿和教师作为案例使用。

本书建议理论学时 36,实验学时 36。如果由于时间限制,教师可以去掉打星号(＊)的内容及实验。

本书可作为高等院校计算机专业和非计算机专业学生学习高级网页设计(或 Web 程序设计)的教材,也可以作为网页设计爱好者的提高教材。

作者提供了与本书配套的课程教学资料,其中,每章的 PPT 课件和上机实验指导访问

http://www.wustwzx.com/Default.aspx;鲜花示例网站访问 http://202.114.255.64:8011。

由于作者水平有限,书上错漏之处在所难免,在此真诚欢迎读者多提宝贵意见,读者通过访问作者的教学网站 http://www.wustwzx.com 留言即可,以便再版时更正。

作　者

2012 年 12 月于武汉

目 录

第1章 Web 应用开发概述

随着 Web 时代的到来,诞生了许多 Web 上的新兴应用及其相关软件,而许多传统的应用软件也往往需要改造成为 Web 上的应用软件。Web 开发是一个指网页或网站编写过程的广义术语。本章主要介绍 Web 上的应用软件开发的原理和相关概念,介绍了高级 Web 程序设计的若干基础技术,并对几种主要的 Web 编程技术进行了对比。本章学习要点如下:

- 掌握 B/S 体系结构;
- 几种常用的动态网站开发技术比较;
- 掌握 Web 应用开发的主要内容;
- 数据库技术与 Web 编程;
- Ajax 技术简介;
- 掌握面向对象方法在高级 Web 编程中的应用。

1.1 Web 应用与 B/S 体系结构

1.1.1 从桌面应用程序到 Web 应用程序

Web 应用程序是相对于传统的桌面应用程序而言的。桌面应用程序安装到本地计算机后,在本地计算机运行应用程序的代码,而 Web 应用程序则运行在某处的 Web 服务器上,要借助于网络并通过 Web 浏览器访问这种应用程序。Web 应用程序具有如下特点。

1. Web 是图形化的和易于导航的

Web 非常流行的一个很重要的原因就在于它可以在一页上同时显示色彩丰富的图形和文本,因为在 Web 之前 Internet 上的信息只有文本形式。Web 具有将图形、音频、视频信息集合于一体的特性。同时,Web 是非常易于导航的,只需要从一个链接跳到另一个链接,就可以在各页各站点之间进行浏览了。

2. Web 与平台无关

无论什么样的系统平台,都可以通过 Internet 访问 WWW。无论 Windows 平台、UNIX 平台、Macintosh,还是别的平台,都可以访问 WWW。对 WWW 的访问是通过一种叫做浏览器(Browser)的软件实现的。Netscape 的 Navigator、Microsoft 的 Explorer 等都是浏览器。

3. Web 是分布式的

大量的图形、音频和视频信息会占用相当大的磁盘空间,甚至无法预知信息的多少。对于 Web,没有必要把所有信息都放在一起,信息可以放在不同的站点上。只需要在浏览器中指明这个站点就可以了。使在物理上并不一定在一个站点的信息在逻辑上一体化,从用户来看这些信息是一体的。

4. Web 是动态的

由于各 Web 站点的信息包含站点本身的信息,信息的提供者可以经常对网站上的信息进行更新。Web 站点上信息的动态特性是由信息的提供者来保证的。

5. Web 是交互的

Web 的交互性首先表现在它的超链接上,用户的浏览顺序和所到站点完全由自己决定。另外,通过 FORM 的形式可以从服务器方获得动态的信息。用户通过填写 FORM 可以向服务器提交请求,服务器可以根据用户的请求返回相应信息。

1.1.2 B/S体系结构

B/S 即 Browser/Server,代表浏览器/服务器。对于 B/S 结构,只要在客户机上安装一个浏览器,在服务器端安装 SQL Server 等数据库软件,客户端应能访问网站里的数据库资源。B/S 结构的最大优点是客户端不需要安装其他专门的软件,即实现了客户端软件的零维护。

1.1.3 网页设计与 Web 程序设计

一个简单的静态页面,可能不会包含程序。但是,动态网页设计,往往会包含程序设计。例如,设计 ASP 网站中访问数据库的页面时,需要先使用 ADO 组件提供的连接对象建立连接,然后使用记录集对象创建查询得到的记录集,最后对记录集进行输出,这就是 Web 程序设计。

1.2 动态网页与动态网站

1.2.1 Web 服务器与 Web 站点

Web 服务器也称为 WWW 服务器,主要功能是提供网上信息浏览服务。目前,使用比较广泛的 Web 服务器是 IIS 服务器和 Apache 服务器。

Web 服务器是指驻留于 Internet 上某种类型计算机内的一种被动程序。当 Web 浏览器(客户端)连到服务器上并请求文件时,服务器将处理该请求并将文件发送到该浏览器上,服务器使用 HTTP(超文本传输协议)进行信息交流。Web 服务器不仅能够存储信息,还能在用户通过 Web 浏览器提供的信息的基础上运行脚本和程序。

Web 站点由一系列逻辑上可以视为一个整体的多个页面组成,这些页面之间存在链接关系。此外,网站还指页面中用到的素材文件(如图像、动画等)和访问的数据库文件。

Web 站点是以超文本标注语言 HTML(Hyper Text Markup Language)与超文本传输协议 HTTP(Hyper Text Transfer Protocol)为基础,能够提供面向 Internet 服务的信息浏览系统。

URL 是 Universal Resource Locator 的英文缩写,即统一资源定位器。URL 是表示 Web 上资源的一种方法,可以理解为资源的地址。一个 URL 通常包括协议代码、主机地址、文件在主机中的路径和文件名(含扩展名)等。

1.2.2　动态网页及其主要特征

动态网页的共同特征是含有只能在 Web 服务器端执行的服务器代码;而浏览静态网页时,Web 服务器是直接将页面代码发送给客户端并由浏览器程序解释执行。动态网页的具体特征如下:

- 动态网页能实现动态效果和交互效果,如数据库查询页面。
- 数据程序设计是动态网页设计的核心,用于表示业务逻辑。
- 具有 Response,Request,Session 与 Application 等常用内置对象。
- 运行环境差异较大。例如,JSP 和 PHP 还具有跨平台特性。
- 代码分层与代码复用。例如界面代码与业务代码相分离,通过定义类实现代码复用。

1.2.3　网站工作模式

网站工作模式分为解释型和编译型两种,这如同计算机程序设计语言的分类。

使用 IIS 服务器的 ASP 网站,其服务器脚本是通过脚本引擎解释执行的;而后来的 ASP. NET 网站,采用编译模式。ASP. NET 采用建立在公共语言运行库上的编程框架,各种编程语言共享公共类库,运行时先要将源代码转换成称为 MSIL 的中间代码后,再在通用语言运行时 CLR(Common Language Runtime)环境上执行,即 CLR 为 Microsoft. NET 应用程序提供了一个托管的代码执行环境。

JSP 网站也是编译型的。JSP 网站通常使用称为 Tomcat 的服务器来处理 JSP 页面中的服务脚本代码,Tomcat 除了具有 Web 服务器的功能外,还作为 JSP/Servlet 容器,每个 JSP 页面最终被转译为一个具有响应用户请求的特别的 Java Web 应用程序——Servlet。

1.2.4　三种高级 Web 技术比较

ASP. NET 是微软公司推出的 Web 开发平台,尤其是推出配套的集成开发工具 Viusal Sdudio 2008(以下简称 VS 2008 或 VS)后,使得动态网站开发变得很容易。

PHP 技术是影响网页内容及其显示格式的标记符的集合。浏览器打开一个网页的过程,也就是浏览器程序解释该文档内的所有标记的过程。

JSP 技术配套的集成开发工具是 MyEclipse,JSP 网站的运行需要构建 Web 服务器 (通常使用 Tomcat)。Tomcat 是 Apache 软件基金会(Apache Software Foundation)的 Jakarta 项目中的一个核心项目,由 Apache、Sun 和其他一些公司及个人共同开发而成。Tomcat 技术先进、性能稳定,而且免费,因而深受 Java 爱好者的喜爱,成为目前比较流行的 Web 应用服务器。

三种高级 Web 技术比较,如表 1-1 所示。

表 1-1　三种高级 Web 开发技术比较简表

技术指标	ASP.NET	PHP	JSP/Servlet
适用 Web 项目	大中小型项目	中小型项目	大中小型项目
面向对象	支持	最新的版本支持	支持
运行平台	Windows	Windows/Unix	大多数平台
数据库支持	多	多	多
对 XML 的支持	支持	支持	支持
对组件的支持	支持	不支持	支持
安全性	一般	高	高
扩展性	较好	差	好
服务器空间价格	便宜	便宜	较贵
运行速度	较快	较快	快
难易程序	简单	简单	容易
使用的 Web 服务器	IIS	Apache	Tomcat
脚本处理模式	编译	解释	编译

1.3　高级 Web 程序设计技术基础

高级 Web 程序设计与简单的 ASP 程序设计相比,涉及更多的技术,主要有数据库技术、面向对象的编程技术、Ajax 技术、XML 技术等,下面简要介绍。

1.3.1　CSS 样式技术

CSS 样式技术本身并不是 Web 程序设计的内容,它只是控制 HTML 元素的外观,如文本、表格等。CSS 样式分为基于元素的样式、基于类的样式和外部样式三种。

基于元素的样式也称内联样式,是在定义 HTML 元素时通过 style 属性引入 CSS 样式。例如:

<span style="font-size:24px;color:red;">文字</span>

基于类的样式可以应用不同的 HTML 元素,在页面头部的<style>标记内定义,样式名前缀".",在页面中通过使用属性 class="样式名"修饰 HTML 元素。特别地,当样式名称为 HTML 标记名称(如超链接 a)时,此时应省略前缀".",代表定义一类 HTML 元素的默认外观,如图 1-1 所示。

外部样式是指样式的定义包含在一个扩展名为.css 的文件中,其优点是所有页面可以共享该文件里的样式。引用前需要在页面头部使用如下的标记:

<link　href="CSS 样式文件名.css"　rel="stylesheet"　type="text/css">

```
<html>
<head>
<title>内部样式示例</title>
<style>
.bt{font-family:"黑体"; font-size:24px;
    text-align:center; color:#0000CC;}
.zw{ font-family:"仿宋_GB2312"; font-size:16px;}
a{ text-decoration:none; /*取消超链接的下画线*/}
</style>
</head>
<body>
我的<span class="bt">祖国</span>
</body>
</html>
```

图 1-1　基于类的样式示例

注意：

（1）CSS 样式由若干对"CSS 样式名：值"组成，每对之间用分号分隔，名与值之间用冒号分隔。

（2）使用 VS 2008 的"视图"菜单，选择"管理样式"，可进行 CSS 样式的可视化操作。

（3）ASP. NET 服务器控件（如 Label、TextBox 等）可以通过 CssClass 属性引用 CSS 样式。如果控件对象使用 CSS 样式同时又设置属性，则重复的属性以控件对象的属性优先。

1.3.2　客户端脚本技术 JavaScript

目前，所有的浏览器均支持 JavaScript（以下简称 JS）。在 JS 脚本中，客户端可以直接访问 HTML 元素的属性，可以使用 JS 内置的 Date 对象、Array 对象、String 对象和 Math 对象，还可以使用文档对象模型 DOM 中的浏览器对象，这些对象封装了若干属性与方法。用 JavaScript 语言编写的脚本通过＜script＞标记嵌入到网页文件后，可以完成如下功能：

- 响应客户端事件；
- 在页面上显示客户端计算机的日期与时间，因为 JS 内置了 Date 对象；
- 实现页面元素的动态效果，通常使用 Window 对象提供的定时器方法；
- 实现客户端信息的消息显示和确认，通常使用 Window 对象的 Alert()方法和 Confirm()方法。

1.3.3　面向对象编程

面向对象就是将要处理的问题（对象）抽象为类，并将这类对象的属性和方法封装起来，通过对象的事件来访问该类对象的属性和方法来解决实际问题。

类是面向对象编程方式的核心和基础，通过类可以将零散的用于实现某项功能的代码进行有效管理。类只是具有某些功能的抽象模型，在实例应用中还需要对类进行实例化，或者说，对象是类的一个实例。实例化后的对象当然可以使用该类的方法。

面向对象具有如下特点。

（1）封装性：就是将一个类的使用和实现分开，只保留有限的接口（方法）与外部联系。例如，不允许在程序中访问某个类的私有成员属性，而只能通过该类提供的公有成员方法间接访问。

（2）继承性：是派生类（子类）自动继承一个或多个基类（父类）中的属性与方法，并可以重写或添加新的属性与方法。继承特性简化了类和对象的创建，增加了代码的可重用性。

（3）多态性：指同一类的不同对象，使用同一个方法可以获得不同的结果。多态性增加了软件的灵活性和可重用性。

1.3.4　脚本编程语言

脚本实质上是一段程序。通常，在页面的开头处，会指定所使用的脚本语言。例如：ASP 动态网页默认使用 VBScript，JSP 动态网页默认使用 Java 语言，ASP.NET 有多种语言可以选择（C♯或 VB）。

与网站的工作模式相对应，脚本可分为解释型和编译型。编译型的一个特征是变量使用前必须先申明类型（称为强类型），而解释型脚本语言中没有此限制（称为弱类型）。

注意：脚本从使用方式，可分为服务器端脚本和客户端脚本。上面的脚本是指在服务器端运行的脚本，而由客户端浏览器执行的脚本通常使用＜script＞和＜/script＞标记定义。

1.3.5　MVC 开发模式

MVC 模式包括三个部分：模型（Model）、视图（View）和控制器（Controller），分别对应于内部数据、数据表示和输入输出控制部分。

当今，越来越多的 Web 应用是基于 MVC 设计模式的，这种设计模式提高了应用系统的可维护性、可扩展性和组件的可复用性。

MVC 模式有如下优点。

（1）将数据建模、数据显示和用户交互三者分开，使得程序设计的过程更清晰，提高了可复用程度。

（2）当接口设计完成以后，可以开展并行开发，从而提高了开发效率；

（3）可以很方便地用多个视图来显示多套数据，从而使系统能够方便地支持其他新的客户端类型。

1.3.6　Ajax 技术简介

Ajax 是 Asynchronous JavaScript and XML 的英文缩写，由 HTML、JavaScript™技术、DHTML 和 DOM 组成。其中，DOM（Document Object Model）表示文档对象模型。传统的 Web 应用程序开发模式是：对于客户端的 http 请求，Web 服务器响应 HTML 数据；使用 Ajax 技术后，服务器页面不直接向 HTML 页面传输信息，而是通过 JS 脚本作为中间者，这样不会刷新客户端页面，所以称为异步（Asynchronous）传输。传统的 Web 应用程序与 Ajax 技术比较如图 1-2 所示。

对于 Ajax，最核心的一个对象是 XMLHttpRequest，所有的 Ajax 操作都离不开对这个对象的操作，使用前通过如下方法创建其实例：

$$xmlHttp = new\ XMLHttpRequest();$$

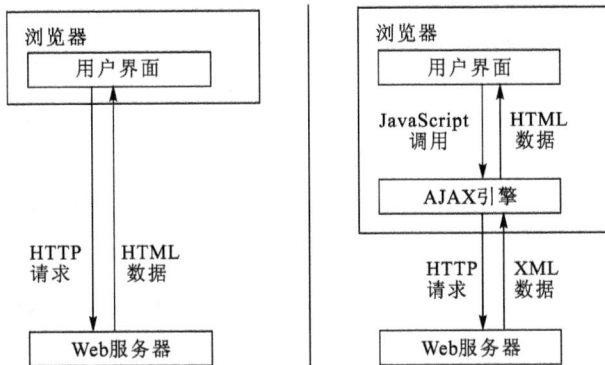

图 1-2　使用 Ajax 技术的 Web 应用程序与传统的 Web 应用程序比较

注意：目前，虽然 XMLHttpRequest 得到了所有现代浏览器较好的支持，但 XMLHttpRequest 对象还没有标准化，对浏览器的依赖性表现为 XMLHttpRequest 对象的创建。在 IE5 和 IE6 中，必须使用特定于 IE 的 ActiveXObject() 构造函数。如果使用 IE 浏览器，则需要按如下方法创建：

xmlHttp＝new ActiveXObject('Microsoft.XMLHTTP')；

XMLHttpRequest 对象的主要方法与属性如下：

- 打开请求：XMLHttpRequest.open(传递方式,地址,是否异步请求)；
- 准备就绪执行：XMLHttpRequest.onreadystatechange；
- 获取执行结果：XMLHttpRequest.responseText；
- readyState：HTTP 请求的状态：当一个 XMLHttpRequest 初次创建时，这个属性的值从 0 开始，直到接收到完整的 HTTP 响应，这个值增加到 4；
- Status：由服务器返回的 HTTP 状态代码，当为 200 时表示成功。

【例 1.1】　利用 Ajax 技术，实时显示 IIS 服务器端时间。

- 文件 sj01_3.html 代码如下：

```html
<html>
<head>
<title>同时实时显示 IIS 服务器端和客户端的日期与时间</title>
<script>
var xmlHttp;
function createXMLHttpRequest(){          //创建核心对象的实例
  if(window.ActiveXObject){
     xmlHttp=new ActiveXObject("Microsoft.XMLHTTP");
  }
   else if(window.XMLHttpRequest){
     xmlHttp=new XMLHttpRequest();        //Ajax 的核心对象
  }
}
function timeStart(){                      //页面加载时触发本方法
```

```
    var clienttime=new Date()                  //获取客户端时间
    document.getElementById("ClientTime").innerHTML=clienttime.toLocaleString();
    createXMLHttpRequest();
    var url="sj01_3.asp";                       //调用服务器端显示时间的页面
    xmlHttp.open("POST",url,true);              //只能用 POST 方式,不能用 GET 方式
    xmlHttp.onreadystatechange=startCallback;   //回调函数名
    xmlHttp.send(null);
}
function startCallback(){                        //http 状态,检查服务器接收是否完成
    if(xmlHttp.readyState==4){
        if(xmlHttp.status==200){
        document.getElementById("ServerTime").innerHTML=xmlHttp.responseText;
                setTimeout("timeStart()",1000);  //每隔 1 秒调用客户端脚本函数一次
                 xmlHttp=null;   }
        }
}
</script>
</head>
<body onLoad="timeStart()">
客户端时间:<span id="ClientTime" style="color:blue;"> </span>
<p/>
服务器端时间:<span id="ServerTime" style="color: blue;"> </span>
</body>
</html>
```

• 文件 Sj01_3.asp 代码如下:

```
<%= now()%>'Response.Write now()%>
```

【浏览效果】作者已将上述页面上传至教学网站,访问 http://www.wustwzx.com/ sj01_3.html 的浏览效果如图 1-3 所示。

```
客户端日期与时间：2012年10月6日  18:49:03

客户端日期与时间：2012-10-6 18:48:58
```

图 1-3　使用 Ajax 技术实时显示时间

注意:Ajax 技术需要与某种服务器技术配合,服务器脚本语言是由服务器类型决定的。例 1.1 中使用 IIS 服务器和相应的 ASP VBScript 脚本语言。

1.3.7　XML 基础

XML 是 eXtensible Markup Language 的缩写,表示可扩展的标记语言。XML 文档以简单的文本格式存储具有层次结构的数据。

我们知道,HTML 着重描述 Web 页面的显示格式,即定义界面元素。因此,我们可

以认为 XHTML 是 XML 版本的 HTML, XHTML 被设计用来显示数据, 而 XML 旨在传输和存储数据。

　　XML 文件允许自定义标记, 并且标记必须成对出现(单标记要自闭), 常用于解决跨平台交换数据的问题, 这种格式实际上已成为 Internet 数据交换标准格式。一个 XML 文档示例如图 1-4 所示。

```
<?xml version="1.0"?>
<!--创建日期: 2012/9/29 15:51:59-->
<books>
    <book Category="技术类" PageCount="435">
        <Title>ASP.NET动态网站开发教程</Title>
        <AuthorList>
            <Author>张平</Author>
            <Author>李楠</Author>
        </AuthorList>
    </book>
    <book Category="文学类" PageCount="500">
        <Title>青春赞歌</Title>
        <AuthorList>
            <Author>陈明</Author>
            <Author>王小虎</Author>
        </AuthorList>
    </book>
</books>
```

图 1-4　一个 XML 文档的示例

1.4　含有数据库访问的 Web 程序设计

　　数据库是信息存放的集合体。对于数据库的操作是通过 SQL 命令实现的。SQL (Structured Query Language)是结构化的查询语言, 也是所有数据库操作的通用语言。一条 SQL 命令在数据库网页设计中通常是作为某个对象的方法中的一个参数。

　　按照使用方式, 数据库分为文件型和服务器型两种。

1.4.1　文件型数据库

　　Access 是典型的文件型数据库, 是 Microsoft Office 的组件之一。除此之外, 早期的数据库 DBASE、FoxBASE 等都属于文件型。

1.4.2　数据库服务器

　　数据库服务器实现了对数据库的统一管理, 并与 Web 服务器交换信息。如果数据库服务器停止或暂停工作, 则浏览含有数据库访问的页面时会出现异常。SQL Server 数据库服务的管理, 如图 1-5 所示。

　　登录远程的数据库服务器, 访问某个数据库, 一般需要 IP 地址(或域名)、用户名和密码。

　　在网站开发中需要进行专门的维护与管理。从地域上讲, 数据库服务器与 Web 服务器可以安装在不同的机器上。建设一个网站, 如果数据存储在数据库服务器里, 则数据库服务器如同 Web 服务器一样, 需要付费购买空间。

图 1-5　SQL Server 数据库服务的管理

1. SQL Server 数据库的分离与附加

使用企业管理器并通过向导可完成数据库从服务器分离出来。数据库与服务器分离后，将无法在 SQL Server 中使用，除非再次附加。附加数据库是分离数据库的反向操作，即将其他计算机中的 SQL Server 数据库引入当前计算机的 SQL Server 系统中来。这一点不同于 Access 数据库。

注意：从 SQL Server 中分离某个数据库的操作要点是在企业管理器窗口中对该数据库使用右键菜单；附加某个数据库的操作要点是对企业管理器控件台根目录下的数据库文件夹使用右键菜单。

2. SQL Server 数据库的备份与还原

数据库的备份与还原工作是经常要进行的。例如，从一台机器复制数据（库）到另一台机器。又如，为了防止 SQL Server 服务器崩溃或设备故障，也需要做数据库的备份工作。

通过备份一台计算机上的数据库，再将该数据库还原到另一台计算机上，可以快速容易地生成数据库的副本。"备份"是数据的副本，用于在系统发生故障后还原和恢复数据。

SQL Server 支持在线备份功能，而且有多种备份方法。例如，在查询分析器中使用 backup 命令。

注意：数据库的备份与还原操作也可以使用右键菜单。

3. SQL Server 数据库的导出与导入

数据库的导入和导出，也称为 DTS（数据转换服务），它们都是针对某个数据库而言的，且有操作向导。导入数据是指从 SQL Server 外部数据源中检索出数据，并且将数据插入到 SQL Server 表的过程（例如把某个 Excel 表导入到当前的 SQL Server 数据库中）；导出数据是将 SQL Server 实例中的数据转换为用户指定的格式的过程（例如将 SQL Server 表复制到 Access 数据库中）。当然，导出数据还可以将本地某个 SQL Server 数据库中的某些表插入到远程的 SQL Server 数据库服务器里。

注意：数据的导入和导出操作也可以使用右键菜单。

4. SQL Server 数据库的安全性

安全性是数据库系统的一个重要方面。SQL Server 具有日志文件，能记录登录的用户名和登录时间等。

注意：重新安装 SQL Server 时，经常会安装失败，其提示信息为"以前的某个程序安装已经在安装计算机上创建挂起的文件操作，运行安装程序之前必须重新启动计算机。"解决这个问题的办法如下：

（1）打开"开始"→"运行"，输入"Regedit"，打开注册表编辑器；

（2）按下列方式查找目标目录

HKEY_LOCAL_MACHINE→SYSTEM→CurrentControlSet→Control→Session Manager；

（3）删除 Session Manager 目录里的 PendingFileRenameOperations；

（4）关闭注册表，重新启动计算机后再安装。

1.4.3　数据库访问技术

在 ASP 环境中，通过使用 ADO 组件提供的相关对象可以访问 Access 数据库；在 ASP. NET 环境中，通过 ADO. NET 组件提供的相关对象访问 SQL Server 数据库；在 Java 环境中，通过 JDBC 技术访问 SQL Server，Oracle，Sybase 等数据库；在 PHP 环境中，通过使用 PDO 来访问 MySQL 等数据库。

习 题 1

一、判断题

1. 三种高级 Web 技术（ASP.NET/JSP/PHP）都具有跨平台特性。
2. Web 服务器是一种被动程序，因为只有当 Internet 上的某台计算机通过浏览器发出请求时，它才会响应。
3. 数据库服务器需要付费购买。
4. XML 与 HTML 都是标记语言。
5. 数据库服务器与 Web 服务器必须安装在不同的机器上。
6. 利用 SQL Server 的 DTS 可以将本地 SQL Server 数据库上传至远程的 SQL Server 服务器。

二、选择题

1. 客户端 JS 脚本中的函数定义应置于_____标记内。
   A. html   B. head   C. style   D. script
2. 打开 VS 2008 的工具箱，应使用系统的_____菜单。
   A. 窗口   B. 视图   C. 工具   D. 网站
3. 在 VS 2008 中，使用可视化的界面建立 CSS 样式，应使用_____菜单。
   A. 视图   B. 文件   C. 工具   D. 窗口
4. 表示 SQL Server 数据库的类型名是_____。
   A. dbf   B. ldf   C. mdb   D. mdf
5. XML 文件不具有的特征是_____。
   A. 层次性   B. 存储和传输数据
   C. 显示数据   D. 自定义标记

三、填空题

1. 在三种高级 Web 技术（ASP.NET/PHP/JSP）中，对脚本不是采用编译模式的是_____。
2. 在 VS2008 中，浏览正在编辑的 ASPX 页面，可按快捷键_____。
3. 在客户端脚本里可以访问页面中通过属性 name 或_____命名的对象（如图像、层等）。
4. 对站点里素材文件的引用，可分为绝对引用和_____引用。
5. 在浏览器的地址栏里输入一个域名并回车，实质上是访问站点中_____页。
6. 在客户端页面呈现的过程，就是_____解释 HTML 代码的过程。
7. Ajax 引擎中的核心对象是_____。

实验 1　高级 Web 应用开发技术基础

（访问 http://www.wustwzx.com/Default.aspx）

一、实验目的

1. 掌握 Ajax 技术的工作原理、客户端脚本的建立方法；
2. 掌握在 VS 2008 中建立与使用 CSS 样式的方法；
3. 掌握 SQL Server 数据库的分离/附加、导入/导出方法；
4. 掌握 XML 文档的组织结构。

二、实验内容及步骤

1. 新建一个 ASP. NET 网站。

   【实验步骤】

   （1）打开 VS 2008，使用"文件"菜单新建一个网站，命名网站名称为"sjsy"；

   （2）查看右边"解决方案资源管理器"窗口中 VS 自动创建的文件和文件夹；

   （3）下载供本课程实验用的相关文件，解压后将它们复制到网站根文件夹里。

2. VS 2008 中设置控件属性、应用 CSS 样式。

   【实验步骤】

   （1）打开 Default. aspx 文件，进入"拆分"模式；

   （2）向窗体添加一个 Label 控件，设置其 Text 属性为"第一次上机"，设置 ForeColor 属性值为红色代码；

   （3）单击"视图"菜单，选择"管理样式"，新建一个 CSS 样式，设置字体大小为 30px、颜色也为蓝色代码；

   （4）在控件对象 Label1 的属性窗口中，通过 CssClass 属性应用刚才建立的 CSS 样式；

   （5）在设计窗口中可以观察到，CSS 样式中只有字体大小起作用而颜色没有起作用。

3. 实时显示客户端和服务器端时间——JavaScript 技术与 Ajax 技术。

   【效果演示】访问 http://www.wustwzx.com/sj01_3.html，参见例 1.1。

   【本地浏览】先下载两个网页文件，新建 IIS 默认网站的虚拟目录后再浏览 sj01_3.html，因为 sj01_3.html 调用了 ASP 网页文件 sj01_3.asp。

4. SQL Server 数据库的分离/附加、数据导入和导出。

   【实验步骤】在下载的数据文件中，完成下列两项工作。

   （1）将作者从 SQL Server 中分离数据库 lx 后得到的两个文件 lx_Data.MDF 和 lx_Log.LDF 附加到本机的 SQL Server 中。

   （2）将 Access 数据库文件 lx.mdb 的所有数据表导入到 lx 数据库中。

5. 查看 XML 文档的结构。

【实验步骤】双击 App_Data 文件夹里的 books. xml 文件,查看其组织结构。

三、实验小结

(由学生填写,重点写上机中遇到的问题)

第 2 章　ASP.NET 网站及其集成开发环境

ASP.NET 是建立在公共语言运行库上的 Web 编程框架,它不仅可以建立 Winform 项目(对应于 Windows 应用程序),还可以建立 Webform 项目(对应于 ASP.NET 网站)。ASP.NET 网站相对于它的前身 ASP 而言,取得了革命性的进步,因为它可以将应用程序逻辑与表示代码清楚地分开,并使用窗体处理模型来处理事件。ASP.NET 网站运行的基本要求是 IIS 服务器和.NET 编程框架。本章学习要点如下:

- 掌握 ASP.NET 的体系结构;
- 掌握 ASP.NET 窗体的代码模型;
- 掌握使用 VS 2008 开发 ASP.NET 网站的方法;
- 了解 Web 窗体的页面指令;
- 了解网站配置文件的作用。

2.1　ASP.NET 与 ASP 比较

2.1.1　.NET 框架体系

.NET 框架可以理解为一系列技术的集合,包括.NET 语言、通用语言规范 CLS、.NET类库、通用语言运行库 CLR 和 Visual Stdudio.NET 集成开发环境,如图 2-1 所示。

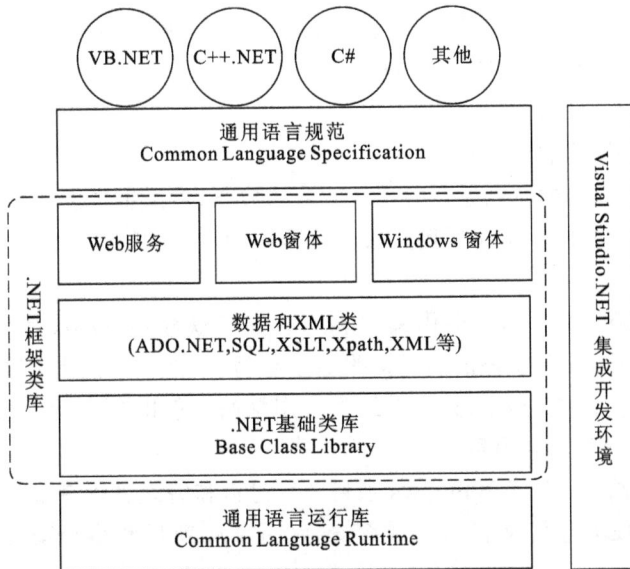

图 2-1　.NET 框架体系结构

2.1.2 ASP.NET 功能介绍

ASP.NET 是.NET 框架中一套用于生成 Web 应用程序和 XML Web 服务的技术，与.NET Framework 完美整合，使用面向对象的编程语言。ASP.NET 网页使用一种已编译的、由事件驱动的编程模型，这种模型可以提高性能并支持将应用程序业务逻辑与用户界面相分离。

2.1.3 ASP.NET 网站与 ASP 网站的区别

ASP.NET 并不是 ASP 的一个简单升级版本，与 ASP 相比，有如下区别。

（1）ASP 网站中网页文件的格式有两种：即 html 和 asp 两种，而 ASP.NET 网站中网页文件的格式只有 aspx 一种。

（2）当用户在浏览器端请求 aspx 资源时，ASP.NET 运行库会将其编译为一个.NET Framework 类，这个类将动态处理传入的请求。只有在第一次请求 aspx 文件时，ASP.NET 运行库才会对其编译，当客户端再次请求该文件时，ASP.NET 会直接执行已编译的类型实例。ASP 页面则在每次请求后，都是动态地被解释执行。因此，ASP.NET 网站比 ASP 网站有更高的执行效率。

（3）ASP.NET 的页面可以使用两种不同的方式创建，即单文件代码模型和后台代码模型，而 ASP 的用户界面代码与业务逻辑代码是混合没有分开的。

（4）ASP.NET 提供了大量的服务器控件和类，方便了设计和后台编程。

*2.1.4 .NET 项目与 ASP.NET 网站的关系

在 VS 中，项目是 VS 编译的基本单位，必须将一个源代码文件放入一个项目中，VS 才会编译。项目是由"解决方案资源管理器"进行统一管理的，一个解决方案可以包含多个项目，常用的项目类型主要有如下四种。

（1）控制台应用程序；

（2）Windows 应用程序；

（3）类库：类库项目的特点是没有一个程序入口点，编译出来以后生成的文件类型是"动态链接库"（DLL 文件），类库项目无法直接运行，但是可以提供可复用的软件组件；

（4）网站。

控制台应用程序、Windows 应用程序和网站都可以直接引用类库项目生成的 DLL 文件。在解决方案中，标为粗体的项目即为启动项目，一般是"控制台"类型或"Windows 应用程序"类型或为"网站"类型（开发网站类应用网站一般即是启动项目，会加粗显示）。其中类库和网站是最常见的项目。

ASP.NET 网站和.NET Windows 项目开发过程和编译过程有如下的区别。

（1）可以将.NET 应用项目拆分成多个 Windows 项目和多个类库项目，以方便开发、管理和维护；

（2）Windows 应用程序项目和类库项目可以被引用，而 Web 网站则不可以被其他项目引用；

（3）Windows 应用程序项目和类库项目还可添加组件和多个类，Web 网站则没有；

（4）网站在发布时自动生成的.DLL 文件是随机的，而类库项目会生成固定名字的.DLL文件；

（5）包含多个项目的应用是在一个解决方案里，保存的时候会有解决方案文件（扩展名为.sln）；

（6）Windows 应用程序项目和类库项目在修改了页面底层的代码之后需要重新进行编译，网站不需要重新编译；

（7）位于解决方案里的网站可以引用多个类库项目或 Windows 应用程序项目，实现了代码的重用，使代码维护相对容易。

在解决方案中新建网站其实就是建立 Webform 项目，如 asp.net 网站；其他新建项目主要包含建立 Windows 项目（控制台应用程序、Windows 应用程序项目即 Winform 项目或类库项目等），这些项目被编译生成如.EXE 文件或编译生成扩展名为.DLL 的文件。

可以将网站开发作为解决方案中的一个项目来管理（参见第 17 章），.NET 项目与 ASP.NET 网站的关系如图 2-2 所示。

图 2-2　VS 中项目与网站的关系

2.2　VS 2008 集成开发工具介绍

2.2.1　Visual Studio 2008 概述

目前，由 Microsoft 公司开发的集成开发工具 Visual Studio 2008（简称 VS 2008），在网页制作中得到了广泛的应用。安装 VS 2008 后，首次使用时，系统要求用户选择默认环境设置，如图 2-3 所示。

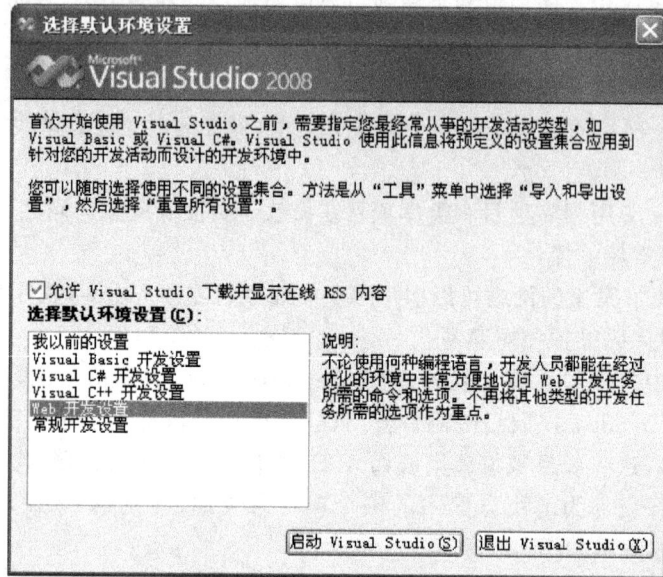

图 2-3 首次使用 VS 2008

启动 VS 2008 后的工作界面,如图 2-4 所示,其中最近建立的网站作为项目出现在左边。

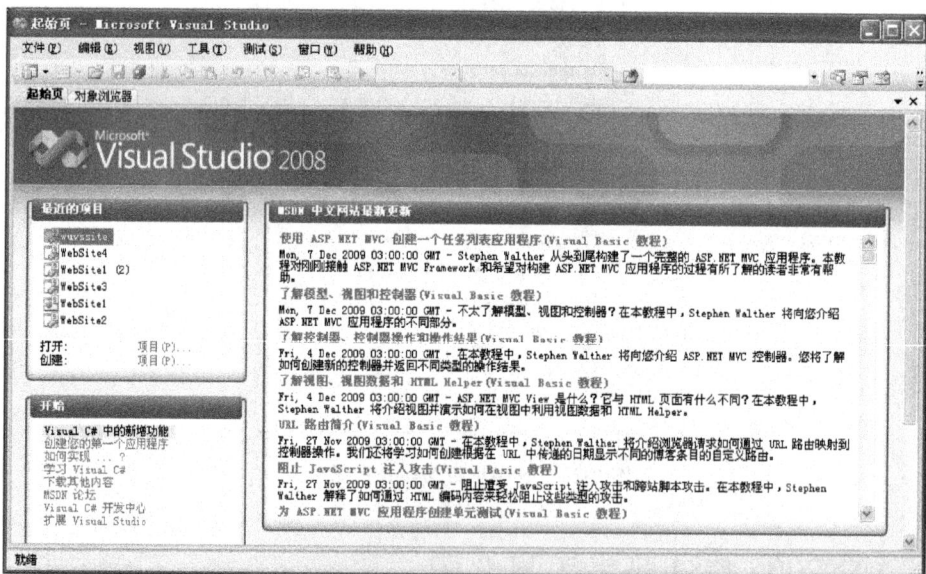

图 2-4 VS 2008 工作界面

2.2.2 代码窗口与设计窗口同步显示

VS 2008 是一款所见即所得的网页编辑器。编辑 Web 窗体时,VS 2008 提供了"设计"、"拆分"和"源"共三种网页设计模式,对于初学者,一般选择"拆分"模式。在"拆分"模式下,同时显示代码窗口和设计窗口,且在设计窗口所做的设计能在代码窗口中自动生成相应的控件代码或 HTML 代码,便于初学者理解代码的作用。此时菜单栏与工具栏如图 2-5 所示。

图 2-5　VS 2008 工具栏

当鼠标位于工具栏的某个工具上时,会出现相应的中文解释文本。工具栏上右边的几个工具是经常使用的,它们分别是:

- 解决方案资源管理器:便于选择网站里的文件;
- 属性窗口:用于打开页面中某个元素对象的属性窗口(如果关闭);
- 对象浏览器:打开用于查看系统类库的窗口;
- 工具箱:用于打开 VS 的控件工具箱窗口(如果关闭的话);
- 起始页:便于选择最近的几个建立的项目或者在这些项目中切换。

注意:属性和工具箱是两个常用的工具,并且属性窗口中还包含了控件的事件。

2.2.3　VS 2008 的联机帮助

选择 VS 的菜单:帮助→目录,可以打开 VS 的帮助功能,如图 2-6 所示。

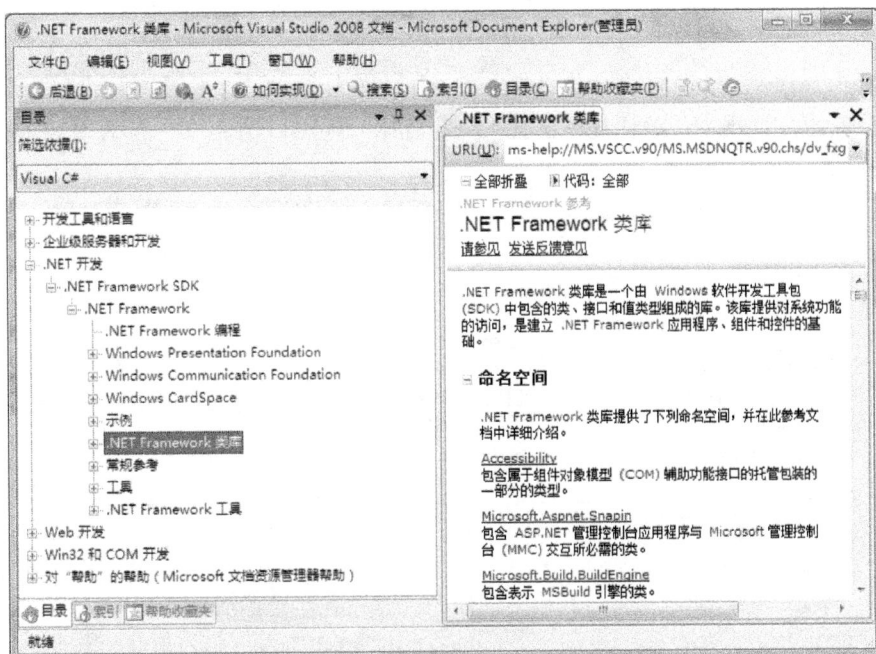

图 2-6　VS 2008 帮助文档

注意:ASP.NET 编程的难点是掌握各种命名空间中各种类的各种方法与属性的使用。为了得到类的联机支持,VS 2008 软件安装时应当选择完全安装模式,或者后来再安装 MSDN。

2.3 使用 VS 2008 开发 ASP.NET 网站的一般步骤

2.3.1 新建 ASP.NET 网站

选择 VS 的菜单：文件→新建→网站，可以新建一个 ASP.NET 网站。新建一个 ASP 网站后，默认建立的文件与目录如图 2-7 所示。

图 2-7 在 VS 中新建 ASP.NET 网站

注意：站点名称实质上是一个文件夹名称。如果站点（文件夹）已经存在，则会出现"网站已存在"对话框，要求确认是打开现有网站还是在现有位置新建网站。显然，这适合于从其他计算机里复制一个 ASP.NET 网站文件夹到本地计算机，然后在 VS 2008 环境中使用。

2.3.2 新建 Web 窗体页

Default.aspx 是新建网站后自动建立的 Web 窗体页，通过"右键网站名称→添加新项"，在出现的"添加新项"对话框中选择"Web 窗体"，则可以建立一个新的 Web 窗体页，如图 2-8 所示。

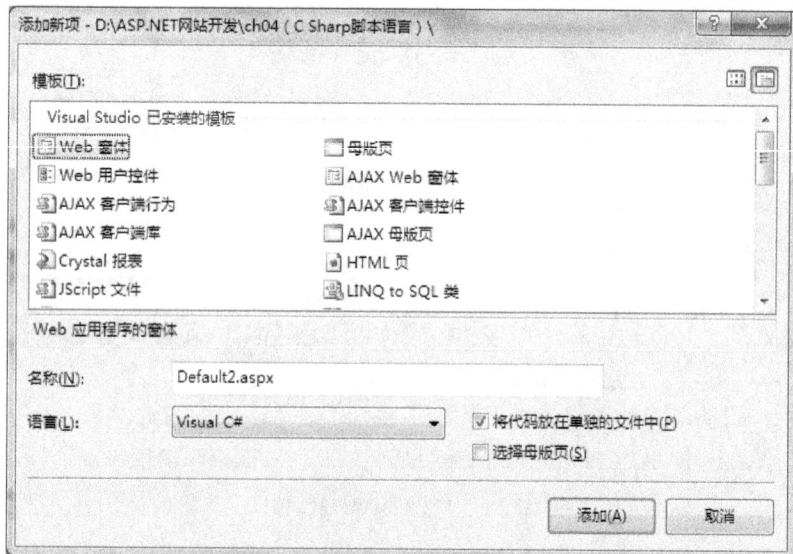

图 2-8 新建 Web 窗体对话框

注意：

（1）Web 窗体文件可以重新命名，因为后台代码原因，一般应在 VS 的解决方案资源管理器窗口中通过右键并选择"重命名"，而不是在 Windows 的资源管理器窗口重命名。

（2）窗体文件命名不要与 ASP.NET 的类名相同，否则，可能引起程序运行时出现逻辑错误。

2.3.3　在 VS 2008 中浏览网站与网页

在 Web 窗体编辑状态下，按"Ctrl＋F5"即可浏览当前编辑的页面。如果出现浏览错误或者还要继续完善，可关闭浏览器窗口回到 VS 编辑并继续编辑 Web 窗体。

浏览网页的另一种方法是：右键"解决方案资源管理器窗口"中的某个 .aspx 文件，选择"在浏览器窗口查看"。

2.4　ASP.NET 窗体模型

窗体在 ASP.NET 网站中占主要部分，每个 Web 窗体对应一个页面，在 Web 窗体中可以增加各种控件，并设置该控件的属性和编写响应该控件某个事件的事件代码。新建窗体页面时，在＜body＞内会产生＜form id＝"form1" runat＝"server"＞标记。多数情况下，＜form＞标记不可省略，因为当服务器回传时将产生窗体页面刷新。

注意：ASP.NET 中，＜form＞代表窗体，而在 ASP 中称之为表单。

2.4.1　单文件页模型

在单文件页模型中，页的标记及其编程代码位于同一个物理的 .aspx 文件中。编程代码位于 script 块中，且该块包含 runat＝"server"属性，此属性将其标记为 ASP.NET 应执行的代码。

注意：ASP.NET 的 Web 窗体中，还可以使用客户端脚本，也是通过＜script＞标记引入，但不使用属性 runat＝"server"。

【**例 2.1**】　显示服务器的当前时间。

【**设计方法**】新建或打开一个已经存在的 ASP.NET 网站，右击网站名称→添加新项→Web 窗体，命名 Web 窗体名称为 sj02_1.aspx，并选择 C♯语言和单页代码模型（即不勾选），如图 2-9 所示。

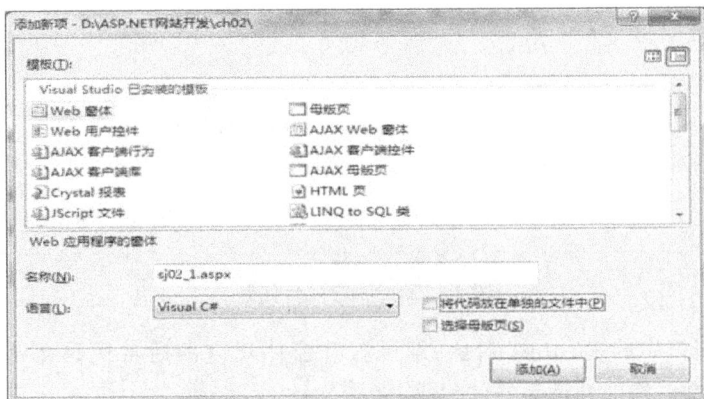

图 2-9　新建单文件页的 Web 窗体

在窗体页面中添加如图 2-10 所示的代码。

```
<%@ Page Language="C#" %>
<script runat="server">
    protected String GetTime()    //返回值为String类型
    {
        return DateTime.Now.ToString("t");   //t为格式符
    }
</script>
<html>
<head runat="server">
    <title>代码块讲法·前台代码中的动态文本</title>
</head>
<body>
    当前时间: <%=GetTime() %> <!--代码块语法-->
</body>
</html>
```

图 2-10   显示服务器的当前时间

当前时间: 20:31

图 2-11   页面浏览效果

按 Ctrl＋F5,浏览当前编辑的 Web 窗体,在浏览器窗口里即可显示服务器的当前时间,浏览效果如图 2-11 所示。

注意:通过＜script runat="server"＞标记定义服务器端脚本,显示的时间为服务器的时间。该脚本内定义了一个 GetTime()方法,在窗体的主体部分通过代码块语法(参见 2.5.3)引用该方法。

2.4.2   代码隐藏页模型

在 VS 2008 中创建一个 ASP.NET 页面时,默认会同时建立两个文件,一个是包含 HTML 和服务器控件标签的.aspx 文件和一个包含服务器执行的后台代码文件 aspx.cs。这种模型称为代码隐藏页模型,也称后台代码模型。代码隐藏页模型能更好地将 HTML 表现逻辑和编程代码分开在单独的文件中。

【例 2.2】   显示服务器的当前日期与时间。

【设计方法】新建一个 Web 窗体,命名 Web 窗体名称为 sj02_2.aspx,并选择 C#语言、隐藏代码模型。编辑时采用拆分模式,分别双击控件工具箱里的 Button 控件和 Label 控件,使用工具栏上的属性工具设置控件对象 Button1 的 Text 属性为"单击后将显示当前日期与时间",其设计效果和页面代码如图 2-12 所示。

```
<%@ Page Language="C#" AutoEventWireup="true" CodeFile="sj02_2.aspx.cs" Inherits="sj02_2" %>
<html>
<head runat="server">
    <title>代码隐藏页示例·显示服务端的日期和时间</title>
</head>
<body>
    <form id="form1" runat="server">

    <asp:Button ID="Button1" runat="server" onclick="Button1_Click"
        Text="单击后将显示当前日期与时间: " />
    <asp:Label ID="Label1" runat="server" Text="Label"></asp:Label>

    </form>
</body>
</html>
```

图 2-12   页面的前台代码

双击设计窗口中的 Button1 对象,即可打开窗体对应的后台代码文件,在事件过程 Button1_Click 事件添加处理事件的代码,如图 2-13 所示。

```
using System;
public partial class sj02_2 : System.Web.UI.Page
{
    protected void Page_Load(object sender, EventArgs e)
    {
    }
    protected void Button1_Click(object sender, EventArgs e)
    {
        Label1.Text =DateTime.Now.ToString();///处理事件的代码
    }
}
```

图 2-13　窗体的后台代码

按 Ctrl＋F5,单击命令按钮后的浏览效果如图 2-14 所示。

| 单击后将显示当前日期与时间: | 2012/8/23 20:45:58 |

图 2-14　页面浏览效果

注意:在拆分模式下,双击设计窗口的空白处,则会打开窗体的后台代码窗口;双击设计窗口中的某个控件对象,则会打开该控件对象的事件过程(如果有的话)。

2.5　ASP.NET 窗体页面语法

2.5.1　页面指令与属性

页面开头＜％@...％＞这样的代码,称为页面指令,用于对本页面的某种声明。例如,新建一个 Web 窗体页面时,第一行就是页面指令,它包含有指令名称和若干属性名值对,其内容如下:

＜％@ Page Language="C♯" AutoEventWireup="true"
CodeFile="Default.aspx.cs" Inherits="_Default"％＞

1. @Page 指令

只能出现在.aspx 页面中,用于定义页面特性。在 VS 中新建一个窗体页面时,会自动产生该指令。@Page 指令的常用属性如下。

- Language:指定选用的.NET Framework 所支持的编程语言,通常值为 C♯;
- AutoEventWireup:指定窗体页的事件是否自动绑定,默认值为 True;
- CodeFile:用于指定窗体页的后台代码文件,是否指定出现该属性,取决于新建窗体页时是否勾选"将代码放在单独的文件中"复选框;
- Inherits:与 CodeFile 属性一起使用,提供本页继承的代码隐藏类;
- Theme:设定本页使用的主题,参见 13.1 节;
- Debug:设定是否使用调试符号编译该页。

2. @Master 指令

@Master 指令只能出现在母版页(扩展名为.master 的文件)中,用于标识 ASP.NET 母版页,具体用法参见 13.2 节。

3. @Control 指令和@Register 指令

@Control 指令用于定义 ASP.NET 页分析器和编译器使用的控件特定特性,它只能用于 Web 用户控件文件(∗.ascx)中。

当向窗体页面增加 Web 用户控件或第三方控件时,需要先使用@Register 指令注册。

@Control 和@Register 指令的具体用法,参见 13.3 节。

4. @PreviousPageType 指令

@PreviousPageType 指令提供了为 ASP.NET 窗体页获得先前页名称的方法,常用于有表单提交的跨页处理问题。通过此指令指出源网页的文件路径,目标页才能访问源网页中的相关数据。具体用法参见 6.4 节。

注意:许多页面指令(少数除外)是在进行 Web 窗体设计时自动生成的,不需要记忆,但要理解是在什么情形下产生的以及该指令的作用。

2.5.2 Web 窗体前台和后台代码注释

1. 对服务器控件或 HTML 标记注释

窗体文件中对服务器控件标记和 HTML 标记的注释,使用如下形式:

<!--注释内容-->

2. 脚本注释

一种是对<script>代码块中的代码进行注释,另一种是后台代码注释,方法相同,即使用"//"实现的行尾注释和使用"/∗ 和 ∗/"的多行注释。其中,脚本语言为 JavaScript 或 C#(参见第 4 章)。

注意:如果将服务器控件放在<%--注释--%>里,则这些服务器控件仍将运行,只是在设计窗口中不显示。

2.5.3 代码块语法<%=%>

使用"<%"和"%>"标签来将 ASP.NET 执行代码封装起来,形成一个执行块,这个执行块一般用来呈现内容。

在页面里内嵌代码的语法如下:

<%内嵌代码%>

通常,在页面中输出动态文本的语法如下:

<%=变量或有返回值的方法名()%>

【例 2.3】 显示客户端的当前日期及问候语。

【设计方法】

(1) 新建一个 Web 窗体,命名为 sj02_3.aspx,选择 C#语言和隐藏代码页;

(2) 分别输入服务器脚本代码和前台代码,其设计效果如图 2-15 所示(无需写后台代码);

(3) 按 Ctrl+F5,浏览效果如图 2-16 所示。

```
<%@ Page Language="C#" AutoEventWireup="true" CodeFile="sj02_3.aspx.cs" Inherits="sj02_3" %>
<html1>
<head id="Head1" runat="server">
<title>显示时间及相应的问候语</title>
    <script>
        var t1=new Date();
        document.write("当前时间是: "+t1.toLocaleTimeString());
    </script>
</head>
<body>
    <form id="form1" runat="server">
            <%if(DateTime.Now.Hour<12) %>
                上午好!
            <%else%>
                下午好!
    </form>
</body>
</html>

上午好! 下午好!
```

图 2-15　页面前台代码及设计效果

收藏夹　　显示时间及相应的问候语

当前时间是: 16:34:35

下午好!

图 2-16　页面浏览效果

2.5.4　数据绑定语法<%♯%>

在含有数据库访问的 Web 窗体页面的前台代码的自由模板里,通过如下代码:
<%♯Eval("字段名")%>或<%♯Bind("字段名")%>
输出数据源中的字段值。其中函数 Eval()用于单向的只读绑定(参见 8.5 节),函数 Bind()用于可更新的双向绑定。

2.5.5　表达式语法<%$: %>

表达式语法格式为<%$: %>,它是 ASP.NET2.0 新增了一种声明性表达式语法,可在分析页之前将值替换到页中。ASP.NET 表达式的基本语法如下:
<%$ expressionPrefix:expressionValue%>
ASP.NET 表达式是基于运行时计算的信息设置控件属性的一种声明性方式,主要应用在获取数据库的连接字符串、应用程序设置、资源文件等地方。

例如,使用数据源控件(如 SqlDataSource,参见 8.1.1 节)时,将连接字符串保存到配置文件 Web.config 中,前台控件代码中通过<%$: %>用法从配置文件中的<connectionStrings>配置节中获取数据源控件的 ConnectionString 属性值,格式如下:
ConnectionString="<%$ connectionStrings:NorthwindCon.connectionString%>"

其中，NorthwindCon 是＜connectionStrings＞配置节中定义的连接字符串名，connectionString 是该名称包含的"名值对"里的第一个名称，最后是将对应于名为 connectionString 的值赋给控件的 ConnectionString 属性。

ASP.NET 表达式语法的另一个应用是从配置文件的＜appSettings＞配置节中获取值，例如：

＜asp:Label ID="Label1" runat="server" Text="＜%＄appSettings:Txt%＞"/＞

其中，在＜appSettings＞配置节里通过＜add＞标记的 key 属性和 value 属性分别定义"名值对"，Txt 就是由 key 属性定义的名称，＜%＄appSettings:Txt%＞获取的就是由 key 定义的值。

【例 2.4】 在 ASP.NET 窗体页面中使用表达式语法。

【设计方法】

(1) 在 VS 中打开网站根目录里的配置文件 Web.config，找到配置节＜appSettings/＞；

(2) 修改该配置节为如下代码：

```
<appSettings>
    <add key="PI" value="3.1415926"/>
</appSettings/>
```

(3) 新建 Web 窗体，命名为 sj02_4.aspx，选择单页代码模型，设置窗体为拆分模式；

(4) 在代码窗口的＜div＞与＜/div＞标记内输入如下代码：

```
圆周率是:<asp:Label ID="Label1" runat="server" Text="<%$appSettings:
PI%>"></asp:Label>
```

(5) 按 Ctrl+F5，页面的浏览效果应该是"圆周率是:3.1415926"。

注意:首次编辑 Web.config 文件时，配置节＜appSettings/＞是自闭的标记形式。为了添加名值对，需要拆分为成对标记。在以后的学习中，还会涉及其他配置节。

2.6 ASP.NET 网站配置文件

2.6.1 使用 Web.config 文件保存网站配置参数

新建一个.NET 站点时，会在网站根目录里自动生成一个配置文件 Web.Config，实现对本网站的默认配置。并且，配置文件修改后不需要重启计算机就可以生效。

当建立新的子目录时，都会继承它的默认配置。如果想修改子目录的配置信息，可以在该子目录下建立一个 Web.config 文件。

配置文件是一个特殊的 XML 格式的文件，这表现为该文件内的标记名称和属性名称是系统规定的。配置文件可以使用任何文本编辑器进行编辑、修改。配置文件的根节点是＜configuration＞，其内包含有若干配置节，一个简化的配置文件结构如图 2-17 所示。

在后面的学习中，会涉及网站配置文件的不同配置节。例如:数据库访问页面涉及配置节＜connectionStrings＞和＜appSettings＞(参见 9.5 节);对网站应用主题会涉及节点＜pages＞(参见 13.1.2 和 13.1.4 小节);引用程序集将会在三级节点＜assemblies＞内增加＜add＞标记。

```
<?xml version="1.0" encoding="utf-8"?>
<configuration>  <!--根节点-->
  <configSections>  <!---一级节点-->
    ......
  </configSections>
  <appSettings/>  <!---一级节点-->
  <connectionStrings/>  <!---一级节点-->
  <system.web>        <!---一级节点-->
    <compilation debug="false">
        <assemblies>
          <add assembly="System.Core, Version=3.5.0.0...."/>
          <add assembly="...."/>
        </assemblies>
    </compilation>
    <authentication mode="Windows" />
    <pages>
        <controls>
          <add tagPrefix="asp" namespace="System.Web.UI" assembly="..."/>
          <add tagPrefix="asp" namespace="System.Web.UI.WebControls".../>
        </controls>
    </pages>
  </system.web>
  <system.codedom>        <!---一级节点-->
    <compilers>
      <compiler...>
        <providerOption name="CompilerVersion" value="v3.5"/>
      </compiler>
    </compilers>
  </system.codedom>
  <system.webServer>        <!---一级节点-->
    ......
  </system.webServer>
  <runtime>        <!---一级节点-->
    ......
  </runtime>
</configuration>
```

图 2-17　一个简化的配置文件结构示意图

注意：

（1）配置文件节点分级。例如，在<system.web>节点内包含<compilation>、<pages>等多个子节点；

（2）VS 提供了可视化的界面修改配置文件，用法是使用系统菜单“网站”→“ASP.NET 配置”。

2.6.2　使用 Global.asax 文件保存对站点设置的代码

Global.asax 也称全局文件，包含整个站点上任何页面所引起的事件的代码。例如，每当用户第一次访问站点（一个新的会话开始）时运行的代码。

Global.asax 中的代码在下列事件发生时自动执行：

● 整个应用程序启动或停止时；

● 当某个用户开始或停止使用网站时；

● 对可能在页面上的特殊事件进行响应时，如用户登录或者出现错误。

作为 Global.asax 文件应用的一个典型例子是网站在线人数统计，参见 7.3.3 小节。

注意：Web.config 文件保存网站设定值，而 Global.asax 文件则保存共享代码。

习 题 2

一、判断题

1. 编辑网站的配置文件时,VS 2008 工具箱中的控件不可用。

2. 在网站配置文件中,所有标记必须成对出现或自闭。

3. 一个 Web 窗体,可以对应多个.aspx.cs 文件(后台代码文件)。

4. 在 VS 中新建窗体页时,其前台代码＜body＞内嵌的＜form＞和＜div＞是必须的。

5. 在 VS 中浏览某个 Web 窗体,必须先打开该页面。

6. 只有在分离代码型中,才能编写 Web 窗体中控件对象的事件过程。

7. 在 VS 的设计窗口中,双击 Web 窗体中的控件对象,将会自动建立该控件对象的事件过程。

8. 新建窗体时自动产生的成对标记＜div＞及＜/div＞,不可以去掉。

二、选择题

1. 在 VS 2008 中编辑_____文件时才能选择"拆分"模式。
   A..aspx.cs　　　B. Web.config　　　C. Global.asax　　　D. aspx

2. 打开 VS 2008 的工具箱有多种方法,例如使用系统的_____菜单。
   A. 窗口　　　B. 视图　　　C. 工具　　　D. 网站

3. 在网站里首次新建类文件时,默认会生成一个名为_____的文件夹。
   A. App_Data　　　B. WebApps　　　C. App_Code　　　D. wwwroot

4. 在 VS 中使用可视化界面修改配置文件,应使用 VS 的_____菜单。
   A. 文件　　　B. 网站　　　C. 调试　　　D. 工具

5. 页面语法中与 Web.config 文件有联系的是_____。
   A. 代码块语法＜%=%＞　　　　　B. 数据绑定语法＜%#%＞
   C. 表达式语法＜%$:%＞　　　　　D. 都无联系

三、填空题

1. VS 2008 的编辑模式有设计、拆分和_____三种。

2. 在 VS 中,为了获得联机帮助,应使用系统的_____菜单。

3. 表达式语法＜%$:%＞中,"$"与":"之间的内容为 Web.Config 文件中_____的名称。

4. Web.config 保存值,而 Global.asax 保存的是_____。

5. ASP.NET 编译器的版本信息位于 Web.config 文件的一级节点_____内。

6. Web 服务器的配置信息位于 Web.config 文件的_____配置节里。

实验 2 ASP.NET 网站集成开发环境的使用

（访问 http://www.wustwzx.com/Default.aspx）

一、实验目的

1. 掌握使用 VS 开发 ASP.NET 网站的的方法；
2. 掌握 Web 窗体页的两种代码模型；
3. 掌握 Web 窗体页面指令与页面语法；
4. 了解认识网站配置文件的作用；
5. 掌握 VS 的联机帮助功能。

二、实验内容

1. 在第 1 次实验建立的网站 sjsy 里新建单页 Web 窗体，显示服务器的当前时间。

    【效果演示】访问 http://www.wustwzx.com/sj02_1.aspx。

    【知识要点】参见例 2.1。

    （1）单文件页；

    （2）页面中的代码块。

2. 代码隐藏页模型——显示服务器的当前日期与时间。

    【效果演示】访问 http://www.wustwzx.com/sj02_2.aspx。

    【知识要点】参见例 2.2。

    （1）代码隐藏页；

    （2）在后台代码中建立 Web 服务器控件对象的事件过程。

3. ASP.NET 窗体页面语法——代码块。

    【效果演示】访问 http://www.wustwzx.com/sj02_3.aspx。

    【知识要点】参见例 2.3。

    （1）在窗体页面中引入客户端脚本；

    （2）在窗体页面中通过＜％和％＞引入 ASP.NET 代码块。

4. 认识 ASP.NET 网站配置文件。

    【操作方法】在解决方案资源管理器窗口中，双击网站根目录里的 Web.config 文件。

    【知识要点】

    （1）网站配置文件包括 Web.config 和 Global.asax；

    （2）在 VS 中新建网站时，系统自动建立 Web.config 文件；

    （3）Web.config 是 XML 格式的文件，含有若干配置节；

    （4）Web.config 文件保存网站设定值，而 Global.asax 保存共享代码。

5. ASP.NET 窗体页面语法——表达式。

    【操作方法】访问 http://www.wustwzx.com/sj02_4.aspx。

    【操作步骤】参见例 2.4。

【知识要点】

（1）Web. config 文件的＜appSettings＞配置节；

（2）在 Web 窗体中,使用读取＜appSettings＞配置节数据的表达式。

6. VS 的联机帮助功能。

【操作方法】使用 VS"帮助"菜单中的"目录"选项,获取. NET 类库中的 System 命名空间下的 DateTime 结构的成员、方法与属性的联机帮助。

三、实验小结

（由学生填写,重点写上机中遇到的问题）

第3章 ASP.NET 网站的运行环境与工作原理

在 VS 集成环境中开发的 ASP.NET 网站要投入实际运行,除了需要在 Web 服务器上安装 Windows 的 IIS 组件外,还需要安装 Framework 组件。此外,可能需要进行网站发布、或者打包与安装网站、或者设置为 IIS 默认网站的虚拟目录等过程。本章学习要点如下:

- 掌握运行 ASP.NET 网站所需要的支撑组件;
- 掌握新建 IIS 虚拟目录浏览 ASP.NET 网站的方法;
- 掌握在 VS 中发布网站至 IIS 站点的方法;
- 掌握网站的打包与安装方法。

3.1 运行 ASP.NET 网站所需要的支撑组件

ASP.NET 是建立在公共语言运行库上的编程框架,可用于在服务器上生成功能强大的 Web 应用程序,即 ASP.NET 网站,它需要的支撑软件表现为 Windows 提供的 IIS 组件和 Framework 组件,如图 3-1 所示。

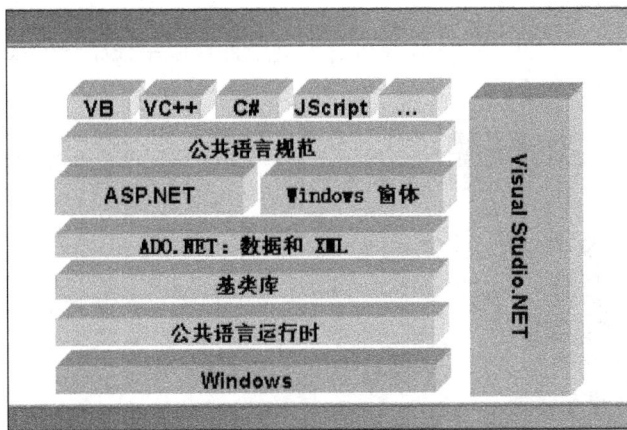

图 3-1 .NET 框架组成

IIS 是 Internet Information Server 的缩写,表示 Internet 信息服务,是由 windows 提供的一个组件。IIS 服务器对应于 ASP 网站,在安装了 Framework 组件后,就对应于 ASP.NET 网站。

注意:ADO.NET 是访问数据库的组件,实质上还是以类库出现,包含于命名空间 System.Data, System.Data.SqlClient 等,参见 9.1.1 节。

3.1.1 IIS 组件及其安装

在 Windows XP 环境中,要构造 IIS 服务器,需要先安装 Windows 的 IIS 组件。安装

IIS 组件的方法是：从"控制面板"中选择"添加/删除程序"，在出现的对话框中，单击"添加/删除 Windows 组件"，再在 Internet 信息服务（IIS）前面选勾，如图 3-2 所示。

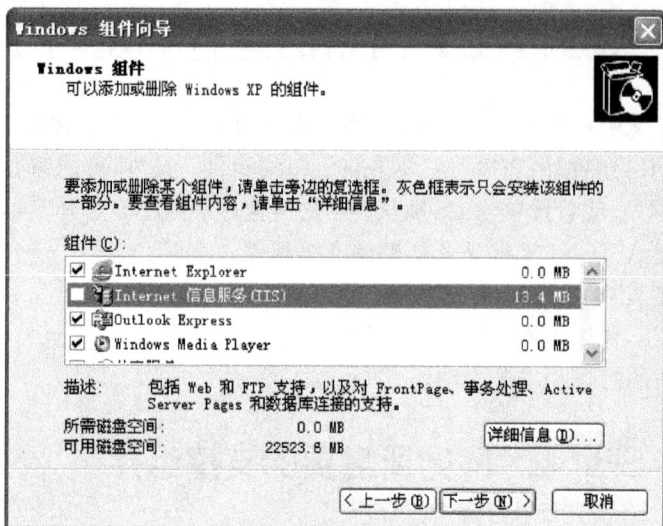

图 3-2 "添加或删除程序"对话框

在安装过程中，需要给出 IIS 组件的路径。在没有 Windows 安装光盘的情况下，通常先从网上下载 IIS 组件。

安装完成后，右击"我的电脑"→计算机管理→服务与应用程序→Internet 信息服务→网站→默认网站，如图 3-3 所示。

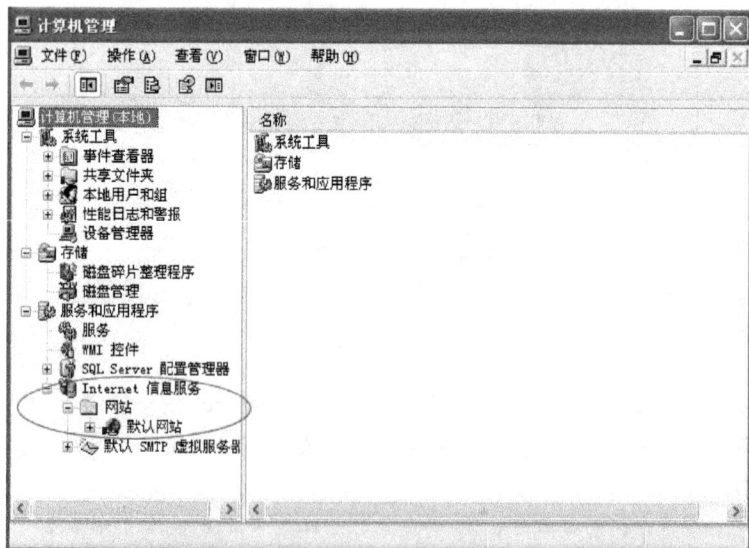

图 3-3 Windows XP 的 IIS 默认网站

默认网站建立后，可以在浏览器地址栏输入 http://localhost 浏览默认网站，也可以通过右键默认网站选择"新建虚拟目录"来建立默认网站的虚拟目录，还可以通过打开默认网站的属性对话框（如图 3-4 所示）设置默认网站的主页等。

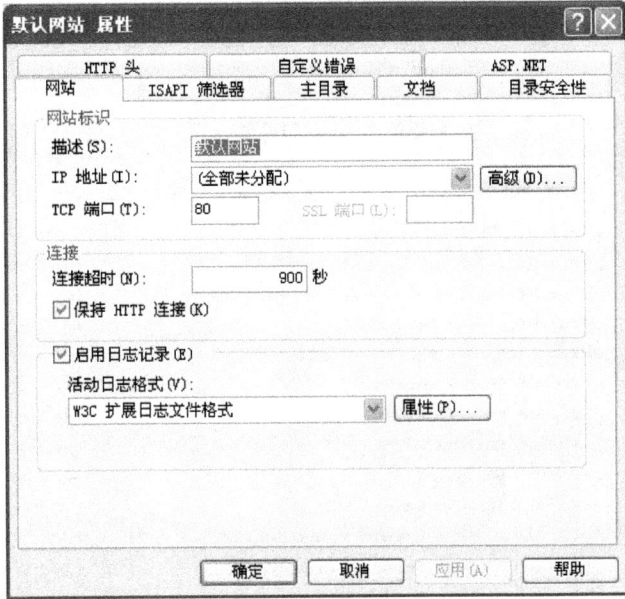

图 3-4　Windows XP 的 IIS 默认网站的属性设置对话框

在本地浏览时，IP 地址、TCP 端口和主目录一般不需要修改，并且只有在对外提供服务时才需要设置 IP。在"文档"选项卡里可设置网站默认主页，可设置多个，顺序从上往下。

由于 Windows 7 自带 IIS，因此无需安装 IIS，只需要打开其 IIS 服务即可。操作方法是：控件面板→程序与功能→打开或关闭 Windows 功能，在出现的对话框中勾选与 Internet 信息服务相关的选项，如图 3-5 所示。

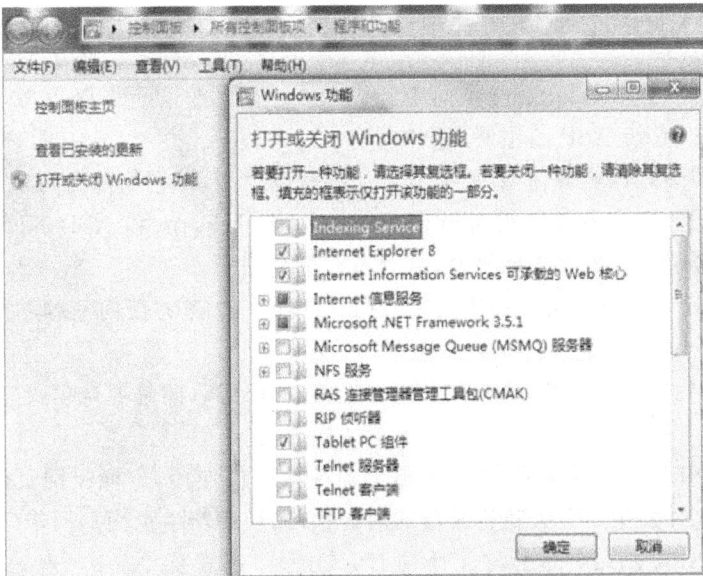

图 3-5　打开 Windows 7 的 IIS 功能

3.1.2　Framework 组件及其安装

要查看本机是否安装 Framework,可以打开控制面板→添加/删除程序,当看到 Microsoft.NET Framework 时,表明已经安装 Framework 组件,如图 3-6 所示。

图 3-6　查看本机是否已经安装 Framework

注意:安装 VS 2008 时,会自动安装 Framework 3.5(如果系统先前未安装)。如果先前的 Framework 版本较低,也会重新安装。

3.1.3　ASP.NET 与 ASP 的区别

ASP.NET 并不是 ASP 的一个简单升级版本,它提供了创建 Web 应用程序的一个全新理念和方法,它与 ASP 的主要区别如下。

(1) ASP 网站运行是解释型,而 ASP.NET 是编译型,即它们对运行在服务器端的脚本处理方式不同。在向服务器提交 Web Form 时,Web Form 和 ASP.NET 页面首先必须转换成服务器能够理解的中间语言,这个过程称为编译。

(2) 在 ASP.NET 中,可以使用.NET Framework 支持的任何一种功能完善的编程语言。

(3) 在 ASP 页面中,ASP 代码与 HTML 代码没有分离(即是混合模式),而 ASP.NET 则可以分离。

(4) ASP.NET 提供了大量的 Web 服务器控件可供使用,方便了网页的设计。很多服务器控件的事件发生后会去执行相应的后台代码,从而产生页面的回传(刷新)。

(5) ASP.NET 网站的运行除了需要 IIS 支持外,还需要.NET 框架;Framework 是.NET 框架的主要组件,它提供了大量的类库支持。

3.2　ASP.NET 网站的运行方法

使用 VS 2008 开发的 ASP.NET 网站(页),在真实 Web 服务器里运行,有如下两种方法。

3.2.1　在 IIS 默认网站中浏览 ASP.NET 网站

将网站中的所有文件(夹)一起复制到 IIS 默认网站的根目录里,并配置默认网站的主页即可。其中 IIS 默认网站的默认目录是 c:\inetpub\wwwroot。

如果已将本机配置成一个 ASP.NET 服务器,则访问的方法是在浏览器地址里输入:

$$http://localhost$$

注意:

(1) 安装了 IIS 的 Windows XP 服务器,其默认网站的主目录和主页都可以重新设置;而 Windows 7 服务器,只能设置默认网站的主目录,不能重设主页,其默认主页是 Default.aspx。

(2) 如果服务器上同时运行其他类型的 Web 服务器软件(如运行 PHP 网站的 apache),则可能由于端口相同而产生冲突,此时需要先关闭另外的 Web 服务器。

3.2.2　新建 IIS 默认网站的虚拟目录来浏览 ASP.NET 网站

要浏览某个.NET 网站,还可以使用新建 IIS 默认网站的虚拟目录的方法。对于 Windows XP,其方法是右击 IIS 默认网站,选择新建虚拟目录,然后根据向导完成操作;对于 Windows 7,操作界面略有不同,如图 3-7 所示。

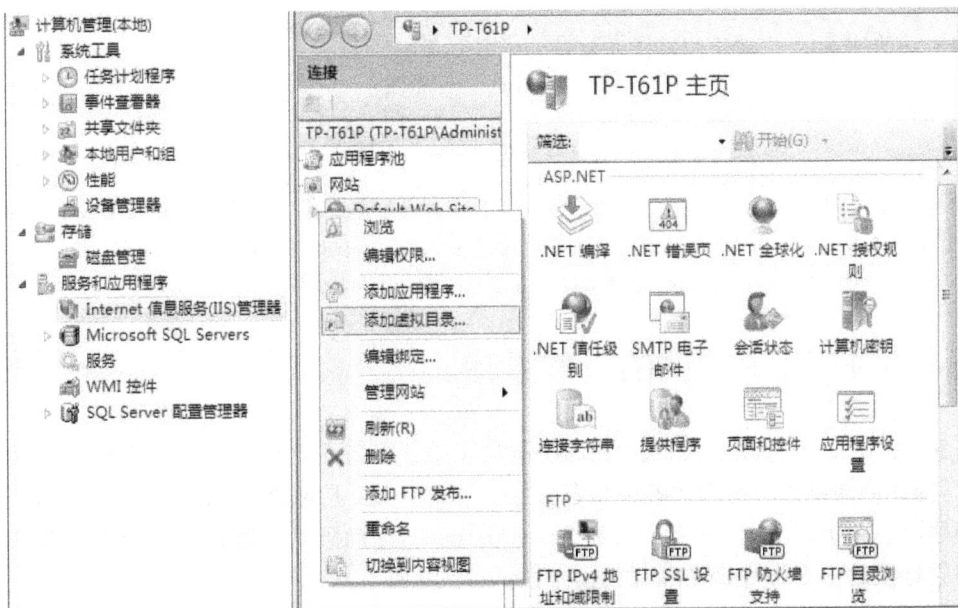

图 3-7　Windows 7 环境下浏览 ASP.NET 网站(页)

右击 IIS 默认网站的虚拟目录中的 ASPX 文件,选择浏览,即可浏览该页面,这相当于在浏览器地址栏输入:

http://localhost/虚拟目录名称/aspx 页面

注意:

(1) 在 Windows 7 环境下,浏览网站(页)前需要先将虚拟目录转换成应用程序(网站的默认目录也是如此!)。否则,在浏览时会出现如图 3-8 所示的错误信息。

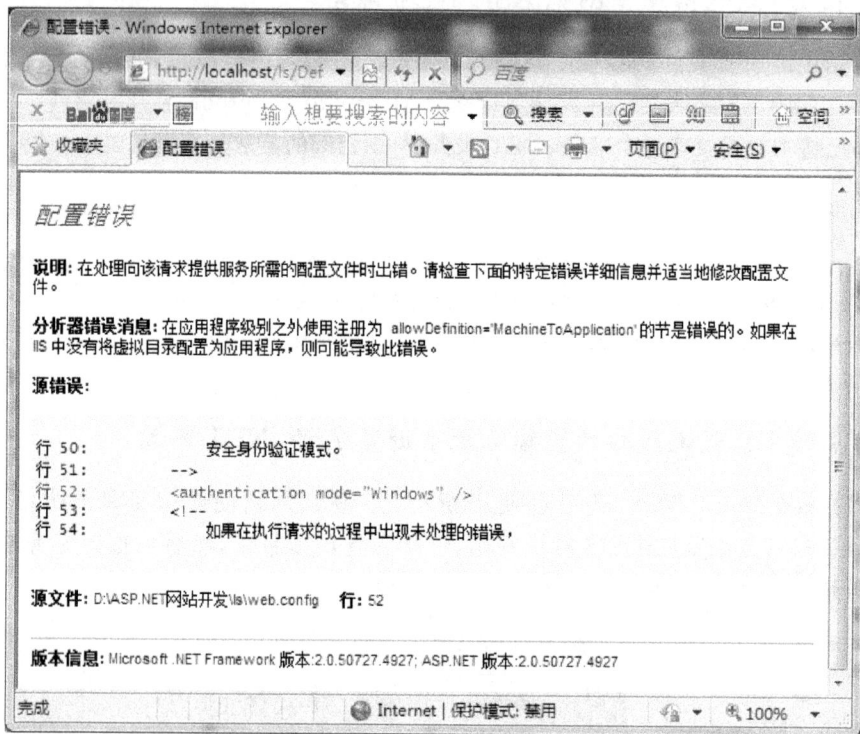

图 3-8　未将虚拟目录转换成应用程序在浏览时的出错信息

(2) 先安装 VS 2008 后再安装 IIS,则利用 IIS 浏览 ASPX 页面时,出现错误"IIS 不能访问元数据库",这是由于 VS 2008 与 IIS 安装的先后次序所致。此时需要运行如下命令进行修复:

C:\Windows\Microsoft.NET\Framework\v2.0.50727\aspnet_regiis.exe-i

3.3　ASP.NET 网站的工作原理

ASP.NET 是 Web 编程的框架。Web 页在服务器与客户端之间交互,有一定的生命周期,因此需要维护页面上的各种状态信息。ASP.NET 是通过 PostBack 机制来解决这个问题的。一个表单 Form 的提交称之为 PostBack,因此可以认为 PostBack 是由用户在客户端触发的一个事件,事件的发送者用 sender 表示。

3.3.1　页面事件、服务器控件的事件与页面的 IsPostBack 属性

扩展名为.aspx 的窗体文件在运行时被编译为 Page 对象,并被缓存在服务器内存

中。Page 类是一个用作 Web 应用程序的用户界面的控件,含于 System. Web. UI 命名里。

1. 页面事件、服务器控件

每个 ASP. NET 页面的生命周期包括初始化、实例化控件,运行事件处理代码(其内访问的控件均为服务器控件,即控件标记前缀"asp:"),最终将 HTML 代码发送至客户端浏览器,由浏览器程序解释执行并呈现页面。常用页面事件如下。

- Page_PreInit:通过 IsPostBack 属性确定是否第一次处理该页、创建动态控件、动态设置主题属性、读取配置文件属性等。
- Page_Init:初始化控件属性。
- Page_Load:读取和更新控件属性。使用 VS 打开后台代码窗口,会看到系统已经自动创建了这个事件过程,只是需要用户根据需要添加代码。

2. 服务器控件的事件

大多数服务器控件具有事件处理功能,如 Button 控件的 OnClick 事件,该控件的 PostBackUrl 属性用来指定单击事件发生后所转向的目标页面(如果未使用本属性,则默认回传至自身页)。

3. 页面属性 IsPostBack

能够使第一次加载页面与后来加载出来不同文本的原因是 ASP. NET 有一个名为 IsPostBack 的属性,它表示页面是否已经发回。如果是为响应客户端事件回发而加载该页,则为 true;否则为 false。显然,在用户第一次浏览网页时,会返回值 False。当控件的事件被触发时,Page_Load 事件会在控件的事件之前被触发。因此,如果想在执行控件的事件代码时不执行 Page_Load 事件中的代码,只需判断属性 Page. IsPostBack 是否为 True。相关的 C♯ 代码如下。

```
protected void Page_Load(Object sender,EventArgs e)
{
    if(!IsPostBack)
        {
            //网页第一次加载时执行的操作
        }
    else
        {
            //回送时执行的操作
        }
    //网页每次加载时执行的操作
}
```

【例 3.1】 ASP. NET 的 PostBack 机制。

【设计方法】

(1) 新建窗体页,命名为 sj03_3. aspx,选择代码隐藏页模型和拆分视图模式。

(2) 向窗体添加一个 Button 控件,设置 Text 属性:

```
<asp:Button ID="Button1" runat="server" Text="单击本按钮后导致页面刷新"/>
```

（3）在设计窗口中双击控件对象，则会打开后台代码窗口，完成如下两个事件过程。

```
protected void Page_Load(object sender,EventArgs e)
{
    if(!Page.IsPostBack)    //屏蔽此行，浏览结果有变化！
        Response.Write("A");
}
protected void Button1_Click(object sender,EventArgs e)
{
    Response.Write("B");
}
```

（4）按 Ctrl＋F5 浏览，屏上出现"A"，单击命令按钮后，屏上出现"B"；

（5）屏蔽后台代码中的 if 语句行；按 Ctrl＋F5 浏览，单击命令按钮后，屏幕显示"AB"。

注意：在设计窗口中，双击控件对象，则控件对象会自动增加一个单击事件，代码为：

```
<asp:Button ID="Button1" runat="server" Text="单击本按钮后导致页面刷新"
                onclick="Button1_Click"/>
```

3.3.2　ASP.NET 框架结构与后台代码

在分离模式下，每个后台代码文件实质上是定义相应窗体文件引用的类，ASP.NET 框架类似于 Java 虚拟机，是运行类的平台。

分离代码模型能将 C#代码编译成程序集（参见 3.4.1 小节——网站发布），防止 C#代码被窃取。

与后台代码页模型相比，在单代码模型中，只是后台代码的位置不同而已，窗体及其中的 Web 服务器的事件过程包含在如下的标记内：

```
<script runat="server">
......
</script>
```

3.4　ASP.NET 网站的发布、打包与安装

3.4.1　在 VS 中发布 ASP.NET 网站

ASP.NET 网站是编译执行的，因此，没有必要把源代码放到服务器上。在 VS 中，直接将网站源文件复制或上传至 IIS 服务器，称为源代码发布；而编译成.dll 文件再复制到网站里，称为编译发布。显然，编译发布方式能保护软件被非法修改。

VS 提供了方便的网站发布方式，并且可以取代手工方式将 ASP.NET 网站编译发布到 IIS 服务器的默认网站的根目录里，并作为 IIS 默认网站的虚拟目录。

右击用户开发的 ASP.NET 网站名称，选择"发布网站"，则出现如图 3-9 所示的对话框。

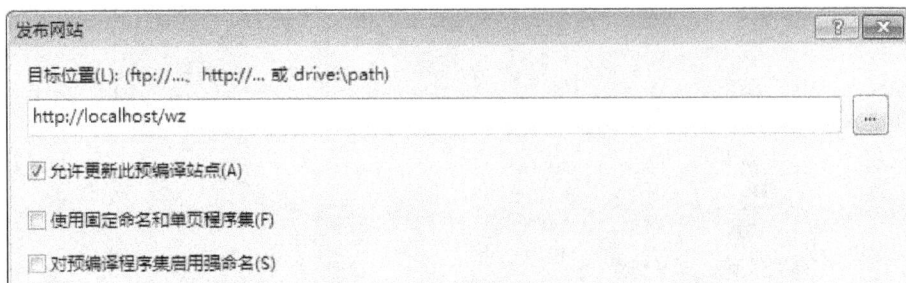

图 3-9　网站发布对话框

上面的目标位置"http://localhost/wz"表示本地 IIS 默认网站的虚拟目录 wz,其中 wz
可任意输入。单击右边的三点式按钮,可以选择已经存在的虚拟目录,如图 3-10 所示。

图 3-10　网站发布目录位置对话框(部分)

在本地开发时,为了在 IIS 服务器中浏览,通常选择"本地 IIS"。完成任务网站的发
布后,在目标文件夹里,会自动生成一个名为 bin 的文件夹,它存放的是一个编译后的.dll
文件,该文件实质上是原来网站里的后台代码文件和公共类文件(即扩展名为.cs 的文
件)的集合。当然,其他的文件也会直接复制到目标文件夹。例如,发布到"456"虚拟目录
后,对于安装 Windows 7 的计算机,在浏览器地址里输入如下命令即可浏览(对于
Windows XP,则需要通过虚拟目录的"属性—文档"方式设置主页):

http://localhost/456

如果选择"文件系统",则只是单纯的编译,如果要浏览测试,则还需要建立虚拟目录
并转换成应用程序。

选择"FTP 站点",将会把本地开发的网站直接上传到远程的 FTP 主机上。显然,这
需要 FTP 主机的 IP 地址或域名(如图 3-11 所示),最后还需要登录 FTP 主机的用户名和
密码。

注意:

(1)网站发布将会导致目标文件夹及其子文件夹中的所有文件被删除。因此,在发布到本地 IIS
时,一般要带虚拟目录名(参见图 3-9),以免删除 IIS 默认网站里的系统文件。

(2)单代码文件中的事件过程代码在网站发布后不会被编译。

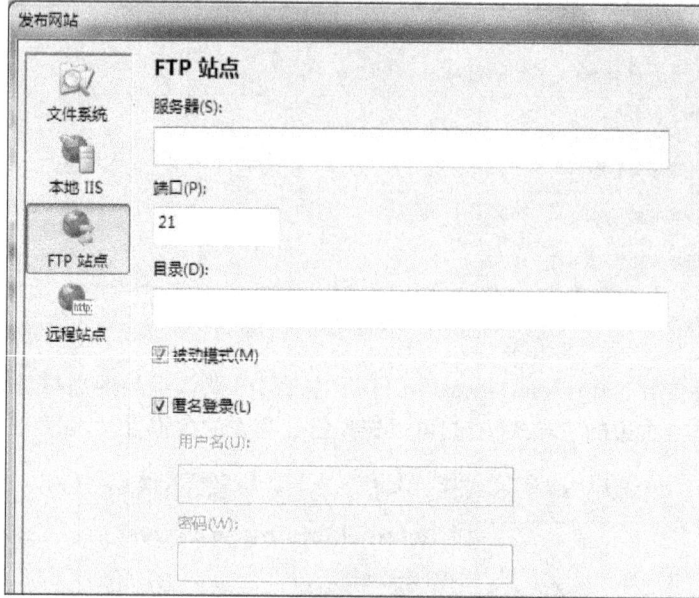

图 3-11　网站发布到远程 FTP 站点对话框(部分)

3.4.2　ASP.NET 网站的打包与安装

通过建立 Web 安装项目的方式可以将整个 ASP.NET 打包起来,然后像安装一个 Windows 应用软件一样,将网站安装到 IIS 服务器。

选择"文件"→"新建"→"项目",在出现的"新建项目"对话框中选择"其他项目类型"→"安装和部署"→"Web 安装项目",如图 3-12 所示。

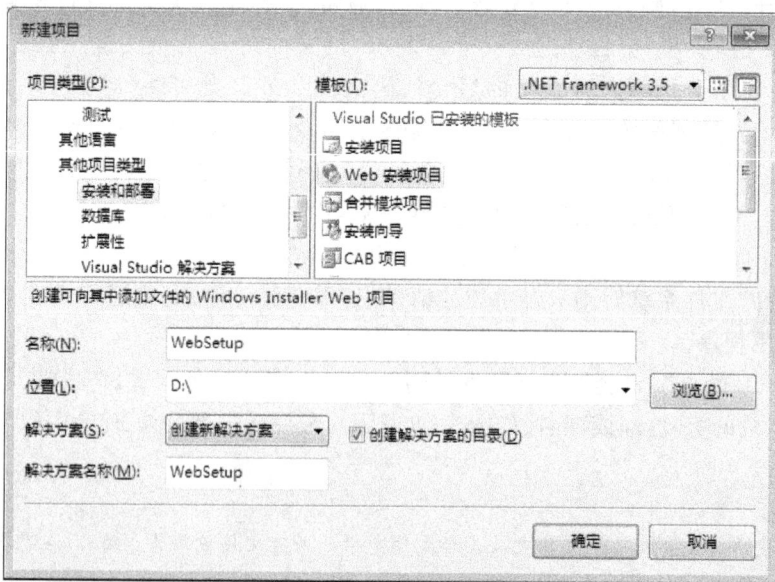

图 3-12　新建 Web 安装项目

输入名称"WebSetup",单击"确定"后进入文件系统编辑器。

注意:通过单击"浏览"按钮,可以改变 Web 项目的默认存储路径。

单击"确定"后,会自动在目标位置创建一个与项目名称相同的文件夹,用以存储项目文件。通过重复使用"目标计算机上的文件系统"下面的"Web 应用程序文件夹"的右键菜单,可将发布后的目标网站里的所有文件系统添加到 Web 应用程序文件夹,操作出现如图 3-13 所示。

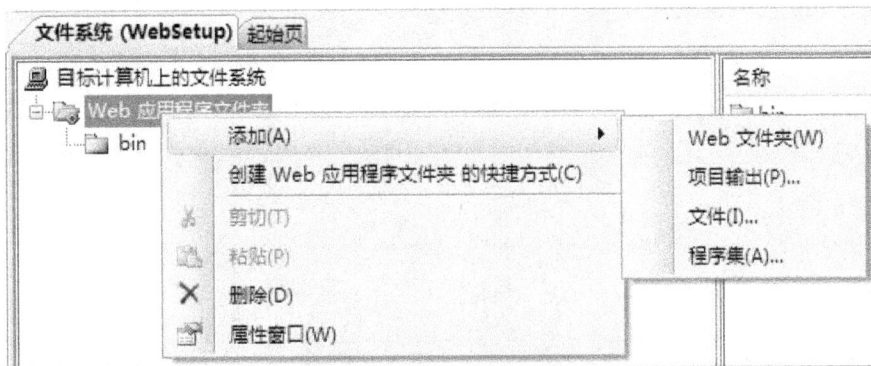

图 3-13　文件系统编辑器

从图 3-13 可以看出,一般推荐将网站发布后(会生成 bin 文件夹)再打包。在应用程序文件夹里建立与网站发布后相同的目录结构,然后添加所有的文件。

右击"解决方案资源管理器"中项目名 WebSetup→属性,则出现 WebSetup 属性页,如图 3-14 所示。

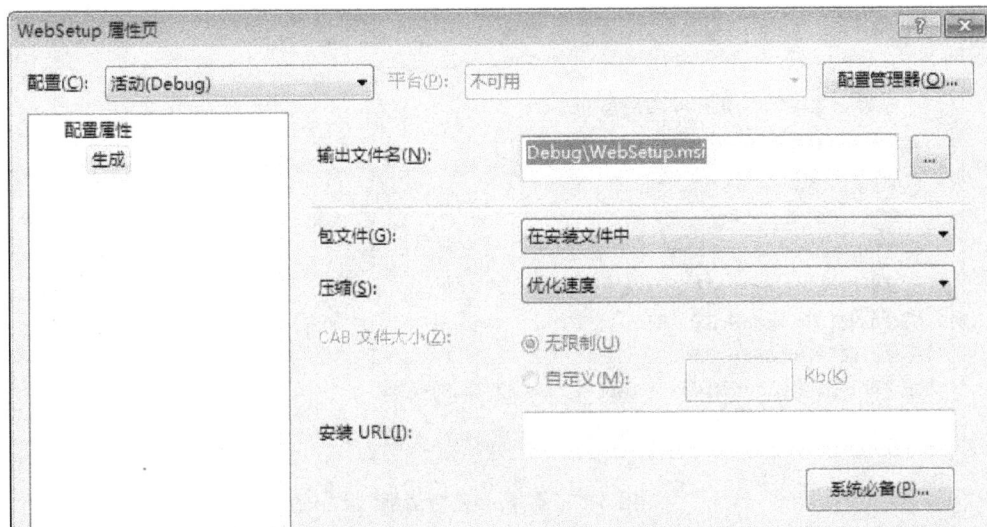

图 3-14　WebSetup 属性页

单击"配置管理器",在"配置"下拉列表中选择"Release",然后单击"关闭"按钮,如图3-15 所示。

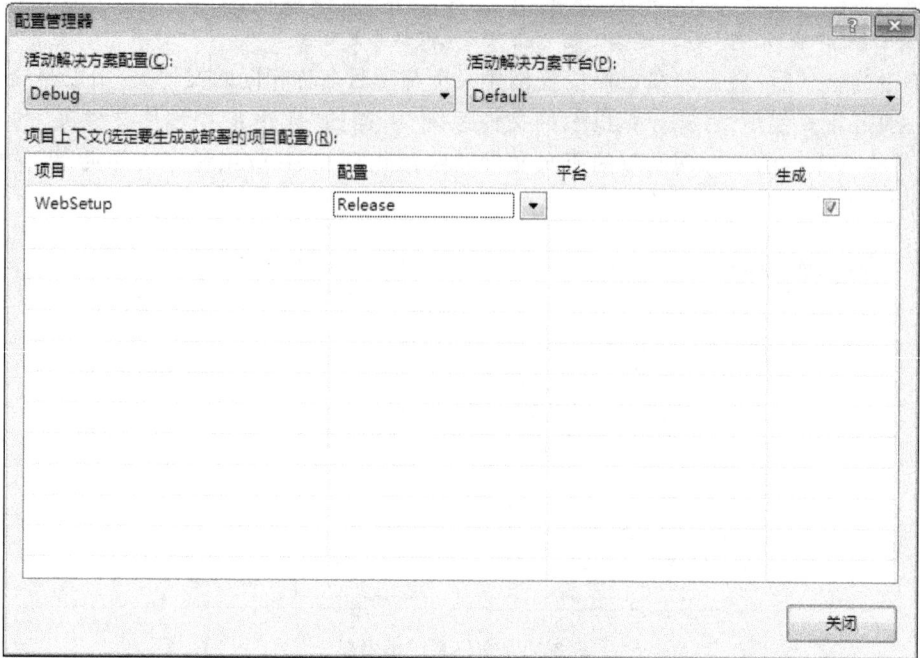

图 3-15　配置管理器对话框

单击"系统必备"按钮,在对话框中选择用于打包安装的 ASP.NET 网站所必备的组件。通常选择 Windows Installer 3.1、.NET Framework 和 SQL Server Compact,其他选项可以根据实际需要选择,如图 3-16 所示。

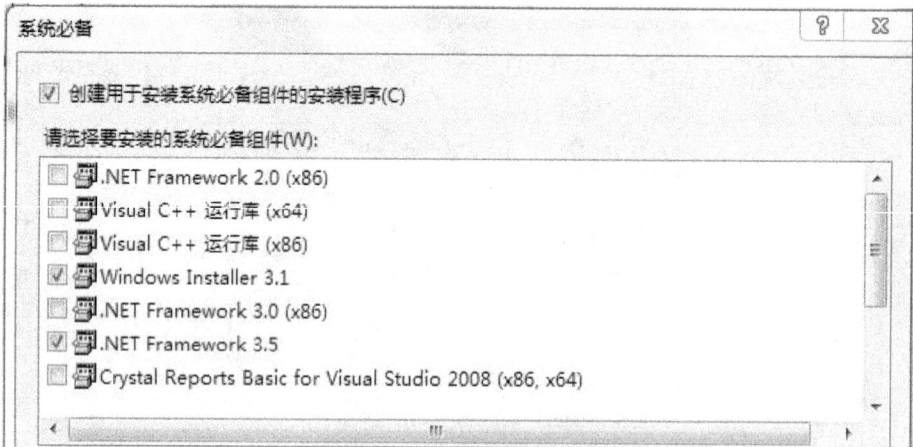

图 3-16　网站必备对话框

右击项目名称 WebSetup,在弹出的快捷菜单中选择"生成",则在 Websetup\Release 文件夹下可找到所有的安装文件。其中,Websetup.msi 包含了 ASP.NET 网站的相关内容,setup.exe 文件就是安装程序。

将目标位置的 WebSetup\Release 文件夹复制到其他的计算机(本机当然也可),双击其中的安装文件 setup.exe 就能启动安装向导,安装过程与安装一般的 Windows 应用程序类似。并且,安装开始后首先需要指定在 IIS 默认网站中的虚拟目录名。

　　安装完成后,可以看到在 IIS 默认网站的根目录 c:\inetpub\wwwroot 里建立了一个与虚拟目录同名的文件夹,在浏览器进地址栏里通过下列命令可以浏览该网站:

http://localhost/虚拟目录名

注意:创建网站时,应当以 default.aspx 作为主页,即虚拟目录里应包含有文件 default.aspx。

习 题 3

一、判断题

1. 页面事件 Page_PreInit 通过 IsPostBack 属性确定是否第一次处理该页、创建动态控件、动态设置主题属性、读取配置文件属性等。

2. 窗体的后台代码都在 Web 服务器端执行。

3. 在 Windows XP 环境下，为了能正常使用 IIS 浏览 ASP.NET 网站，IIS 应在 Framework 前安装。

4. 在 Windows 7 环境下，为了能正常使用 IIS 浏览 ASP.NET 网站，应先将网站转换为应用程序。

5. 使用发布网站，能保护 C# 源代码不被随意窃取。

6. 网站发布后将会自动生成名为 bin 的文件夹。

7. Page_Load 事件发生总在页面控件对象的事件之前。

二、选择题

1. 关于 AutoPostBack 和 IsPostBack，下列说法中正确的是_____。
   A. 两个都是页面属性
   B. 前者是控件属性，后者是页面属性
   C. 后者是控件属性，前者是页面属性
   D. 两个都是控件属性

2. 在 Windows 7 计算机上配置的 ASP.NET 网站中，默认的主页文件名为_____。
   A. index.asp   B. index.aspx   C. Default.aspx   D. Default.asp

3. 关于页面事件，先后发生的正确顺序是_____。
   A. Page_Load→Page_Init→Page_PreInit
   B. Page_PreInit→Page_Load→Page_Init
   C. Page_PreInit→Page_Init→Page_Load
   D. Init→Page_PreInit→Page_Load

4. 网站发布后，所有后台代码文件将会编译到一个随机命名的_____文件中。
   A. .cs   B. .aspx   C. .asm   D. .dll

5. 下列选项中，不是 Page 指令属性的是_____。
   A. CodePage   B. Debug   C. namespace   D. Language

三、填空题

1. 如果想在执行控件的事件代码时不执行 Page_Load 事件中的代码，只需判断属性 Page.IsPostBack 是否为_____。

2. 在 Windows7 系统中,IIS 默认网站的虚拟目录有"内容"和"功能"两种视图状态,浏览特定的页面时应切换至＿＿＿＿＿＿＿视图。

3. 网站经发布后,原有的 App_Code 文件夹(如果有的话)将被替代为＿＿＿＿＿＿＿。

4. 控件对象的事件过程名由控件对象的 ID 属性值、下画线和＿＿＿＿＿＿＿共三部分组成。

5. 打包网站时,需要新建＿＿＿＿＿＿＿项目。

实验 3　在 IIS 中浏览 ASP.NET 网站、网站发布、打包和安装

（访问 http://www.wustwzx.com/Default.aspx）

一、实验目的

1．掌握利用 IIS+Framework 浏览 ASP.NET 网站的方法；
2．掌握 ASP.NET 的 PostBack 机制；
3．掌握 ASP.NET 网站的发布、打包和安装方法。

二、实验内容

1．在 Windows XP 环境中利用 IIS 浏览 ASP.NET 网站。
　【系统要求】要求已经安装 IIS 和.NET Framework。
　【操作步骤】
　（1）建立一个 ASP.NET 网站；
　（2）右击"我的电脑"→管理→服务与应用程序→Internet 信息服务→网站→默认网站；
　（3）右击"默认网站"→新建 IIS 默认网站的虚拟目录（子站点）；
　（4）设置子站点的主页；
　（5）在浏览器地址栏输入 http://localhost/虚拟目录名。

2．在 Windows 7 环境中利用 IIS 浏览 ASP.NET 网站。
　【系统要求】要求已经安装 IIS 和.NET Framework。
　【操作步骤】
　（1）建立一个以 Default.aspx 作为主页的网站；
　（2）右击"计算机"→管理→服务与应用程序→Internet 信息服务→网站→Default Web Site；
　（3）右击"Default Web Site"→"添加虚拟目录"，命名虚拟目录名并指向已经建立的网站根目录；
　（4）右击虚拟目录名→转换就应用程序；
　（5）在浏览器地址栏输入 http://localhost/虚拟目录名。

3．ASP.NET 网站的 PostBack 机制。
　【效果演示】访问 http://www.wustwzx.com/sj03_3.asp，参见例 3.1。
　【知识要点】Page.IsPostBack 属性。
　【本地操作】
　（1）根据例 3.1，设计页面，按 Ctrl+F5 浏览，单击命令按钮；
　（2）屏蔽后台代码中的 if 语句行，再浏览，观察结果变化。

4. ASP.NET 网站的发布、打包与安装。

　　【操作方法】参见教材 3.4 节。

三、实验小结

（由学生填写,重点写上机中遇到的问题）

第 4 章　C♯与 ASP. NET Framework

C♯是由 C 和 C++衍生出来的面向对象的编程语言,它在继承 C、C++强大功能的同时去掉了原来的一些复杂特性(例如没有宏和模板,不允许多重继承)。C♯综合了 VB 简单的可视化操作和 C++的高效率运行,已成为. NET 网站开发的首选语言。本章学习要点如下:

- 了解 C♯语言的特点和编程规范;
- 了解 ASP. NET 常用的命名空间;
- 掌握 C♯基础语法和流程控制语句的用法;
- 掌握类的创建与使用。

4.1　C♯概述

C♯是专为. NET 平台而推出的,其语言特色与. NET 平台有着密不可分的关系。例如,C♯的类型其实质就是. NET Framework 所提供的类型,C♯语言本身并无类库。

C♯是面向组件的程序设计语言。

C♯用于编写窗体中对象的事件处理代码。

C♯程序与 VC 程序一样,通常采用行尾加双斜杠“//”的注释方法。

注意:本书中的所有服务器后台代码所采用的脚本语言是 C♯。

4.2　.NET Framework 类库

4.2.1　命名空间

.NET Framework 提供了几千个类用于对系统功能的访问,这些类是建立应用程序、组件和控件的基础,它们构成一个强大的类库。

在. NET Framework 中,组织这些类的方式是使用命名空间,即命名空间是组织类的逻辑单元。为不同的模块建立命名空间,这样就可以容易管理类。因此,不同的命名空间中可以存在同名的类,一组相关的类同处于一个命名空间里。

System 命名空间包含基本类和基类,这些类定义常用的值和引用数据类型、事件和事件处理程序、接口、属性和异常处理。其他类提供的服务支持数据类型转换、方法参数操作、数学运算、远程和本地程序调用、应用程序环境管理和对托管与非托管应用程序的监控。

System.Web 命名空间提供使得可以进行浏览器与服务器通信的类和接口,包括

HttpRequest 类、HttpResponse 类以及 HttpServerUtility 类(用于提供对服务器端实用工具与进程的访问(参见第 6 章)。System.Web 还包括用于 Cookie 操作(参见第 7 章)、文件传输、异常信息和输出缓存控制的类。

　　System.Web.UI 命名空间提供了创建 Web 窗体的类和接口,可用于创建 ASP. NET 服务器控件以及用作 ASP.NET Web 应用程序用户界面的 ASP.NET 网页。System.Web.UI 命名空间中的 Control 类,为所有服务器控件(包括 HTML 服务器控件、Web 服务器控件和用户控件)提供一组通用功能。System.Web.UI 命名空间中的 Page 类与扩展名为.aspx 的文件相关联,这些文件在运行时被编译为 Page 对象。System.Web.UI 命名空间还包括其他一些类,这些类提供的服务器控件具有数据绑定功能、保存给定控件或页的视图状态的功能以及分析功能。

　　System.Web.UI.WebControls 命名空间包含一些类,可使用这些类在网页上创建 Web 服务器控件。Web 服务器控件运行在服务器上并且包括按钮和文本框等窗体控件。它们还包括具有特殊用途的控件(如日历)。由于 Web 服务器控件运行在服务器上,因此可以以编程方式控制这些元素。

　　using System.Data;//包含数据访问使用的一些主要类型。

　　using System.Configuration;//包含用于以编程方式访问.NET Framework 配置设置并处理配置文件中错误的类。

　　using System.Collections;//为进行集合的管理提供了各种类和接口、结构。

　　using System.Text;//包含了一些表示字符编码的类型并提供了字符串的操作和格式化。

　　using System.Web.Security;//包含用于在 Web 应用程序中实现 ASP.NET 安全性的类。

　　using System.Web.UI.WebControls;//包含创建 ASP.NET Web 服务器控件的类。

　　using System.Web.UI.HtmlControls;//包含用于 HTML 特定控件的类。

　　using System.IO;//包含了一些数据流类型并提供了文件和目录同步异步读写。

　　using System.Web.SessionState;//提供可将特定于某个单个客户端的数据存储在服务器上的一个 Web 应用程序中的类和接口。

　　using System.Data.SqlClient;//包含了一些操作 MS SQL Server 数据库的类型。

　　导入命名空间后使得要访问包含的类时可省略其命名空间。例如:

```
System.String strNum="100";  //String是命名空间 String中的一个类。
```

等效于

```
using System;            //导入命名空间 System
string strNum="100";     //定义 string类型的变量 strNum(值类型)。
```

　　在 VS 2008 中,单击"帮助"菜单→"目录",展开".NET Framework 类库",则可以查看 ASP.NET 的命名空间,如图 4-1 所示。

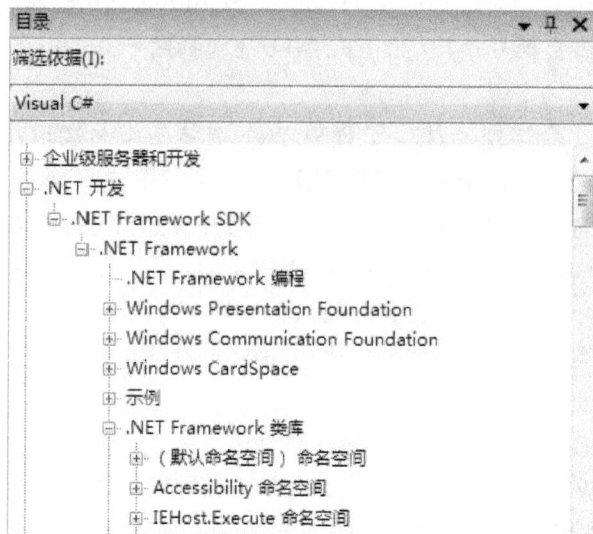

图 4-1   查看.NET 类库里的命名空间

4.2.2   类与结构

　　.NET Framework 提供了几千个类用于对系统功能的访问,这些类用于建立应用程序。进一步展开某个命名空间,则可以查看该空间所包含的类、结构、接口等。例如,命名空间 System 的类与结构(部分)如图 4-2 所示。

图 4-2   System 命名空间的类与结构(部分)

　　注意:结构是值类型;类是引用类型,使用前需要实例化,类可以继承。

　　【**例 4.1**】   以不同的格式显示当前的日期和时间。

　　【**设计方法**】新建一个 Web 窗体,命名为 sj04_1.aspx,并选择分离代码模型。前台代码如图 4-3 所示。

```
<%@ Page Language="C#" AutoEventWireup="true" CodeFile="sj04_1.aspx.cs" Inherits="sj04_1" %>
<html>
<head runat="server">
    <title>以不同的格式显示当前的日期与时间</title>
</head>
<body>
    知识要点：使用Framework类库System命名空间中DateTime结构提供的相关属性及方法。
</body>
</html>
```

图 4-3　页面的前台代码

在后台代码中，主要使用 DateTime 类的 Now 属性并以不同的格式输出，后台代码如图 4-4 所示。

```
using System;  //必须
public partial class sj04_1: System.Web.UI.Page
{
    protected void Page_Load(object sender, EventArgs e)
    {
        Response.Write(DateTime.Now.ToString()+"<br/>");
        Response.Write(DateTime.Now.ToLongDateString() + "<br/>");
        Response.Write(DateTime.Now.ToString("yyyy-MM-dd") + "<br/>");//MM必须大写
        Response.Write(DateTime.Now.ToLongTimeString() + "<br/>");
    }
}
```

图 4-4　页面的后台代码

页面的浏览效果如图 4-5 所示。

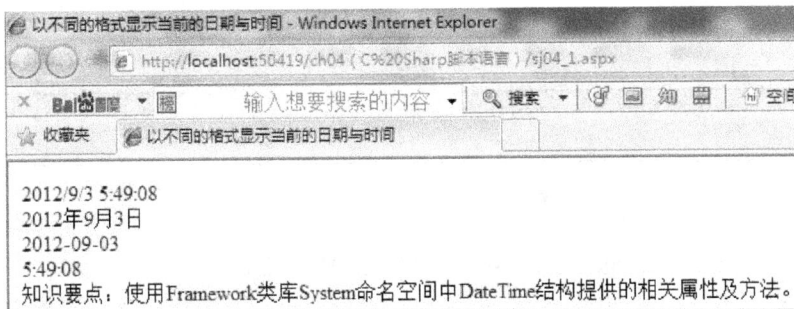

图 4-5　页面的浏览效果

4.2.3　程序集

程序集（assembly）是.NET Framework 编程的基本组成部分。程序集是组件复用，以及实施安全策略和版本策略的最小单位。.NET 编写的 DLL 和 EXE 就是程序集。

一个程序集通常包含有若干命名空间。例如，System 命名空间就包含在 System.Core.dll 程序集里，并存放在 C：\Program Files\Reference Assemblies\Microsoft\Framework\v3.5 文件夹里。右键网站名称→添加引用，则可以查看.NET 的程序集，如图 4-6 所示。

根据需要，用户可以加载程序集。例如，网站添加引用了程序集 System.Windows.Forms.dll 后，会在配置文件 Web.config 的＜compilation＞配置节中自动注册，如图 4-7所示。

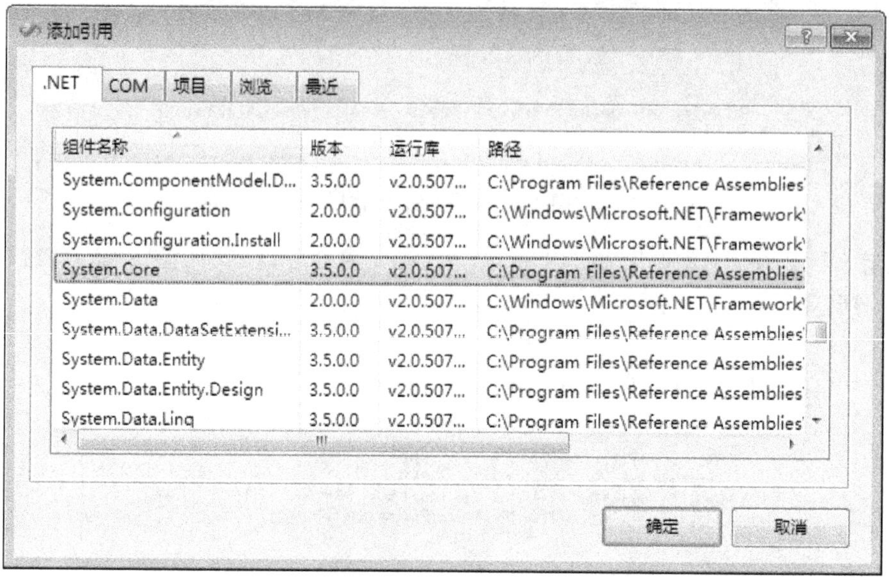

图 4-6　使用"添加引用"对话框查看.NET 程序集及其相关信息

```
<compilation debug="true">
  <assemblies>
    <add assembly="System.Windows.Forms, Version=2.0.0.0, Culture=neutral,PublicKeyToken=B77A5C561934E089"/>
    <add assembly="office, Version=11.0.0.0, Culture=neutral, PublicKeyToken=71E9BCE111E9429C"/>
    <add assembly="System.Core, Version=3.5.0.0, Culture=neutral, PublicKeyToken=B77A5C561934E089"/>
    <add assembly="System.Web.Extensions, Version=3.5.0.0,Culture=neutral,PublicKeyToken=31BF3856AD364E35"/>
    <add assembly="System.Xml.Linq, Version=3.5.0.0, Culture=neutral, PublicKeyToken=B77A5C561934E089"/>
    <add assembly="System.Data.DataSetExtensions, Version=3.5.0.0,Culture=neutral,PublicKeyToken=B77A5C561934E089"/>
  </assemblies>
</compilation>
```

图 4-7　添加引用后配置文件

【例 4.2】　使用 MessageBox 类设计带用户确认的消息框。

【设计方法】新建一个 Web 窗体,命名为 sj04_2.aspx,并选择分离代码模型。右键网站名称,按图 4-6 的方法添加引用 System.Windows.Forms.dll 程序集,前台代码如图 4-8 所示。

```
<%@ Page Language="C#" AutoEventWireup="true" CodeFile="sj04_2.aspx.cs" Inherits="sj04_2" %>
<html>
<head runat="server">
    <title>加载程序集·带用户确认的消息框</title>
</head>
<body>
</body>
</html>
```

图 4-8　窗体页面的前台代码

后台代码中,引用 System.Windows.Forms.dll 程序集,使用 MessageBox 类的 Show()方法呈现对话框,后台代码如图 4-9 所示。

```
using System;//必须
using System.Windows.Forms;   //本命名空间需要添加引用程序集：System.Windows.Forms.dll
public partial class sj04_2 : System.Web.UI.Page
  {
  protected void Page_Load(object sender, EventArgs e)
    {
    if (MessageBox.Show("做加法：25+16=41?", "做算术", MessageBoxButtons.YesNo, MessageBoxIcon.Question) == DialogResult.Yes)
            Response.Write("<Script>window.alert('Right.');</Script>");
    else
            Response.Write("<Script>window.alert('Not Right.');</Script>");
    }
  }
```

图 4-9　窗体页面的后台代码

页面的浏览效果如图 4-10 所示。

图 4-10　页面浏览效果

4.3　C＃编程规范

4.3.1　程序注释

C＃程序注释如同 VC 等程序设计语言,有两种注释方式,一是使用"//"实现单行注释,通常在行尾;另一种是使用"/ ＊"和"＊/"进行多行注释。

4.3.2　命名规则

在 C＃中,变量名、类名和文件名等被称为标识符。标识符命名通常有两种形式,一是使用 Pascal 命名法,它是将标识符首字符和后面连接的每个单词的首字母都大写(例如,Page_Load、IsPostBack 等);另一种是使用 Camel 命名法,它是将首字母小写且后面连接单词的首字母都大写(例如,strName 等)。

变量的命名更加严格,其规则如下:
- 第一个字符必须是字母或下画线;
- 不能包含有空格字符;
- 变量名不能与 C＃的关键字、C++的库函数名、类名和对象名相同。

注意:C＃程序对字母大小写是敏感的。

4.3.3　变量的修饰符

1. 访问修饰符

访问修饰符通常使用如下三种,见表 4-1。

表 4-1　常用的变量访问修饰符

修饰符	作用范围
public	没有访问限制
private	只能在所属的类中被访问
protected	在所属的类或派生类中能被访问

2. 静态变量

使用 static 声明的变量称为静态变量,与 C 语言中静态变量的特性相同。

3. 只读变量

使用 readonly 声明的变量称为只读变量,其值初始化后在程序中不能再修改。

4.3.4　变量的作用范围与生命周期

1. 块级

块级变量是指包含在 if,while 等语句段中定义的变量,它仅在块有效,在块结束后即被释放。

2. 方法级

方法级变量作用于声明变量的方法中,在方法外不能访问。

3. 对象级

对象级变量可作用于定义类的所有方法中,只有在相应的窗体页面结束时才被释放。

```
using System;
public partial class _Default:System.Web.UI.Page
{
    string strName="张三";              //strName 采用 Camel 形式命名,是对象级变量
    protected void Page_Load(object sender,EventArgs e)
    {       strName="李四";             //该变量赋新值}
    protected void Button1_Click(object sender,EventArgs e)
    {       Label1.Text=strName;    //访问该变量}
}
```

注意:块级变量的作用范围最小,其次是方法级的变量。

4.4　数据类型

在 C♯语言中,数据类型主要分为值类型和引用类型两种。

4.4.1　值类型

C♯的值类型分为简单类型、结构类型和枚举类型。其中简单类型提供的几种基本数据类型,与 C 语言类似,如表 4-2 所示。

表 4-2　C＃基本数据类型

类型名	类型说明符
整数型	int 等
实数型	float 或 double
字符型	char
布尔型	分别使用 true 和 false 代表"真"和"假"
结构体	struct
枚举型	enum

注意：

（1）一系列相关的变量组织在一起形成的整体称为结构体，结构体内的每个变量称为结构成员。

（2）枚举类型是由一组命名常量组成。枚举中每个元素的序号默认值是整数类型，且第一个值是 0，后面每个连续的元素依次加 1 递增。也可以改变序号默认的起始值。

【例 4.3】　枚举类型的使用。

枚举类型的一个示例代码，如图 4-11 所示，浏览结果是"Green---2"。

```
using System;
public partial class sj04_3 : System.Web.UI.Page
{
    enum Color    //定义枚举类型
    {
        Red=1, Green, Blue    //指定元素序号起始值为1，默认值为0
    }

    protected void Page_Load(object sender, EventArgs e)
    {
        Color enTest=Color.Green;    //申明枚举类型变量
        Response.Write(enTest+"---");    //输出枚举变量值
        Response.Write((int)enTest);    //输出Green元素的序号
    }
}
```

图 4-11　枚举用法示例

【例 4.4】　数据类型转换。

在实际开发时，经常存在数据类型的转换，其中最常用的是数字文本与整型之间的转换。利用命名空间 System 中的 Int32 结构的 Parse()方法可以实现从文本型到整型的转换。从文本型到整型转换的一个简明示例，如图 4-12 所示。

```
<%@ Page Language="C#" %>
<script runat="server">
    protected int cton() {
        return Int32.Parse("256");//ASP.NET类的方法
    }
</script>
<html>
<head>
    <title>数字字符串转换为整型数据</title>
</head>
<body>
    知识要点：<br />
    (1) Int32类含于命名空间System; <br />
    (2) 类方法Parse()转换为整型。<br />
    运行结果是：<%=cton()+100 %>
</body>
</html>
```

图 4-12　从文本型到整型的转换示例

说明：从整数到文本的转换是使用方法 ToString()，参见例 5.4。

4.4.2 引用类型

C#的引用类型分为 string 类型、数组类型、class 类型、接口类型和委托类型等。

注意：

（1）在 C#中，string 是 System.String 的别名，所以在使用时基本上是没有差别的。习惯上，我们把字符串当作对象时（有值的对象实体），我们用 string；而我们把他当类时（需要字符串类中定义的方法），我们用 String。

（2）引用类型部署在托管堆上，表示指向存储在内存堆中的数据的指针或引用（包括类、接口、数组和字符串），属于间接访问。而值类型部署在堆栈里，通过变量名直接访问实际的数据。

4.4.3 装箱与拆箱

装箱和拆箱是实现值类型与引用类型相互转换的桥梁。装箱的核心是把值类型转化为对象类型，也就是创建一个对象并把值赋给对象，示例代码如下：

```
int i=100;
object objNum=i;        //装箱
```

拆箱的核心是把对象类型转化为值类型，也就是把值从对象实例中复制出来，示例代码如下：

```
int i=100;
object objNum=i;        //装箱
int j=(int) objNum;     //拆箱
```

4.5　流程控件语句及异常处理

C#除了具有 C 语言中的条件语句（if 和 switch）和循环语句（for，while，do-while）外，还增加了 foreach 循环语句，用于枚举数组或集合中的每个元素，针对每个元素执行循环体语句系列。

【例 4.5】 开关语句 Switch 的用法：显示今天的年月日及星期。

【设计方法】新建 Web 窗体，命名为 sj04_5.aspx，并采用分离代码模型，前台代码如图 4-13 所示。

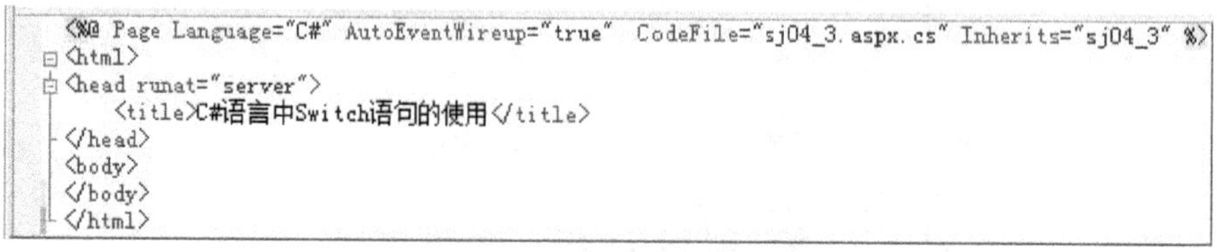

```
<%@ Page Language="C#" AutoEventWireup="true"  CodeFile="sj04_3.aspx.cs" Inherits="sj04_3" %>
<html>
<head runat="server">
    <title>C#语言中Switch语句的使用</title>
</head>
<body>
</body>
</html>
```

图 4-13　页面的前台代码

双击后台代码文件 sj04_5.aspx.cs，输入后台代码，如图 4-14 所示。

```
using System;
public partial class sj04_5: System.Web.UI.Page
{
    protected void Page_Load(object sender, EventArgs e)
    {
        //获取今天的系统日期
        DateTime dtToday=DateTime.Today;   //声明结构变量dtToday
        //DateTime dtToday = DateTime.Now;
        Response.Write(dtToday.ToShortDateString()+"<br>");
        //Response.Write(dtToday.DayOfWeek+"<br>");

        switch (dtToday.DayOfWeek.ToString()) //枚举值转换为字符型
        {
            case "Monday":
                Response.Write("今天是星期一"); break;
            case "Tuesday":
                Response.Write("今天是星期二"); break;
            case "Wednesday":
                Response.Write("今天是星期三"); break;
            case "Thursday":
                Response.Write("今天是星期四"); break;
            case "Friday":
                Response.Write("今天是星期五"); break;
            default:
                Response.Write("今天是双休日！"); break;
        }
    }
}
```

图 4-14　窗体页面的后台代码

页面的浏览效果如图 4-15 所示。

【例 4.6】　循环语句 foreach 的使用。

【设计方法】新建 Web 窗体，命名为 sj04_6. aspx，并采用分离代码模型。在后台代码的 Page_Load()事件过程里添加如下代码：

```
2012/8/27
今天是星期一
```

图 4-15　页面的浏览效果

```
string[] strNames={"张三","李四","王五"};
Array.Sort(strNames);      //升序排列数组
foreach (string p in strNames)
{        Response.Write("姓名:"+p+"<br> ");        }
```

在应用系统开发时，对异常情况的捕捉是经常使用的。例如，向数据表添加记录时，可能出现违反实体完整性或者主键值为空的异常情况。在 C # 提供的 try … catch … finally 结构中，异常捕获由 try 块完成，处理异常的代码放在 catch 块，而最后的 finally 块中的代码不论是否有异常发生器总会被执行。其中 catch 块可以有多个，而 finally 块不是必须的。语法格式如下：

```
try
{
    //可能出错的语句序列
}
catch(异常声明)
{
    //捕获异常后执行的语句序列
}
finally
{
    //总是要执行的语句序列
}
```

4.6　公用类的创建与使用

　　网站运行时,.aspx.cs 文件实质上是作为一个类来处理的,该类的方法只能为 Web 窗体使用,为了实现方法的共享使用,ASP.NET 允许创建公用类。例如,可将连接和操作数据库的相关代码放到一个类文件中,其他访问数据库的页面就可以共享使用公用类中提供的相关方法(参见 9.5.2 小节)。

4.6.1　类的创建

　　右键网站名称,选择"添加新项",在出现的对话框选择"类",即可创建一个公共类,如图 4-16 所示。

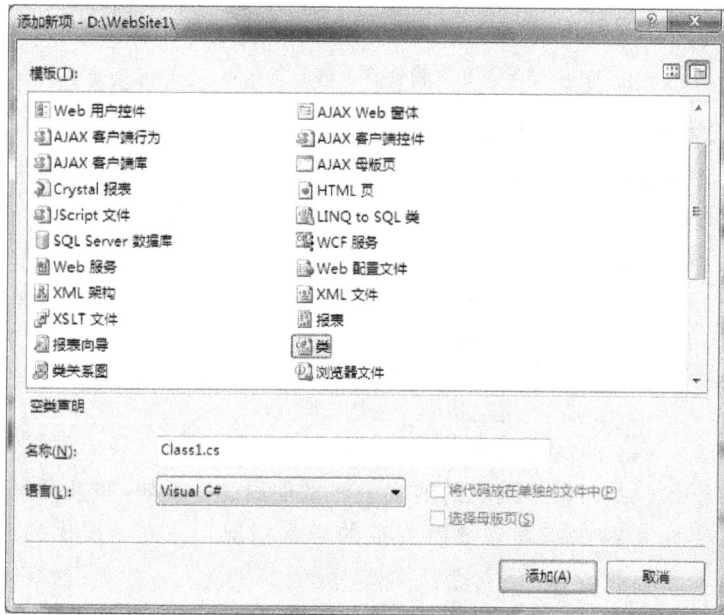

图 4-16　创建 C♯类对话框

注意:新建的扩展名为.cs 的类文件,将存放在网站里一个名为 App_Code 的系统文件夹里。
类文件的组成结构如下。

　　(1) 类文件的头部一般为引用命名空间。

　　(2) 每个类文件通常会定义若干构造函数(方法),在创建类实例时自动执行。

　　(3) 类的字段,准确地说应该是类的数据成员,用于存储类和类的实例相关数据的变量。类字段首字母习惯上小写,且一般使用访问修饰符 private。

　　(4) 类方法是类的函数成员,是一个为实现类的某一个特定功能的函数,是一段程序代码的总称。

　　(5) 类属性是字段和方法的一个交集,看起来像是一个字段,但行为上像一个方法。类属性首字母习惯上大写,对类的属性的设定和获取可以用两个访问器 set 和 get 来实现,且一般使用 public 访问修饰符,以实现在类的外部访问该类的属性。

注意:属性没有参数列表,而方法必须要有参数列表,即使没有参数,也要使用一对空括号。其次,属性定义里要有 set 和 get 两个访问器,用于获得属性的值和设定属性的值。

4.6.2　类的使用

在页面的后台代码(也可以是前台的代码块)中,访问公用类,一般是通过类的公有方法访问类的私有成员属性。此时,类的成员属性一般定义为 private,而成员方法一般定义为 public。

【例 4.7】　公用类的创建与使用。

【设计方法】

(1) 右键网站名称→添加新项→类,输入类名 Student,其代码如下:

```
using System;
public class Student                //自定义类
{
    private string name;            //类的私有成员
    private int score;              //类的私有成员

    public string Name              //定义类的公有属性
    {
        get{return name;}
        set{name=value;}
    }
    public int Score                //定义类的公有属性
    {
        get{return score;}
        set{score=value;}
    }
    public Student(string xm,int cj)   //类的构造函数,xm 和 cj 为实参
    {
        this.Name=xm;               //设置公有属性
        this.Score=cj;              //设置公有属性
    }
    public string CheckGrade()   //定义方法
    {
        int grade=this.Score/10;    //通过访问类的公有属性 Score
        //int grade=this.score/10;  //也可通过访问类的成员 score
        switch(grade)
        {
            case 10:
            case 9:
                return this.Name+"的成绩等级为优秀!";break;
            case 8:
                return this.Name+"的成绩等级为良好!";break;
```

```
        case 7:
            return this.Name+"的成绩等级为中等!";break;
        case 6:
            return this.Name+"的成绩等级为及格!";break;
        case 5:
        case 4:
        case 3:
        case 2:
        case 1:
        case 0:
            return this.Name+"的成绩等级为不及格!";break;
        default:
            return "输入错误!";break;
        }
    }
}
```

注意：本类中 Name 及 Score 属性是可以去掉的，适当修改即可。

（2）新建 Web 窗体，命名为 sj04_7.aspx，并采用分离代码模型。在拆分模式下，依次向窗体增加两个 TextBox 控件、一个 Button 控件和一个 Label 控件，设计效果如图 4-17 所示。

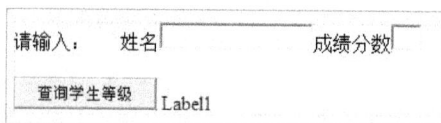

图 4-17　页面的设计视图

（3）在后台代码定义 Button1 的单击事件过程，其代码如下：

```
protected void Button1_Click(object sender,EventArgs e)
{
    string xm=TextBox1.Text;
    int cj=Convert.ToInt32(TextBox2.Text);    //文本框的内容转换为整型数据
    Student stu=new Student(xm,cj);    //调用公用类 Student 来创建一个实例
    Label1.Text=stu.CheckGrade();    //调用公用类提供的方法 CheckScore()刷新标签
}
```

注意：Convert.ToInt32(TextBox2.Text)可用 Int32.Parse(TextBox2.Text)代替。

（4）选择窗体页面，按 Ctrl+F5 浏览，输入姓名和成绩，单击命令按钮后的页面浏览效果如图 4-18 所示。

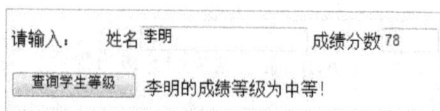

图 4-18　页面的浏览效果

习　题　4

一、判断题

1. 类与结构都具有继承特性。

2. 类与结构都可以继承。

3. 类是引用类型,而结构是值类型。

4. 结构与类都可以有字段、属性和方法。

5. 一个类中,对成员属性与方法的访问控件共有两种。

6. 在 C# 中,Convert 是类,而 Int16 是结构。

二、选择题

1. 在 VS 2008 中,通过使用菜单_____,可以查看. NET Framework 中的所有命
名空间。

   A. 工具—目录　　　B. 工具—索引　　　C. 帮助—目录　　　D. 帮助—索引

2. 类方法 MessageBox. Show()所属的程序集为_____。

   A. system. core. dll　　　　　　　B. system. windows. forms. dll

   C. system. data. dll　　　　　　　D. system. xml. dll

3. 下列不是 C# 引用类型的是_____。

   A. string　　　　　B. 数组　　　　　C. class　　　　　D. 枚举

4. C# 中用于枚举数组或集合中的每个元素,针对每个元素执行循环体语句系列,应
使用_____。

   A. for　　　　　B. while　　　　　C. do-while　　　　　D. foreach-in

5. 结构 Int16 具有的将数字文本转换成整型的方法是_____。

   A. Parse　　　　　B. Convert　　　　　C. ToString　　　　　D. Equals

三、填空题

1. 在用法 Response. Write(DateTime. Now. ToString())中,表明 Now 是结构
DateTime 的_____。

2. 关于 C# 语言的数据类型分类,字符串类型属于_____类型。

3. 用法 Response. Write(DateTime. Now. ToString())表明 ToString()是一种_____。

4. 把值类型转化为对象类型称为装箱,并通过关键字定义_____。

5. 标识符命名,通常采用的两种方法是 Pascal 和_____。

6. 若干相关的类、结构、接口等组成一个命名空间,若干相关的命名空间组成一个
_____。

实验 4　C♯程序设计语言与. NET Framework

（访问 http：//www. wustwzx. com/Default. aspx）

一、实验目的

1. 掌握类与结构的区别与联系；
2. 掌握使用 DateTime 结构显示日期与时间的方法；
3. 掌握 C♯ 的流程控制语句的使用；
4. 掌握在 VS 2008 中添加程序集的方法；
5. 掌握公用类的创建与使用方法。

二、实验内容

1. 以不同的格式显示当前的日期和时间。

   【效果演示】访问 http：//www. wustwzx. com/sj04_1. aspx，参见例 4.1。

   【知识要点】DateTime 结构及其格式符。

2. 引用程序集 System. Windows. Forms. dll——制作带确认的消息框。

   【实验步骤】参见例 4.2。

   （1）通过右键网站名称——添加引用的方式，对网站加载程序集 System. Windows. Forms. dll；

   （2）查看配置文件中＜compilation＞配置节的相关代码；

   （3）在窗体页面的后台代码中使用 using 指令引用对应的命名空间；

   （4）利用类方法 MessageBox. Show()制作消息确认框；

   （5）在本地站点中浏览、测试。

3. 枚举类型的使用。

   【效果演示】访问 http：//www. wustwzx. com/sj04_3. aspx，参见例 4.3。

   【知识要点】使用 enum 定义枚举类型、枚举元素的引用方法。

   【本地调试】验证枚举类型定义代码不能放在 Page_Load()事件过程里。

4. 数据类型转换。

   【效果演示】访问 http：//www. wustwzx. com/sj04_4. aspx，参见例 4.4。

   【知识要点】使用 Int32 结构的 Parse()方法将文本型的数字系列转换成整型数据。

5. 开关语句 switch 的用法。

   【效果演示】访问 http：//www. wustwzx. com/sj04_5. aspx，参见例 4.5。

   【知识要点】DateTime 类的 Today 属性和 dayOfWeek 属性。

6. foreach…in 循环的使用。

   【效果演示】访问 http：//www. wustwzx. com/sj04_6. aspx。

【知识要点】

（1）数组的定义方法；

（2）foreach...in 用于枚举数组中的每个元素，针对每个元素执行循环体语句系列。

7. C♯ 公用类的创建与使用。

【效果演示】访问 http://www.wustwzx.com/sj04_7.aspx，参见例 4.7。

【知识要点】

（1）在 ASP. NET 页面中创建类：私有成员、公有属性和方法；

（2）类的构造函数在创建类的实例时自动执行；

（3）在 ASP. NET 页面中访问自定义类中定义的方法。

三、实验小结

（由学生填写，重点写上机中遇到的问题）

第 5 章　ASP.NET 常用服务器控件

在 ASP.NET 网站开发中,离不开控件的使用。服务器控件是指 ASP.NET 页面中能够被服务器代码访问和操作的控件,本章主要介绍 ASP.NET 的 Web 服务器控件和HTML 控件。导航控件和文件上传控件将在第 12、14 章中分别介绍。学习要点如下:

- 掌握服务器控件的分类方法与特点;
- 掌握基本的服务器控件的使用;
- 掌握几种实用控件的使用。

5.1　服务器控件概述

System.Web.UI 命名空间提供的类和接口可用于创建 ASP.NET 服务器控件以及用作 ASP.NET Web 应用程序用户界面的 ASP.NET 网页。此命名空间包括 Control类,该类为所有服务器控件(包括 HTML 服务器控件、Web 服务器控件和用户控件)提供一组通用功能。此外,还包括 Page 类。每当请求 ASP.NET Web 应用程序中的某个.aspx文件时,都会自动生成此类。该命名空间还包括其他一些类,这些类提供的服务器控件具有数据绑定功能、保存给定控件或页的视图状态的功能以及分析功能。

System.Web.UI.WebControls 命名空间包含了在网页上创建 Web 服务器控件(如按钮、文本框等),包括具有特殊用途的控件(如日历),包含一些不在网页上呈现,但支持数据操作的类(如 SqlDataSource 类、ObjectDataSource 类等),还包含一些数据控件(如GridView 控件、DetailsView 控件等)。

WebControl 类用作 System.Web.UI.WebControls 命名空间中许多类的基类。由于 Web 服务器控件运行在服务器上,因此可以以编程方式控制这些元素。

5.1.1　服务器控件及其分类

控件是用户可与之交互以输入或操作数据的对象,它通常出现在工具栏上或工具箱里。服务器控件是 Web 窗体编程模型的重要元素,所有的服务器控件都使用 ID 属性和runat=" server "属性(值)。ID 属性是服务器后台代码中访问该控件的唯一标识;runat系 RunAt 之意,runat=" server "表示该控件是服务器控件。在 VS 中,控件用途的分类,如图 5-1 所示。

根据 ASP.NET 服务器控件的使用特征,服务器控件可分为 Web 标准服务器控件、HTML 服务器控件和 Web 用户控件三种。其中,Web 用户控件将在 13.3 节介绍,本节只介绍前两种。

Web 服务器控件大多具有事件处理能力,其事件仅由浏览器生成,但浏览器不会处理它,客户端要给服务器发送消息,让服务器处理该事件。使用 VS 设计窗体时,双击某

图 5-1 VS 工具箱内的控件按用途分类

个 Web 服务器控件对象（如命令按钮等），则会在后台代码窗口打开该对象的 Click 事件过程。例如，下面是双击命令按钮后在前台产生的控件代码：

　＜asp：Button ID=" Button1 " runat=" server" onclick=" Button1_Click" Text ="登录" />

　　　默认情况下，服务器无法访问 Web 窗体页上的 HTML 对象。在 VS 设计过程中，拖动 HTML 控件到窗体设计窗口里，则在代码窗口中产生的代码就是通常的 HTML 代码。手工加上 ID 属性和 runat=" server"属性（值）后，就衍生为服务器控件对象。这样，在后台服务器代码中就能访问该对象。

　　　例如，由 HTML 控件＜Img＞衍生的 HTML 服务器控件对象代码如下：

　　　　　　　＜Img id=" tx1 " runat=" server"　src=" "/>

　　　HTML 服务器控件只提供属性访问，不具备方法及事件驱动的能力，是与 Web 服务器控件最本质的区别。此外，还有如下差别：

　　　（1）控件对象的前台代码有区别，Web 服务器控件名称前缀"asp："；

　　　（2）内部实现机制不一样，Web 控件比相应的 HTML 控件具有更高的执行效率；

　　　（3）Web 控件具有回传功能（即产生页面刷新）并具有状态维持。

5.1.2　服务器控件与对象的关系

　　　控件是用户可与之交互以输入或操作数据的抽象对象，通常出现在对话框中或工具栏上。VS 工具箱里提供了大量的服务器控件，当拖动某个控件至窗体的设计窗口时，即产生一个实例对象，我们称之为控件对象。

5.1.3　服务器控件的属性、方法与事件

1. 标准服务器控件的常用属性

　　　每一种控件都有许多的属性。在 VS 设计窗口中，通过右键控件对象→属性，即可打开属性窗口。例如，Button 控件对象的属性如图 5-2(a)所示。

　　　大多数控件共同具有如下的常用属性：

　　　● ID：控件的编程标识符，在后台代码中按名访问窗体内的控件对象；

- Text：控件上显示的文本；
- ForeColor/BackColor：前景与背景颜色；
- Font-Size：文字大小（以像素 px 为单位）；
- CssClass：控件的 CSS 类名；
- Visible：控件是否在 Web 窗体上显示，其属性值为逻辑值"True"和"False"两种；
- Enabled：是否启用 Web 服务器控件。

2. 标准服务器控件的常用事件

属性与方法是对象的两个要素，方法在某个事件发生时使用。在 VS 的设计窗口中，右键控件对象选择"属性"即可打开控件对象的属性窗口（有别于 VS 的右下方）。

在属性窗口的属性选项状态时，可以在相应属性的文本框内输入或者选择属性值；通过单击属性窗口内的"闪电"按钮，可切换至事件选项，如图 5-2(b)所示。

图 5-2　控件对象的属性窗口

注意：

（1）在 VS 中，服务器控件的所有属性出现在控件对象的属性窗口中；

（2）设置控件对象的外观，既可以使用 CssClass 属性应用 CSS 样式，也可以直接使用控件属性（如 Width、Height、ForeColor、BackColor 等），后者优先级比前者高。此外，还可以应用主题来实现对控件对象外观的控制（参见 13.1 节）；

（3）一个对象可以有多个事件，对象的方法是对象的所有事件过程的总称；

（4）通过 Click 事件建立在服务端运行的脚本，在实际项目开发时，也经常使 OnClientClick 事件，它用来建立客户端脚本，默认使用 JavaScript 脚本语言。

5.2　基本服务器控件

5.2.1　标签控件 Label

Label 控件用于在浏览器上显示文本，通过使用 Text 属性指定显示的内容。当双击工具箱的 Label 控件时，会在代码窗口中产生如下的控件代码：

<asp：Label ID=" Label1 " runat=" server "></asp：Label>

注意：在后台代码中，通过访问 Text 属性可以动态地修改 Label 控件对象上显示的文本。

5.2.2　文本框控件 TextBox

TextBox 控件用于显示或输入数据。当双击工具箱的 TextBox 控件时，会在代码窗口中产生如下的控件代码：

<asp：TextBox ID=" TextBox1 " runat=" server "></asp：TextBox>

TextMode 属性：值 SingleLine 表示单行文本框；值 MultiLine 表示多行文本框；值 Password 表示密码框。

TextChanged 事件：当改变文本框中内容且焦点离开文本框时触发。在设计窗口中双击 TextBox 控件对象，即可打开此事件过程。

Focus()方法：设置文本框焦点。

5.2.3　图像控件 Image 与 ImageMap

顾名思义，图像控件 Image 与 ImageMap 是用来显示图像的，如同 HTML 中 IMG 标记。

Image 控件，除了 ID 属性外，另一个必填属性是 ImageUrl，用于指定图像来源。创建 Image 图像控件对象的代码如下：

<asp：ImageID="控件对象标识符" runat=" server " ImageUrl="图像文件名"/>

ImageMap 除了显示图像外，还可以实现热点链接，此时需要使用该控件的 HotSpots 集合，通常使用 RectangleHotSpot(对应于矩形热点链接)或 CircleHotSpot(对应于圆形热点链接)。

热点区域的坐标可利用 Dreamweaver 软件(以下简称 DW)属性面板的热点工具获得。通常先在 DW 软件中插入要做热点链接的图像，使用 DW 的属性面板上的图像热点工具(通常使用矩形或圆型)记录各热点区域的坐标，然后在 VS 中打开 ImageMap 控件的属性窗口，如图 5-3 所示。

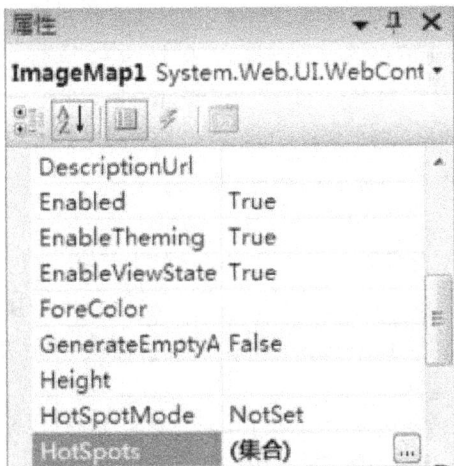

图 5-3　ImageMap 控件对象的属性窗口

选择 HotSpots 属性，单击右边的"三点"按钮，则出现设置热点区域对话框，如图 5-4 所示。

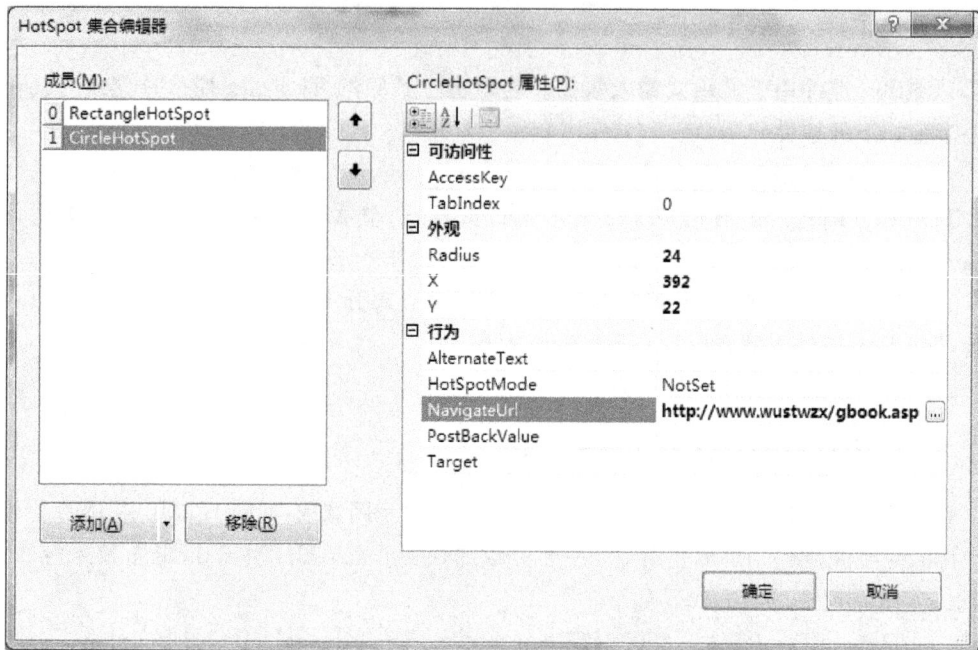

图 5-4　ImageMap 控件对象的 HotSpot 编辑器

例如，图 5-4 表示的是图像做圆型热点链接，对应的控件代码如图 5-5 所示。

```
<asp:ImageMap ID="ImageMap1" runat="server" ImageUrl="~/img/导航条.jpg">
    <asp:RectangleHotSpot NavigateUrl="http://www.wustwzx.com" Left="13" Top="3"
        Right="63" Bottom="22" />
        <asp:CircleHotSpot NavigateUrl="http://www.wustwzx.com" Radius="24" X="392" Y="22" />
</asp:ImageMap>
```

图 5-5　对 ImageMap 控件对象做热点链接的控件代码

对于矩形热点（RectangleHotSpot）链接，其区域由左上及右下两个顶点坐标决定，在 HotSpot 编辑器里对应的参数对是（Left，Top）和（Right，Bottom）。

注意：Web 控件 Image 和 ImageMap 没有 Click 事件，这可从控件对象的属性窗口中验证。

【**例 5.1**】　使用图像热点链接做网站导航。

【**设计方法**】

（1）先将导航条图片文件复制到网站的 img 文件夹里。打开 DW 软件，插入 img 文件夹里的图片文件导航条.jpg，选择拆分模式，单击图片，单击属性面板中（位于左下方）的矩形热点工具，在图片上"首页"的区域画出一个小矩形，然后在代码窗口中依次记下左上方及右下方两个顶点的坐标。

（2）在 VS 中，右键站点名称→添加新项→Web 窗体，命名为 sj05_1.aspx，并选择隐藏代码模型，并选择拆分模式。

（3）双击工具箱里的 ImageMap 控件，右键设计窗口中的图像对象并选择属性。在属性窗口中设置 ImageUrl 属性为"导航条.jpg"。

　　（4）选择 HotSpots 属性，单击右边的"三点"按钮，在出现的热点区域设置对话框中，先选择 RectangleHotSpot 成员，然后输出矩形的两个顶点坐标，并对热点区域做链接。前台控件代码与设计视图如图 5-6 所示。

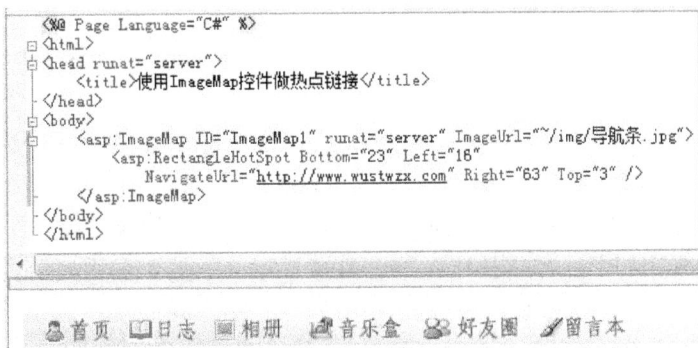

```
<%@ Page Language="C#" %>
<html>
<head runat="server">
    <title>使用ImageMap控件做热点链接</title>
</head>
<body>
    <asp:ImageMap ID="ImageMap1" runat="server" ImageUrl="~/img/导航条.jpg">
        <asp:RectangleHotSpot Bottom="23" Left="16"
            NavigateUrl="http://www.wustwzx.com" Right="63" Top="3" />
    </asp:ImageMap>
</body>
</html>
```

　　　　　　👤首页　📖日志　🖼相册　🎵音乐盒　👥好友圈　✏留言本

图 5-6　前台控件代码及设计视图

　　（5）按 Ctrl＋F5 浏览，当鼠标位于"首页"上的一个小矩形区域时会呈现手形，单击会链接至指定的网站（作者的教学网站）。

5.2.4　超链接控件 HyperLink 与 HyperLinkField 字段

　　HyperLink 控件用于在 Web 窗体中创建超链接，功能与 HTML 标记＜A＞相同，但 HyperLink 的用法格式有多种形式。HyperLink 控件代码如下：
　　＜asp：HyperLink ID=" HyperLink1 " runat=" server"＞［文本或图像］＜/asp：HyperLink＞
　　其主要属性如下：

- NavigateUrl：用于设置单击 HyperLink 时跳转到的超链接地址（URL）；
- Text：用于设置显示在控件显示的文字（称为文本链接）；
- ImageUrl：用于设置 HyperLink 中显示图片文件的名称或 URL（称为图像链接）；
- Target：用于设置 NavigateUrl 属性的目标框架。

注意：
（1）任选项［文本或图像］是作为控件属性 Text 的值；
（2）Text 属性与 ImageUrl 属性一般不同时使用；
（3）通过在后台代码中设置控件属性，使得建立动态链接成为可能；
（4）HyperLink 控件没有 Click 事件；
（5）HyperLink 控件与＜A＞标记不同的是，HyperLink 还可以在后台代码中绑定数据源；
（6）HyperLinkField 是在数据绑定控件（如 GridView）中显示为超链接的字段，参见 8.2.4 小节。

5.2.5　按钮控件 Button，LinkButton 和 ImageButton

1. Button
Button 是传统的文本按钮外观，其控件代码为：
　　　　＜asp：Button ID=" Button1 " runat=" server" Text=" Button "/＞

其中,单击事件分为服务器事件(用 OnClick 表示)和客户端事件(用 OnClientClick 表示)。在设计窗口中通过双击按钮即可在后台代码窗口中打开 OnClick 事件的事件过程,也可以使用客户端脚本来响应 OnClientClick 事件。

2. LinkButton

LinkButton 是超链接外观,其控件代码为:

＜asp：LinkButton ID=" LinkButton1 " runat=" server " ＞LinkButton＜/asp：LinkButton＞

3. ImageButton

ImageButton 是图形外观,其图像由 ImageUrl 属性设置,其控件代码为:

＜asp：ImageButton ID=" ImageButton1 " runat=" server " ImageUrl="图像文件名"/＞

三种形式的按钮功能相同,只是外观上的区别,它们的常用属性和事件如下:

- PostBackUrl 属性:单击按钮时发送到的 URL,若未指定,则表示对本页面回发;
- Click 事件:当单击按钮时被触发,执行服务器端代码;
- ClientClick 事件:当单击按钮时被触发,执行客户端代码。

注意:单击事件在不同的位置其写法不同。例如,Button 控件在属性窗口的事件选项里是"Click", 在前台控件代码中是"onclick",在后台代码中的事件过程中则是 Button1_Click()。

【例 5.2】 超链接的多种实现方法。

【设计方法】新建窗体页,命名为 sj05_2．aspx,选择分离代码模型。分别向窗体添加 HyperLink 控件、两个 LinkButton 控件和一个 Button 控件,并在各个控件对象相应的属性窗口中设置相关属性,前台界面代码及设计效果如图 5-7 所示。

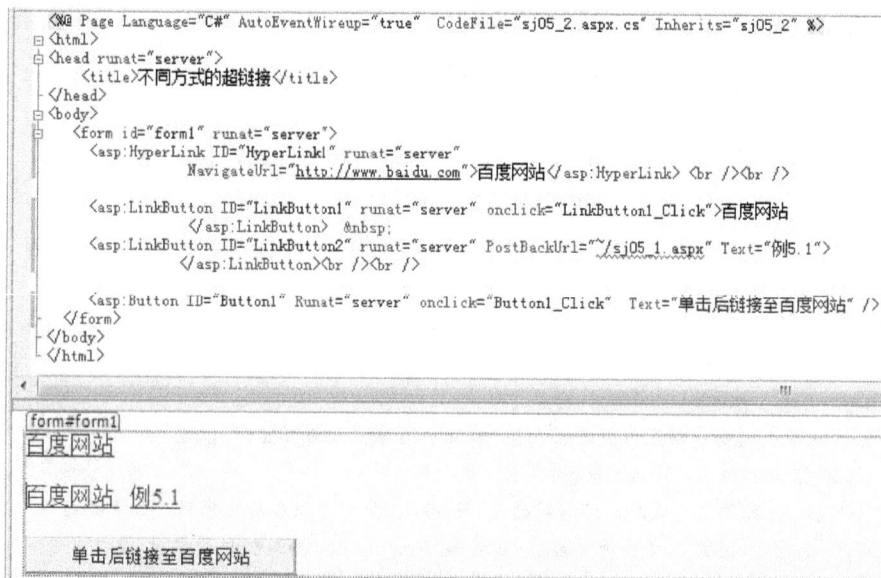

```
<%@ Page Language="C#" AutoEventWireup="true" CodeFile="sj05_2.aspx.cs" Inherits="sj05_2" %>
<html>
<head runat="server">
    <title>不同方式的超链接</title>
</head>
<body>
    <form id="form1" runat="server">
        <asp:HyperLink ID="HyperLink1" runat="server"
                NavigateUrl="http://www.baidu.com">百度网站</asp:HyperLink> <br /><br />

        <asp:LinkButton ID="LinkButton1" runat="server" onclick="LinkButton1_Click">百度网站
                </asp:LinkButton>  
        <asp:LinkButton ID="LinkButton2" runat="server" PostBackUrl="~/sj05_1.aspx" Text="例5.1">
                </asp:LinkButton><br /><br />

        <asp:Button ID="Button1" Runat="server" onclick="Button1_Click" Text="单击后链接至百度网站" />
    </form>
</body>
</html>
```

form#form1

百度网站

百度网站 例5.1

单击后链接至百度网站

图 5-7 超链接多种实现方法的前台代码

在设计窗口中分别双击 LinkButton 控件对象和 Button 控件对象,则可以打开后台代码窗口,在相应的事件过程里输入处理代码,如图 5-8 所示。

在 VS 编辑状态下按 Ctrl+F5,即可测试不同的链接实现。

```
 using System;
□public partial class sj05_2 : System.Web.UI.Page
 {
□    protected void Page_Load(object sender, EventArgs e)
     { }
□    protected void Button1_Click(object sender, EventArgs e)
     {
         Response.Redirect("http://www.baidu.com");
     }
□    protected void LinkButton1_Click(object sender, EventArgs e)
     {
         Response.Redirect("http://www.baidu.com");
     }
 }
```

图 5-8　超链接多种实现方法的后台代码

注意：LinkButton 控件在大型网站的首页和财务系统中经常使用，它的 PostBackUrl 属性用于实现页面跳转，它同时还有 Click 事件，这两个一般不同时使用。此外，通过设置和应用 CSS 样式来取消默认超链接显示时的下画线。

【例 5.3】　使用 Button 按钮实现客户端选择确认。

【设计方法】新建窗体页，命名为 sj05_3.aspx，选择分离代码模型。向窗体添加一个 Button 控件，在代码窗口中书写客户端事件代码：

OnClientClick=" return confirm('确实要访问百度网站吗？');"

在设计窗口中双击 Button 控件对象，在其事件过程 Button1_Click()里输入代码：

Response.Redirect(" http://www.baidu.com");

前台界面代码及设计效果如图 5-9 所示。

```
<%@ Page Language="C#" AutoEventWireup="true" CodeFile="sj05_3.aspx.cs" Inherits="sj05_3" %>
<html>
<head runat="server">
  <title>使用Button控件的OnClientClick事件实现客户端确认</title>
</head>
<body>
  <form id="form1" runat="server">
    <asp:Button ID="Button1" runat="server" OnClientClick="return confirm('确实要访问百度网站吗？');"
       onclick="Button1_Click" Text="百度网站"/> <br /> <br />

    <input type="button"  onclick=alert("123") value="执行客户端脚本的命令按钮" />
    <!--注意：消息文本中不能含有空格-->
  </form>
</body>
</html>
```

```
┌──────────┐
│ 百度网站  │
└──────────┘

┌────────────────────────────┐
│  执行客户端脚本的命令按钮    │
└────────────────────────────┘
```

图 5-9　页面的前台代码及设计视图

【浏览效果】在 VS 编辑状态下按 Ctrl＋F5，单击页面中的"百度网站"命令按钮后，出现一个要求浏览者确认的消息框。当选择"确定"时，会跳转至百度网站；否则，不会跳转至百度网站。浏览过程及效果如图 5-10 所示。

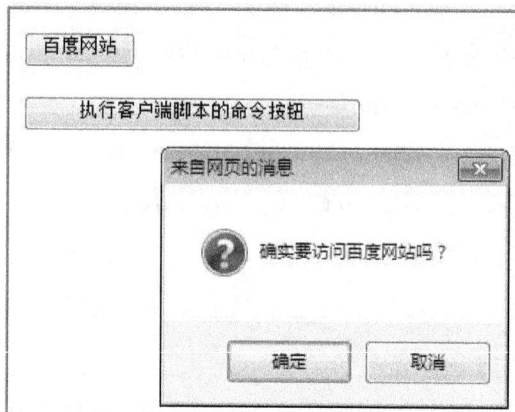

图 5-10　页面的浏览效果

注意：

（1）页面中的 HTML 标记＜input type＝"button" OnClick＝alert("123")＞定义了普通命令按钮及其单击事件，浏览时单击该按钮后在页面中只产生一个简单的消息框，按确定后消失。

（2）在 Page_Load() 里添加如下命令，则执行 Button1 的单击事件过程前也会进行客户端确认：

Button1.Attributes["OnClick"]＝"return confirm('确认吗？')；"；

5.2.6　下拉列表控件 DropDownList

下拉列表控件 DropDownList 在实际设计中经常使用。在设计窗口中通过单击该控件对象的智能按钮然后单击"编辑项"超链接，即可添加编辑和编辑列表项，如图 5-11 所示。

图 5-11　DropDownList 控件的设计视图

单击"编辑项"超链接后，则出现 ListItem 集合编辑器，此时可以方便地输入列表项文本与值，如图 5-12 所示。

添加列表项值的第二种方法是使用 DropDownList 控件的 Items.Add() 方法添加项，用于后台代码中（示例参见 11.4.2 小节）。例如：

DropDownList1.Items.Add(new ListItem("浙江","zhejiang"))；

添加列表项值的第三种方法是通过 DataSourceID 设置数据源，通过 DataValueField 属性设定字段。

图 5-12　下拉列表项设置的可视化操作界面

下拉列表控件的常用事件与属性如下：

- SelectedIndexChanged 事件：当选择下拉列表中一项后被触发。为了得到回传效果，需要设置控件对象的属性 AutoPostBack="True"。
- SelectedValue 属性：当前选定项的属性 Value 值。
- DataSourceID 属性：设置要使用的数据源。

【例 5.4】　动态链接设计。在页面中产生一个下拉列表，当选择某一项后，能链接至相应的网站，如图 5-13 所示。

【设计方法】新建一窗体，命名为 sj05_4.aspx，并选择分离代码模型。向窗体添加一个 DropDownList 控件，在其属性窗口中设置 AutoPostback="True"并选择 SelectedIndexChanged 事件，在设计窗口中通过单击智能标记编辑一个列表项。前台界面代码及设计效果如图 5-14 所示。

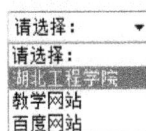

图 5-13　页面浏览效果

```
<%@ Page Language="C#" AutoEventWireup="true" CodeFile="sj05_4.aspx.cs" Inherits="sj05_4" %>
<html>
<head runat="server">
    <title>DropDownList控件的使用</title>
</head>
<body>
    <form id="form1" runat="server">
        <asp:DropDownList ID="DropDownList1" runat="server"
            onselectedindexchanged="DropDownList1_SelectedIndexChanged"
            AutoPostBack="True">
        <asp:ListItem Value="0">请选择: </asp:ListItem>
        </asp:DropDownList>
    </form>
</body>
</html>
```

图 5-14　页面的前台代码

在后台代码中，首先要增加三个列表项，然后定义事件过程，后台代码如图 5-15 所示。

```
using System;  //必须
using System.Web.UI.WebControls;  //必须
public partial class sj05_4 : System.Web.UI.Page
{
    protected void Page_Load(object sender, EventArgs e)
    {
        DropDownList1.Items.Add(new ListItem("湖北工程学院", "1"));
        DropDownList1.Items.Add(new ListItem("教学网站", "2"));
        DropDownList1.Items.Add(new ListItem("百度网站", "3"));
    }
    protected void DropDownList1_SelectedIndexChanged(object sender, EventArgs e)
    {
        switch (Int32.Parse(DropDownList1.SelectedValue))
        {
            case 1: Response.Redirect("http://www.hbeu.cn"); break;
            case 2: Response.Redirect("http://www.wustwzx.com"); break;
            case 3: Response.Redirect("http://www.baidu.com"); break;
        }
    }
}
```

图 5-15　页面的后台代码

5.2.7　单选按钮控件 RadioButton 和 RadioButtonList

RadioButton 服务器控件在 Web 窗体页上创建一个单选按钮。通过设置 Text 属性指定要在控件中显示的文本。设置 TextAlign 属性以控制该文本显示在左侧或右侧。如果为每个 RadioButton 控件指定了相同的 GroupName 属性值，则可以将多个单选按钮分为一组。将单选按钮分为一组将只允许从该组中进行互相排斥的选择。

例如，在网上评定等级时经常使用五个等级，在 VS 中的设计效果及相应的控件代码（含关键属性）如图 5-16 所示。

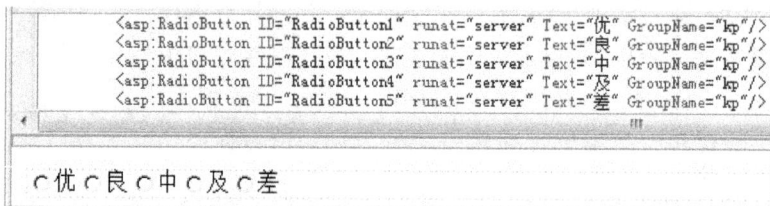

```
<asp:RadioButton ID="RadioButton1" runat="server" Text="优" GroupName="kp"/>
<asp:RadioButton ID="RadioButton2" runat="server" Text="良" GroupName="kp"/>
<asp:RadioButton ID="RadioButton3" runat="server" Text="中" GroupName="kp"/>
<asp:RadioButton ID="RadioButton4" runat="server" Text="及" GroupName="kp"/>
<asp:RadioButton ID="RadioButton5" runat="server" Text="差" GroupName="kp"/>
```

○优 ○良 ○中 ○及 ○差

图 5-16　RadioButton 控件代码、关键属性及设计视图

在事件过程中判断 RadioButton 控件是否已选中，应使用 Checked 属性。也可以通过 Checked 属性设置默认选择哪一些。

【例 5.5】　计算剩余工作年限。

【设计方法】新建一窗体，命名为 sj05_5.aspx，并选择分离代码模型。向窗体添加一个 TextBox 控件、两个 RadioButton 控件、一个命令按钮和一个 Label 控件。分别在两个 DropDownList 控件对象的属性窗口中设置 Text 属性和 GroupName="xb"属性。前台界面代码及设计效果如图 5-17 所示。

双击设计窗口中的命令按钮，则打开后台代码窗口，编辑 Button 控件对象的单击事件过程，如图 5-18 所示。

```
<%@ Page Language="C#" AutoEventWireup="true" CodeFile="sj05_5.aspx.cs" Inherits="sj05_5" %>
<html>
<head>
    <title>单选按钮的使用·计算剩余工作年限</title>
</head>
<body>
    <form id="form1" runat="server">
        请输入你现在的年龄: <asp:TextBox ID="TextBox1" runat="server"></asp:TextBox> 
        性别: <asp:RadioButton ID="RadioButton1" runat="server" Text="男" GroupName="xb"
            Checked="True" />
        <asp:RadioButton ID="RadioButton2" runat="server" Text="女" GroupName="xb" />
          
        <asp:Button ID="Button1" runat="server" Text="确定" onclick="Button1_Click" /><br />
        <asp:Label ID="Label1" runat="server" Text="Label"></asp:Label>
    </form>
</body>
</html>
```

请输入你现在的年龄: _____   性别: ⊙男 ○女 [确定]
Label

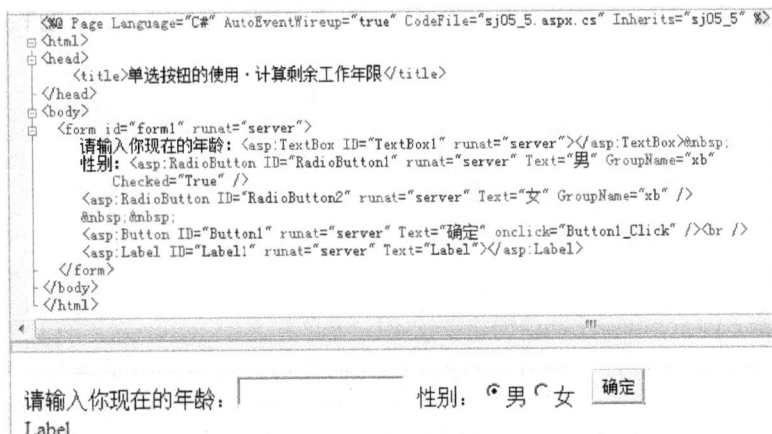

图 5-17　窗体页面的前台代码及设计效果

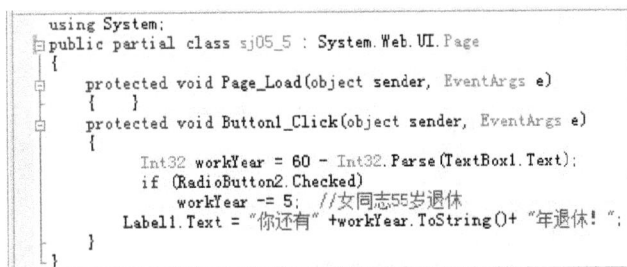

```
using System;
public partial class sj05_5 : System.Web.UI.Page
{
    protected void Page_Load(object sender, EventArgs e)
    {  }
    protected void Button1_Click(object sender, EventArgs e)
    {
        Int32 workYear = 60 - Int32.Parse(TextBox1.Text);
        if (RadioButton2.Checked)
            workYear -= 5;  //女同志55岁退休
        Label1.Text = "你还有" + workYear.ToString() + "年退休!";
    }
}
```

图 5-18　窗体页面后台代码

在编辑状态下按 Ctrl+F5,页面的浏览效果如图 5-19 所示。

请输入你现在的年龄: 42   性别: ○男 ⊙女 [确定]
你还有13年退休!

图 5-19　页面浏览效果

注意:创建一组单选按钮还可以使用 RadioButtonList 控件,该控件易于使用(不需要设置
GroupName 属性);而使用 RadioButton 控件的优点是可以自由地布局。

5.2.8　复选框控件 CheckBox 和 CheckBoxList

通过建立一组 CheckBox 控件对象实现复选功能,例如选择个人兴趣爱好。在 Web
窗体的代码窗口中,CheckBox 控件代码的两种等价写法如下:

　　　　<asp:CheckBox ID=" CheckBox1 " runat=" server " Text="上网"/>

<asp:CheckBox ID=" CheckBox1 " runat=" server " Text="上网"></asp:CheckBox>

CheckBox 控件的主要属性与事件如下:

● 判断 CheckBox 控件对象是否选中,应使用 Checked 属性。当然,Checked 属性
也能设置默认选择项。

● 在后台代码中,可以访问 Checked 控件对象的 Text 属性,用以输出选择项。

- AccessKey 属性值用于存储 CheckBox 控件对象对应的值，它通常在后台代码中使用，不像 Text 属性值用于显示。
- 实际项目中，一般不采用控件的事件，不设置属性 AutoPostBack="True"（默认值为 False），并配合 Button 控件使用。

注意：

(1) 使用 CheckBoxList 控件可以方便地创建一组复选框，因为它有可视化的录入界面，但不可以自由布局；

(2) 判断某个列表项是否选中使用的属性是 Selected，而不是 Checked。

【例 5.6】 CheckBox 控件的使用。

【设计方法】新建一窗体，命名为 sj05_6.aspx，并选择代码页隐藏模型。向窗体添加四个 CheckBox 控件、一个 Button 控件和一个 Label 控件。分别各个控件对象的属性后，在设计窗口中双击 Button 控件对象，然后书写事件过程代码。前台界面代码、设计视图以及 Button 控件的事件过程如图 5-20 所示。

图 5-20 前台界面代码、设计视图以及 Button 控件的事件过程

【浏览效果】在编辑状态下按 Ctrl＋F5，页面的浏览效果如图 5-21 所示。

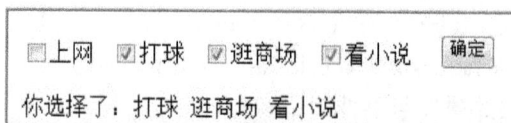

图 5-21 页面浏览效果

注意：使用 CheckBox 控件时，不必像 RadioButton 控件那样，必须使用 GroupName 属性。

5.3　实用控件

5.3.1　日历控件 Calendar

Calendar 控件在 Web 窗体中显示为一个单月份日历,浏览者使用它可以查看和选择日期。

在 VS 编辑状态下,选择拆分模式。双击常用工具箱中的 Calendar 控件,则产生的控件代码和设计视图如图 5-22 所示。

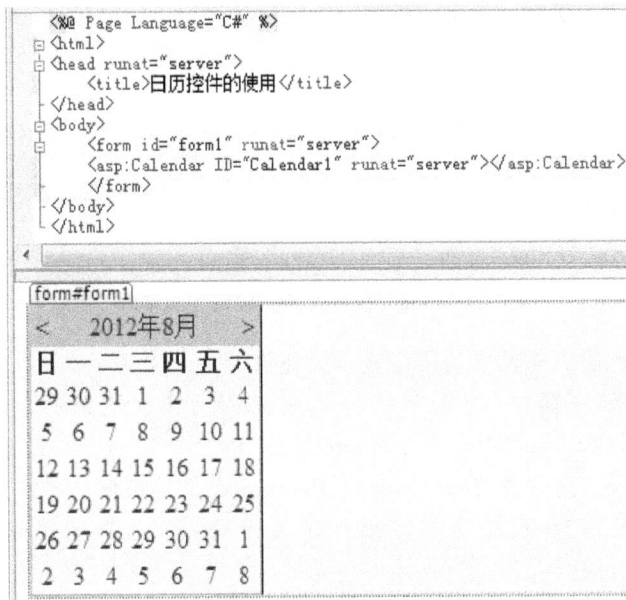

```
<%@ Page Language="C#" %>
<html>
<head runat="server">
    <title>日历控件的使用</title>
</head>
<body>
    <form id="form1" runat="server">
    <asp:Calendar ID="Calendar1" runat="server"></asp:Calendar>
    </form>
</body>
</html>
```

图 5-22　Calendar 控件的使用

在设计窗口中,单击控件对象右边的智能按钮,选择"自动套用格式",可以设置控件对象的外观。

在设计窗口中,双击控件对象,可以打开控件对象的 Calendar1_SelectionChanged()过程,通过如下代码可以输出用户选择的日期:

Response. Write("你选择的日期是:"+Calendar1. SelectedDate. ToShortDateString());

　　注意:SelectedDate 是 Calendar 控件的一个属性。

5.3.2　登录控件 Login 等

VS 2008 提供了多个关于用户登录的控件,如图 5-23 所示。

Login 控件主要由两个文本框和一个命令按钮组成。当向窗体添加 Login 控件后,通过控件的智能按钮可以设置控件的外观;双击控件对象,会打开 Authenticate 事件过程,以判断用户输入的用户名和密码是否正确。其中,控件对象名 ID 为

图 5-23　VS 2008 提供的关于登录的控件

Login1,用户名文本框 ID 为 UserName,密码文本框 ID 为 Password;在控件对象的属性窗口中设置 DestinationPageUrl 属性,以指定登录成功后转向的目标页面。Login 控件的前台代码及关键属性与事件,如图 5-24 所示。

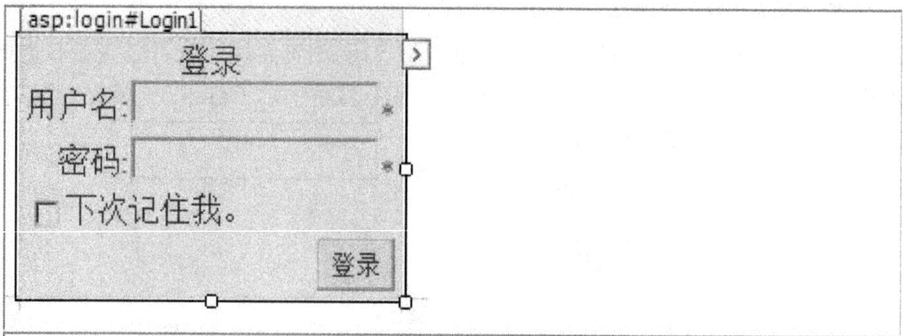


```
<asp:Login ID="Login1" runat="server" DestinationPageUrl="~/Default.aspx"
     onauthenticate="Login1_Authenticate">
 </asp:Login>
```

图 5-24　Login 控件及其关键属性与事件

【例 5.7】 不产生页面转移的用户登录界面设计。

【设计方法】新建一窗体,命名为 sj05_7,并选择分离代码模型。向窗体添加两个 TextBox 控件、一个 Button 控件、三个 Label 控件和二个 LinkButton 控件。其中,第二个控件对象 TextBox2 应设置 TextMode="Password"属性以便实现密码输入,在设计窗口中双击 Button 控件对象,然后书写事件过程代码。前台界面代码、设计视图以及 Button 控件的事件过程如图 5-25 所示。

```
<%@ Page Language="C#" AutoEventWireup="true" CodeFile="sj05_7.aspx.cs" Inherits="sj05_7" %>
<html xmlns="">
<head runat="server">
    <title>不会产生转移的用户登录界面</title>
</head>
<body>
 <form id="form1" runat="server">
    <asp:Label ID="Label1" runat="server" Text="用户名: "></asp:Label>
    <asp:TextBox ID="TextBox1" runat="server" Width="100px"></asp:TextBox>
    <asp:Label ID="Label2" runat="server" Text="密码: "></asp:Label>
    <asp:TextBox ID="TextBox2" runat="server" TextMode="Password" Width="90px"></asp:TextBox>
    <asp:Button ID="Button1" runat="server" Text="登录" onclick="Button1_Click" /> <br />
    <asp:Label ID="Label3" runat="server" ForeColor="#6666FF"></asp:Label>   
    <asp:LinkButton ID="LinkButton1" runat="server" PostBackUrl="Register.aspx">新用户注册</asp:LinkButton>
       
    <asp:LinkButton ID="LinkButton2" runat="server" onclick="LinkButton2_Click">重新登录</asp:LinkButton>
  </form>
</body>
</html>
```

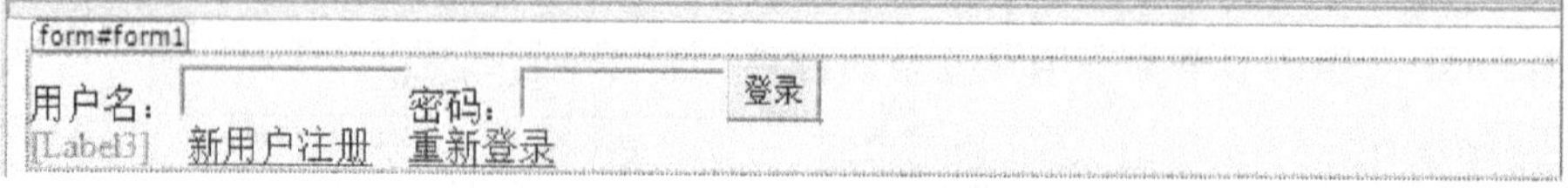

图 5-25　登录页面的前台界面代码、设计视图

页面的后台代码,如图 5-26 所示。其中,用户名和密码都出现在后台代码里。

当首次访问本页面时,浏览效果如图 5-27 所示。

当某个用户成功登录后,显示用户名信息。此时,TextBox1 不可用,如图 5-28 所示。

```
using System;
public partial class sj05_7 : System.Web.UI.Page
{
    protected void Page_Load(object sender, EventArgs e)
    {
        if (!IsPostBack)    //首次加载本页面时
        {
            Session["UserName"] = "";        //建立Session变量,参见7.2节
            Session["Password"] = "";
            Session["Authenticated_User"] = false;   //信任用户
            Label3.Text = "当前没有登录用户!";
            LinkButton2.Visible = false;    //重新登录链接
        }
    }
    protected void Button1_Click(object sender, EventArgs e)
    {
        if (TextBox1.Text == "admin" && TextBox2.Text == "123" || TextBox1.Text == "sys" && TextBox2.Text == "456")
        {
            Session["UserName"] =TextBox1.Text;
            Session["Password"] =TextBox2.Text;
            Session["Authenticated_User"] = true;
            Label3.Text = "当前登录用户:"+TextBox1.Text;
            Button1.Enabled = false; Button1.Visible = false; TextBox1.Enabled = false;
            TextBox2.Enabled = false; LinkButton2.Visible = true;
        }
    }
    protected void LinkButton2_Click(object sender, EventArgs e)
    {
        Button1.Enabled = true; Button1.Visible = true;
        TextBox1.Enabled =true;
        TextBox2.Enabled =true;
    }
}
```

图 5-26　登录页面的后台代码

图 5-27　登录前的浏览效果　　　　　图 5-28　登录成功后的浏览效果

注意:

(1) 因为使用 Login 控件时必须指定转移页面,这在实际项目中较少使用;

(2) 本例中未给出用户注册的代码,在实际项目中是需要的;

(3) 当前是否有用户登录、登录用户的信息存放在通过 Session 对象建立的变量中,参见 7.2 节;

(4) 实际项目中,不将密码放在代码中,而是放在数据库的某个字段里并使用 MD5 进行加密。

5.3.3　验证控件

VS 2008 提供了判定用户输入是否为空的 RequiredFieldValidator 控件、范围验证控件 RangeValidator 和比较控件 CompareValidator 等多个验证控件,如图 5-29 所示。

注意:对于表单中的验证控件,只有验证通过后才会执行 Button 控件的 Click 事件过程。

图 5-29　VS 的验证控件

1. 使用 RequiredFieldValidator 控件判定用户在某个字段上未输入

使用验证控件 RequiredFieldValidator 时,通常要配合 TextBox 控件使用,本验证控件的主要属性如下:

● ErrorMessage 属性:当提交未通过验证时,验证控件对象给出的提示文本;

● ControlToValidate 属性:用于获取或设置要验证的控件对象。

【设计方法】新建一窗体,并选择代码隐藏页模型和拆分模式。分别向页面拖两个 TextBox 控件和一个 RequiredFieldValidator 控件,在 RequiredFieldValidator1 的属性窗口中选择属性 ControlToValidate ="TextBox1",窗体页面的前台代码及设计视图如图5-30所示。

```
2  <html>
3  <head runat="server">
4      <title>验证控件RequiredFieldValidator的使用</title>
5  </head>
6  <body>
7      <form id="form1" runat="server">
8      姓名: <asp:TextBox ID="TextBox1" runat="server"></asp:TextBox>
9      <asp:RequiredFieldValidator ID="RequiredFieldValidator1" runat="server"
10         ErrorMessage="姓名字段必须填写!" ControlToValidate="TextBox1"></asp:RequiredFieldValidator><br />
11     年龄: <asp:TextBox ID="TextBox2" runat="server"></asp:TextBox> <br />
12     <asp:Button ID="Button1" runat="server" Text="提交" />
13     </form>
14 </body>
15 </html>
```

姓名: [   ]   姓名字段必须填写!
年龄: [   ]
[提交]

图 5-30　页面的前台代码与设计视图

按 Ctrl＋F5 后,页面的浏览效果如图 5-31 所示。

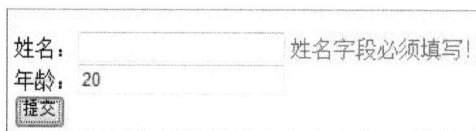

姓名: [   ]   姓名字段必须填写!
年龄: 20
[提交]

图 5-31　页面的浏览效果(当未输入必填字段)

2. 使用 RangeValidator 控件判定用户输入是否在合法的范围内

【设计方法】新建窗体,并选择代码隐藏页模型和拆分模式。分别向页面拖一个 TextBox 控件和一个 RangeValidator 控件。在 RangeValidator1 的属性窗口中设置 ControlToValidate ="TextBox1",还要设置 MininumValue,MaxinumValue 和 Type 等属性;双击 TextBox1,打开其事件过程(不用写任何代码)。窗体页面的前台代码及设计视图如图 5-32 所示。

```
<%@ Page Language="C#"%>
<script runat="server">
    protected void TextBox1_TextChanged(object sender, EventArgs e)
    {    }
</script>
<html>
<body>
<form id="Form1" runat="server">
    请输入介于 2005-01-01 到 2005-12-31 的日期: <asp:TextBox id="TextBox1" runat="server"
        ontextchanged="TextBox11_TextChanged"></br><br />
    <asp:RangeValidator ID="RangeValidator1" runat="server" ControlToValidate="TextBox1"
        MinimumValue="2005-01-01" MaximumValue="2005-12-31" Type="Date"
        Text="日期必须介于 2005-01-01 和 2005-12-31 之间!" />
</form>
</body>
</html>
```

请输入介于 2005-01-01 到 2005-12-31 的日期: [   ]
asp:RangeValidator#RangeValidator1
日期必须介于 2005-01-01 和 2005-12-31 之间!

图 5-32　页面的前台代码与设计视图

按 Ctrl＋F5 浏览页面时，输入一个非法的日期并回车，此时将导致页面回传，RangeValidator 控件起作用，在页面中产生提示文本，如图 5-33 所示。当输入合法时，不会产生提示文本。

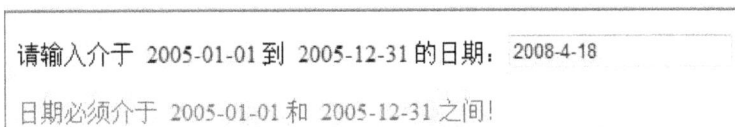

请输入介于 2005-01-01 到 2005-12-31 的日期：2008-4-18

日期必须介于 2005-01-01 和 2005-12-31 之间！

图 5-33　页面的浏览效果

3. 使用 CompareValidator 控件判断两次输入密码是否一致

在申请新用户时，通常有密码设定。为了用户牢记，通常需要两次输入密码，只有当两次输入一致时才接受。使用 CompareValidator 控件可以方便地完成这个工作。

对于 CompareValidator 控件，除了上面介绍的 ControlToValidate 属性外，还有一个 ControlCompare 属性，它用于获取或设置要比较的控件对象的 ID，而 ControlToValidate 用于获取或设置要验证的控件对象的属性。

【设计方法】新建一个窗体，并选择代码隐藏页模型和拆分模式。分别向页面拖三个 TextBox 控件和一个 CompareValidator1 控件。在 CompareValidator1 控件对象的属性窗口中设置两个属性 ControlCompare=" TextBox1 "、ControlToValidate=" TextBox2 "；双击 TextBox2，打开其事件过程（不用写任何代码）。窗体页面的前台代码及设计视图如图 5-34 所示。

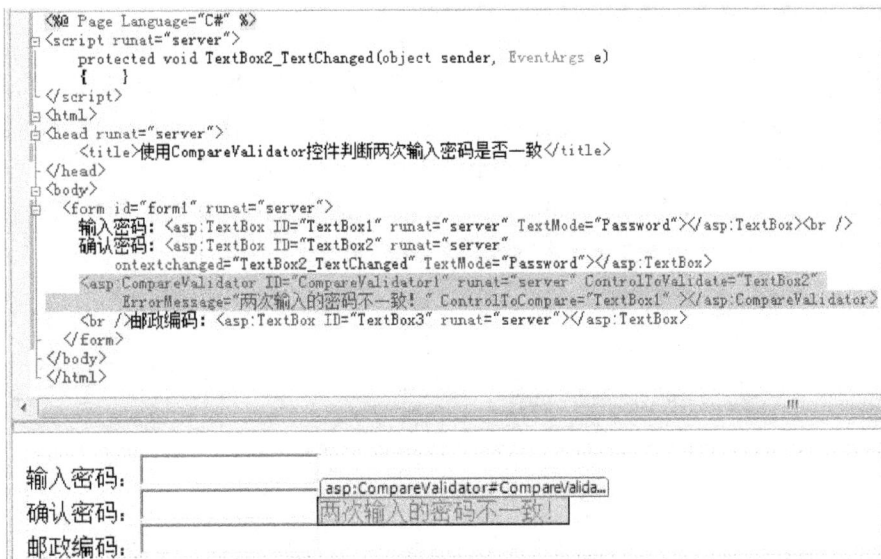

图 5-34　页面的前台代码及设计视图

页面的浏览效果，如图 5-35 所示。其中，CompareValidator 控件的提示文本在第二个密码框失去焦点后触发（即按回车键或在后台的文本框中输入时）。

图 5-35　页面的浏览效果

5.4　容器控件

Panel 控件、PlaceHolder 控件和 Table 控件等称为容器控件,因为它们内部还会存放一些其他控件。

5.4.1　面板控件 Panel

Panel 控件也称面板控件,它实现把包含在其中的一组相关控件或 HTML 标记当成一个整体看待,这样可以统一设置属性。例如,可以将用户注册时的信息分组,根据需要,可以将某些信息设置隐藏。

注意:在 15.2.1 小节将会看到,ASP.NET Ajax 页面中需要使用 UpdatePanel 控件(更新面板)。

5.4.2　占位控件 PlaceHolder

PlaceHolder 控件也称占位控件,在母板(将在 13.2 节介绍)技术中,会配合本控件一起使用。

*5.4.3　表格控件 Table

Table 控件用于在 Web 窗体上动态地创建表格,是一种容器控件,出现在标准工具箱里。Table 对象由行(TableRow)对象组成,TableRow 对象由单元格(TableCell)对象组成。

Table 控件的 GridLines 属性用于指定创建表格时是否显示线条。

静态地创建表格时,先利用 Table 控件对象的 Rows 集合编辑器创建行。后利用 Cells 集合编辑器创建列,添加单元格的操作如图 5-36 所示。

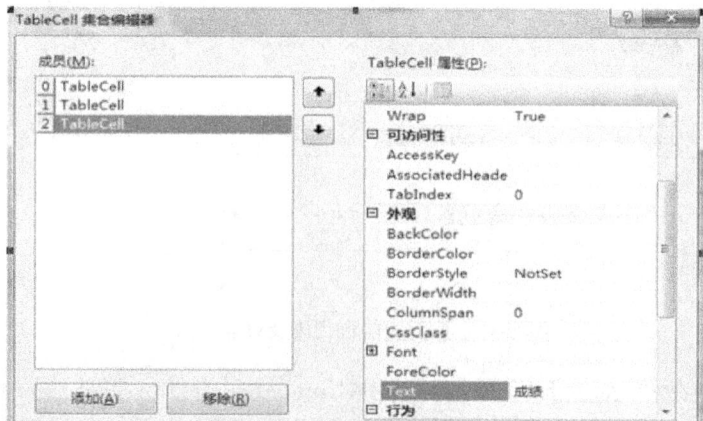

图 5-36　添加单元格的操作

编辑一个 1 行 3 列的表格,其前台代码和设计视图如图 5-37 所示。

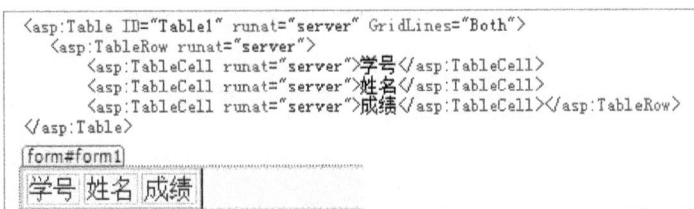

```
<asp:Table ID="Table1" runat="server" GridLines="Both">
    <asp:TableRow runat="server">
        <asp:TableCell runat="server">学号</asp:TableCell>
        <asp:TableCell runat="server">姓名</asp:TableCell>
        <asp:TableCell runat="server">成绩</asp:TableCell></asp:TableRow>
</asp:Table>

form#form1
学号 姓名 成绩
```

图 5-37　Table、TableRow 及 TableCell 进行静态表格设计的前台代码

在实际项目中,表格的行经常需要在后台代码中动态地生成行。一个在教务管理系统中录入成绩的例子的后台代码及浏览效果分别如图 5-38、图 5-39 所示。

```
protected void Page_Load(object sender, EventArgs e)
{
    string[] xh = { "20010201", "20010202" };
    string[] name = { "张三", "李四" };
    for (int i = 0; i < 2; i++)
    {
        TableRow row = new TableRow(); //创建一个行对象
        TableCell cellxh = new TableCell(); cellxh.Text = xh[i];
        TableCell cellxm = new TableCell(); cellxm.Text = name[i];
        TableCell cellInput = new TableCell(); TextBox cjInput= new TextBox();
        cellInput.Controls.Add(cjInput);   //将文本框对象添加到第三个单元格中
        row.Cells.Add(cellxh);//添加各单元格对象到行对象
        row.Cells.Add(cellxm);
        row.Cells.Add(cellInput);
        Table1.Rows.Add(row);//添加行对象到表格对象
    }
}
```

图 5-38　在后台中动态创建行示例

学号	姓名	成绩
20010201	张三	87
20010202	李四	

图 5-39　页面浏览效果

习 题 5

一、判断题

1. 用户访问 ASPX 页面并查看源代码时,不能看到设计时使用的服务器控件。

2. 所有服务器控件具备方法及事件驱动的能力。

3. 控件 Image 和 HyperLink 都没有 Click 事件。

4. 控件 HyperLink 和 LinkButton 都能实现页面网站(页面)链接。

5. 使用服务器控件属性时,其字母大小写不敏感。

6. 可以定义 LinkButton 控件的 onclick 事件。

7. 控件 Button 和 LinkButton 的代码都是成对出现的。

二、选择题

1. 设置文本框的密码输入,应使用其_____属性。
   A. TextMode   B. Width   C. Password   D. Style

2. 下列控件中,不具有 Click 事件的是_____。
   A. Button   B. LinkButton   C. ImageButton   D. HyperLink

3. 提供日历服务的控件是_____。
   A. Table   B. Pannel   C. PlaceHolder   D. Calendar

4. 在 ASP.NET 窗体文件中使用得较多的页面元素是_____。
   A. HTML 标记   B. Web 服务器控件
   C. 客户端脚本   D. HTML 服务器控件

5. 判定选择了单选按钮组的哪一项,应使用_____属性。
   A. Selected   B. Checked   C. Select   D. Check

6. 使用 Login 控件时,书写用于用户名和密码判定的代码,应使用_____事件。
   A. Load   B. Click   C. OnClick   D. Authenticate

7. 下列控件中,不属于容器控件的是_____。
   A. Panel   B. PlaceHolder
   C. Table   D. CompareValidator

三、填空题

1. 使用 RadioButton 控件设计一组具有单选特性的按钮,必须使用_____属性。

2. 不具有事件过程和回传功能的服务器控件是_____。

3. 设计含有性别选择的页面时,可使用_____控件。

4. 控件 HyperLink 指定链接到的目标网站(页面)所使用的属性是_____。

5. 设计含有个人兴趣爱好选择的页面时,可使用_____控件。

6. 使用 ImageMap 做图像热点链接,需要在控件对象的属性窗口中选择_____
   属性。

7. 在后台代码里,通过 DropDownList 的_____方法可添加列表项。

8. 使用 DropDownList 的 SelectedIndexChanged 事件,必须定义其_____属性为
   True。

实验 5   ASP.NET 常用服务器控件的使用

（访问 http://www.wustwzx.com/Default.aspx）

一、实验目的

1. 掌握图像热点链接的制作方法和超链接的多种设计方法；

2. 掌握 Button 控件的客户端事件与服务器事件的用法、客户端确认的方法；

3. 掌握 DropDownList、RadioButton、CheckBox 等控件的使用；

4. 掌握用户登录界面的设计方法。

二、实验内容

1. 使用 ImageMap 做图像热点链接。

   【效果演示】访问 http://www.wustwzx.com/sj05_1.aspx，参见例 5.1。

   【知识要点】

   （1）使用 DW 的属性面板获取热点区域的参数（坐标）；

   （2）ImageMap 控件的 HotSpot 集合编辑器。

2. 超链接的多种实现方法。

   【效果演示】访问 http://www.wustwzx.com/sj05_2.aspx，参见例 5.2。

   【知识要点】HyperLink 控件、LinkButton 控件与 Button 控件。

3. 事件 OnClick 与 OnClientClick 的用法区别、客户端确认的设计方法。

   【效果演示】访问 http://www.wustwzx.com/sj05_3.aspx（或 sj05_3a.aspx），参见例 5.3。

   【知识要点】

   （1）在 Button 控件代码中定义事件：OnClientClick=" return confirm('确实要访问吗？');"

   （2）在 Page_Load()里定义：Button1.Attributes[" OnClick "]=" return confirm('确实要访问吗？');";

4. 下拉列表控件的使用——动态链接。

   【效果演示】访问 http://www.wustwzx.com/sj05_4.aspx，参见例 5.4。

   【知识要点】DropDownList 控件的属性、事件。

5. 单选按钮的使用——计算退休年龄。

   【效果演示】访问 http://www.wustwzx.com/sj05_5.aspx，参见例 5.5。

   【知识要点】RadioButton 控件的 GroupName 属性和 checked 属性。

6. 复选框的使用——调查兴趣爱好。

   【效果演示】访问 http://www.wustwzx.com/sj05_6.aspx，参见例 5.6。

   【知识要点】CheckBox 控件的 Text 属性和 checked 属性。

7. 不产生页面转移的用户登录界面设计。

　　【效果演示】访问 http://www.wustwzx.com/sj05_7.aspx，参见例 5.7。

　　【知识要点】自己设计 TextBox 文本框(密码框)并建立 Button 控件对象的事件过程。

三、实验小结

(由学生填写,重点写上机中遇到的问题)

第 6 章　ASP. NET 基本内置对象、跨页提交

在 ASP. NET 网站开发中,通常要使用 Response,Request,Server 等基本内置对象,这些对象不需要经过任何声明即可直接引用,它们出现在后台服务器代码中。当然,还有其他的内置对象,这将在第 7 章介绍。需要注意的是,由于服务器控件技术的发展,大大降低了 ASP. NET 网站开发对内置对象的依赖。本章在介绍 ASP. NET 的三大内置对象的基础上还介绍了跨网页提交,学习要点如下:

- 掌握 Response 对象的使用;
- 掌握 Request 对象的使用;
- 掌握 Server 对象的使用;
- 跨网页提交时的参数传递。

6.1　Response 对象与 HttpResponse 类

Response 对象本来是 ASP 的一个基本的内置对象,在 ASP. NET 中,Response 对象作为 Http Response 类的一个实例,Response 对象也是 Page 类的一个属性。

Response 对象用于服务器给浏览器发送信息,包括直接发送的信息、重定向浏览器到另一个 URL 或设置 Cookie 等。

注意:HttpResponse 类含于命名空间 System. Web,而 Page 类含于 System. Web. UI。

6.1.1　输出方法 Write()

Write()方法的功能是将指定的信息发送至客户端,即在客户端动态显示内容。用法格式如下:

Response. Write(字符串或变量);

- 输出字符串常量时要使用一对双撇号括起来;
- HTML 标记可以作为特别的字符串进行输出;
- 客户端脚本也可以作为特别的字符串输出。例如:

Response. Write("<script>alert(' Hello! ');</script>");

注意:本方法的使用频率非常高,在前面各章已经应用过。

6.1.2　重定向方法 Redirect()

使浏览器立即重定向到程序指定的 URL,即实现了页面跳转。用法格式如下:

Response. Redirect("网址或网页");

注意:本方法在前面已经应用过,参见例 5.2。

6.2 Request 对象与 HttpRequest 类

与 Response 对象相对应,Request 对象作为命名空间 System.Web 下 HttpRequest 类的一个实例,也是 Page 类的一个属性。Request 对象的主要功能是获取客户端的信息,使用 Request 对象可以访问任何 HTTP 请求传递的信息,Request 对象的主要属性如下:

- Form:获得提交的窗体信息;
- QueryString:从查询字符串中读取用户提交的数据;
- ServerVariables:通过使用服务器变量获得服务器端或客户端的环境信息;
- Browser:获得客户端浏览器的相关信息;
- ApplicationPath:获取服务器上 ASP.NET 应用程序的虚拟应用程序根路径;
- Path:获取当前请求页面的虚拟路径(带文件名)。

6.2.1 获取表单传递值

利用 Request.Form 属性,可以获取窗体中 HTML 元素的值。

【例 6.1】 Request.Form 属性的使用。

【设计方法】新建一个 Web 窗体,命名为 sj06_1.aspx,并选择单代码页模型。分别向窗体添加一个 TextBox 控件、一个 HTML 元素(使用 INPUT 标记制作的文本框)、一个 Button 控件和一个 Label 控件,如图 6-1 所示。

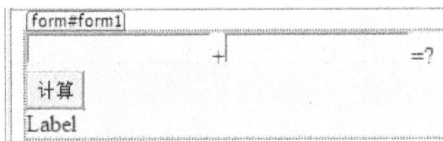

图 6-1 页面的设计视图

在设计窗口中,双击 Button1 控件对象后会打开其事件过程,页面的前台代码及 Button1 控件对象的事件过程如图 6-2 所示。

图 6-2 页面的前台代码及 Button1 控件对象的事件过程

在服务器代码中,通过 Request. Form 属性访问窗体中的命名为"two"的 HTML 元素(第二个文本框),而第一文本框因为是使用的 TextBox 控件,因而在服务器代码中可以直接访问。

【浏览效果】在 VS 中按 Ctrl+F5,输入两个整数,然后单击命令按钮,页面的浏览效果如图 6-3 所示。

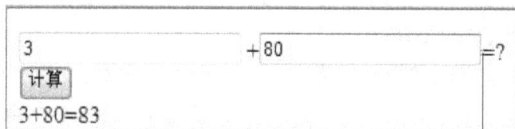

图 6-3　页面浏览效果

6.2.2　获取 URL 传递变量

使用 Request. QueryString 属性,可以获取 HTTP 查询字符串变量的集合。当在浏览器地址栏请求某个页面或在页面跳转(例如在 Response. Redirect()中)时,如果在目标页面后面再加上问号、参数名和参数值,则在目标页面里通过使用 Request. QueryString 属性获取传递的参数值。

例如,访问并输入参数

目标页面 URL？p=pv

在目标页面里,通过使用下面的接收语句

string p=Request. QueryString[" p "];

变量 p 可以获取参数值 pv。

【例 6.2】　通过 Request. QueryString 属性获取 Http 请求时传递的参数。

【设计方法】新建一个 Web 窗体,命名为 sj06_2.aspx,并选择分离代码模型。向窗体添加一个 Button 控件,在后台代码中建立如下的事件过程:

```
protected void Button1_Click(object sender,EventArgs e)
{
    Response.Redirect("sj06_2a.aspx?id=20");        //传递参数的页面跳转
}
```

再在站点里新建一个名为 sj06_2a. aspx 的窗体页面,选择分离代码模型,向窗体添加一个 Label 控件。在其后台代码中,建立如下的事件过程:

```
protected void Page_Load(object sender,EventArgs e)
{
    string p=Request.QueryString["id"];
    Label1.Text="本页面接收到 Http 请求时传递的参数值是:"+p;
}
```

【浏览效果】浏览 sj06_2. aspx 页面,单击命令按钮后调用 sj06_2a. aspx 页面,屏上显示"本页面接收到 Http 请求时传递的参数值是:20"。

6.2.3　查询环境信息

使用 Request.ServerVariables 属性可以获得服务器和客户端的一些环境信息,使用格式如下:

Request.ServerVariables["环境变量名"];

常用服务器变量如下:

- Local_Addr:Web 服务器(主机)的 IP;
- Server_Name:Web 服务器(主机)的名称;
- Server_Software:服务器端运行软件的名称和版本;
- Server_Port:Web 服务器(主机)使用的端口;
- Remote_Addr:客户端网关(或计算机)的 IP;
- URL:当前页面相对于网站根目录的路径及名称;
- Path_Translated:当前页面的完整路径及名称;
- Http_Accept_Language:客户端语言。

注意:对于通过拨号方式上网的计算机,每次访问位于服务器端且含有如下代码

Request.ServerVariables("Remote_Addr")

的动态网页,则显示的客户端网关(或计算机)的 IP 地址可能不同。

【例 6.3】 获取 IP 地址。

【设计方法】 新建一个 Web 窗体,命名为 sj06_3a.aspx,并选择单页代码模型。使用 Request.ServerVariables["Remote_Addr"]等获取环境信息,源代码如图 6-4 所示。

```
<%@ Page Language="C#" %>
<script runat="server">
  protected void Page_Load(object sender, EventArgs e)
  {
    //string UserIP = Request.UserHostAddress.ToString();  //获取用户IP或用户网关IP
    string UserIP = Request.ServerVariables.Get("Remote_Addr").ToString();  //与上面方法等效

    string ServerIP = Request.ServerVariables["Local_Addr"].ToString();//获取服务器IP
    //string ServerIP = Request.ServerVariables.Get("Local_ADDR").ToString();  //等效写法

    Response.Write("欢迎" + UserIP + "（用户IP或客户端网关IP)访问本网站（服务器IP为" + ServerIP+ "）");
  }
</script>

<html>
<head id="Head1" runat="server">
    <title>获取客户端和服务器端IP地址</title>
</head>
<body>
</body>
</html>
```

图 6-4　显示 IP 地址的源代码

【浏览效果】 访问 http://www.wustwzx.com/sj06_3a.aspx,作者教学网站的虚拟主机的 IP 地址是 114.113.226.132。页面的浏览效果如图 6-5 所示。

欢迎113.57.77.148（用户IP或客户端网关IP）访问本网站（服务器IP为114.113.226.132）

图 6-5　显示客户端及服务器 IP 地址的浏览效果

注意:本页面的浏览效果会随着客户机的不同而变化。

6.2.4 获取客户端浏览器信息

利用 Request.Browser 属性,可以获取客户端浏览器的类型及版本等信息。使用格式如下:

Request.Browser.浏览器特性名

常用浏览器特性名称如下:

- Platform:浏览器运行的平台(操作系统)名称;
- Type:浏览器类型;
- Version:浏览器版本号;
- Cookies:逻辑值,是否支持 Cookie。

【例 6.4】获取客户端浏览器信息。

【设计方法】新建一个 Web 窗体,命名为 sj06_3b.aspx,并选择单页代码模型。页面源代码如图 6-6 所示。

```
<%@ Page Language="C#" %>
<script runat="server">
    protected void Page_Load(object sender, EventArgs e) {
        Response.Write("客户端操作系统: "+Request.Browser.Platform);
        Response.Write("<br>客户端浏览器: " + Request.Browser.Type);
    }
</script>

<html>
<head runat="server">
    <title>获取客户端环境信息</title>
</head>
<body>
</body>
</html>
```

图 6-6　GetClient.aspx 页面代码

【浏览效果】目前,Windows XP 和 Windows 7 的使用都很广泛,分别在安装 Windows XP 和 Windows 7 的计算机上访问 http://www.wustwzx.com/sj06_3b.aspx,则显示的客户端环境信息如图 6-7 所示。

客户端系统: WinXP 客户端浏览器: IE6	客户端系统: WinNT 客户端浏览器: IE8
(a) Windows XP计算机	(b) Windows 7计算机

图 6-7　在不同计算机上访问 sj06_3b.aspx 的页面浏览效果

6.3　Server 对象

如同前面两个对象,Server 对象也是 Page 类的属性,是 HttpServerUtility 类的实例。Server 对象封装了服务器端的一些操作,提供了对服务器方法和属性的访问。常用的方法是创建已经注册到服务器上的 Active X 组件中的动态对象的实例、将相对路径或虚拟路径映射到物理路径、设置脚本超时时间等。

6.3.1　MapPath()方法

在 VS 中开发含有数据库访问的页面时,一般是使用相对路径。而当网站上传后,通常会出现路径问题,即在对存储在 Web 网站上的文件进行操作时,需要获得该文件实际的物理路径,而不是相对路径。因此,在网站上传前,应将引用文件的路径转换为物理路径,这就要使用本方法,即将 Server.MapPath("相对路径文件名")作为一个整体使用(参见 8.1.3 节)。

6.3.2　Execute()和 Transfer()方法

1. Execute 方法

Server.Execute 方法停止执行当前页面,将执行控制权转移到指定的新网页,待新网页执行完后,控制权返回到原始网页,并执行原始网页中 Execute 方法之后的语句。

本方法的用法格式如下:

Server.Execute("新网页文件名");

- 本方法实现的是网页调用,类似于程序设计中的过程(函数)调用;
- 页面调用时会把当前环境信息传递到目标新网页;
- 调用结束后返回原始网页的调用点之后继续执行。

2. Transfer 方法

Server.Transfer 方法停止执行当前页面,将执行控制权转移到指定的新网页,用法格式如下:

Server.Transfer("目标网页文件名");

- 本方法实现页面的重定向,与 Response.Redirect 方法类似;
- 使用本方法实现页面重定向后,浏览器地址栏的显示并未相应地变化,即仍是原来页面的地址,这一点与 Response.Redirect 方法不同;
- Server.Transfer 方法在页面转换时能够传值,而 Response.Redirect 则不能。

6.3.3　ScriptTimeOut 属性

ScriptTimeOut 属性用于设置服务器动态网页的最长执行时间,其默认值为 90 秒,设置方法如下:

Server.ScriptTimeOut＝时间值;

- 通过设置脚本运行的最长时间,可以有效防止当脚本陷入死循环时耗费系统太多的资源。在规定的时间内,脚本还未执行完毕,将触发 ScriptTimeOut 事件,同时在页面中出现相应的错误信息。
- 本属性也可在 IIS 服务器中设置。

6.3.4　CreateObject()方法

本方法用于创建已经注册到服务器上的 Active X 组件中的动态对象的实例,此方法在 ASP 中主要用于创建 ADO 组件对象的实例,从而实现数据库连接、访问功能。

在 ASP.NET 中,数据库访问是使用 ADO.NET。ADO.NET 组件的表现形式是.NET的类库(五大对象),不是使用本方法创建其实例(参见第 9 章)。

6.4　跨页提交

从 5.2.5 小节我们知道,如果不指定 Button 控件的 PostBackUrl 属性值,则是回发到本页面。如果指定 Button 控件的 PostBackUrl 属性值,则称为跨页提交。

跨页提交时,为了在目标页面里获取源页面中的信息,需要在目标页上的头部添加 PreviousPageType 指令,设置属性 VirtualPath 值为源页面路径,方法如下:

<%@ PreviousPageType VirtualPath="源网页" %>

根据属性 Page.PreviousPage.IsCrossPagePostBack 可以判断是否为跨页提交,然后使用如下任意一种方法可以在目标页面中访问源网页中数据:

- 在源网页上定义公共属性,再在目标网页上利用"PreviousPage.属性名"获取源网页中数据;
- 利用 PreviousPage.FindControl()方法访问源网页上的控件。

【例 6.5】　跨页提交示例(在源页面中定义公有属性)。

【浏览效果】新建一个窗体页面 sj06_4.aspx,选择分离代码模型。在窗体页面中,添加两个 TextBox 控件(ID 属性分别设置为 txtName 和 txtAge)、一个 Button 控件,设置 Button 控件对象的 PostBackUrl 属性值为"sj06_4t.aspx",前台代码及设计视图如图 6-8 所示。

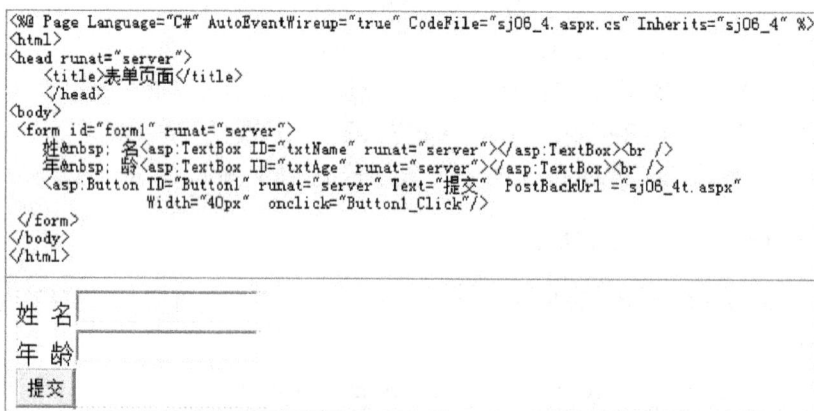

```
<%@ Page Language="C#" AutoEventWireup="true" CodeFile="sj06_4.aspx.cs" Inherits="sj06_4" %>
<html>
<head runat="server">
    <title>表单页面</title>
    </head>
<body>
<form id="form1" runat="server">
    姓  名<asp:TextBox ID="txtName" runat="server"></asp:TextBox><br />
    年  龄<asp:TextBox ID="txtAge" runat="server"></asp:TextBox><br />
    <asp:Button ID="Button1" runat="server" Text="提交"  PostBackUrl ="sj06_4t.aspx"
             Width="40px"  onclick="Button1_Click"/>
</form>
</body>
</html>
```

姓　名
年　龄
提交

图 6-8　源窗体页面的前台代码及设计视图

在 sj06_4.aspx 的后台代码文件中,定义两个具有 public 访问控制(不能是 private)的属性 Name 和 Age(属性名首字母大写,符合 C#规范,参见 4.6.1 小节),它们分别返回窗体页面中两个 TextBox 控件对象的 Text 属性值。后台代码如图 6-9 所示。

```
using System;
public partial class sj06_4 : System.Web.UI.Page
{
    protected void Page_Load(object sender, EventArgs e)
    {    }

    protected void Button1_Click(object sender, EventArgs e)
    {    //前台使用了PostBackUrl-跨页提交
    }

    public string Name   //Name: 类的属性，public访问控件符
    {
        get { return txtName.Text; }
    }
    public int Age   //Age: 类属性，public访问控件符
    {
        get { return Int32.Parse(txtAge.Text); }
    }
}
```

图 6-9　源窗体页面的后台代码

为了在目标页面中显示源表单页面提交的姓名和年龄信息，需要新建一个窗体页面，命名为 sj06_4t.aspx，采用单页代码模型。窗体页面中，通过使用代码块＜％％＞语法引用了先前页面中定义的属性，页面代码及设计视图如图 6-10 所示。

```
<%@ Page Language="C#" %>
<%@ PreviousPageType VirtualPath="sj06_4.aspx" %>
<html>
<head runat="server">
    <title>访问先前页数据的目标页</title>
</head>
<body>
        先前页面提交的姓名是: <%=PreviousPage.Name%><br />
        先前页面提交的年龄是: <%=PreviousPage.Age%><br />
</body>
</html>
```

先前页面提交的姓名是:
先前页面提交的年龄是:

图 6-10　目标页面的代码及设计视图

【例 6.6】　跨页提交示例(在源页面中找控件)。

【浏览效果】新建一个窗体页面 sj06_4a.aspx，选择单页代码模型。在窗体页面中，添加一个 TextBox 控件和一个 Button 控件，设置 Button 控件对象的 PostBackUrl 属性值为"sj06_4at.aspx"，源网页的前台代码及设计视图如图 6-11 所示。

```
1  <%@ Page Language="C#" %>
2  <html>
3  <head runat="server">
4      <title>跨页提交·源页面</title>
5  </head>
6  <body>
7    <form id="form1" runat="server">
8       请输入姓名: <asp:TextBox ID="TextBox1" runat="server"></asp:TextBox> 
9       <asp:Button ID="Button1" runat="server" Text="提交" PostBackUrl="~/sj06_4at.aspx" />
10       </form>
11  </body>
12  </html>
```

form#form1

请输入姓名: [   ]　　提交

图 6-11　源页面设计视图及代码

再新建一个窗体页面 sj06_4at.aspx 作为提交后的目标页面,选择单页代码模型。目标页面中访问源页面中控件的代码如图 6-12 所示。

```
1  <%@ Page Language="C#" %>
2  <%@ PreviousPageType VirtualPath="~/sj06_4a.aspx"%>
3  <script runat="server">
4      protected void Page_Load(object sender, EventArgs e)
5      {
6          if (Page.PreviousPage.IsCrossPagePostBack) //跨页提交判断
7          {
8              TextBox txtName = (TextBox)Page.PreviousPage.FindControl("TextBox1");
9              //对在源页面中找到的控件在当前页面中命名
10             Response.Write("先前页提交的姓名值是: " + txtName.Text);
11         }
12     }
13 </script>
14
15 <html>
16 <head runat="server"> <title>跨页提交·找先前页控件</title>
17 </head>
18 <body><form id="form1" runat="server"></form></body>
19 </html>
```

图 6-12　目标页面代码

习　题　6

一、判断题

1. 类 HttpResponse 提供了 Write()方法。
2. 使用 Response.Write()方法可以输出 HTML 标记或客户端脚本。
3. 类 Page 所在的命名空间是 System.Web。
4. Brower 是 HttpResponse 类的一个属性。
5. 类 HttpResponse 和 HttpRequest 都含于命名空间 System.Web 中。

二、选择题

1. 访问表单中 HTML 元素,应使用属性_____。
   A. Request.Browser
   B. Request.Form
   C. Request.ServerVariables
   D. Request.QueryString
2. 向请求的 Web 窗体页面传递参数,需要使用 Request 对象的_____属性。
   A. Form
   B. QueryString
   C. Browser
   D. ServerVariables
3. 方法 Response.Write()输出的内容可以是_____。
   A. 文本字符串
   B. 变量
   C. 客户端脚本
   D. 都可以
4. 页面调用指的是_____。
   A. Response.Redirect()
   B. Server.Transfer()
   C. Server.MapPath()
   D. Server.Execute()
5. 跨页提交与 Button 控件相关联,且必须使用的属性是_____。
   A. Text
   B. PostBackUrl
   C. ID
   D. IsPostBack

三、填空题

1. 类 HttpRequest 和 HttpResponse 所在的命名空间为_____。
2. 设计带接收用户传递参数的页面,应使用 Request 对象的_____方法。
3. 对象 Response 提供产生页面跳转的方法是_____。
4. 获取客户端浏览器运行的平台,应使用 Request.Browser._____。
5. 使用 Request.ServerVariables["_____"]可以获得通过拨号方式上网的计算机的网关的 IP 地址。
6. 获取向当前页传输控件的页,应使用类 Page 的_____属性。
7. 获取当前应用程序的根路径,应使用 Request 对象的_____属性。

实验 6　ASP.NET 基本内置对象的使用、跨页提交

（访问 http://www.wustwzx.com/Default.aspx）

一、实验目的

1. 掌握 Response 对象的常用方法；
2. 掌握 Request 对象的常用属性；
3. 掌握 Server 对象的常用方法；
4. 掌握跨页提交的设计方法。

二、实验内容

1. 表单提交——做加法。

   【浏览效果】访问 http://www.wustwzx.com/sj06_1.aspx，参见例 6.1。

   【知识要点】使用 Request.Form 属性访问表单里的 HTML 元素。

2. 通过 Request.QueryString 属性获取 Http 请求时传递的参数。

   【浏览效果】访问 http://www.wustwzx.com/sj06_2.aspx，参见例 6.2。

   【知识要点】使用 Request.QueryString 属性获取 Http 请求时传递的参数。

3. 获取环境信息。

   【浏览效果】

   （1）获取 IP 地址。

   访问 http://www.wustwzx.com/sj06_3a.aspx，参见例 6.3。

   （2）获取客户端浏览器信息。

   访问 http://www.wustwzx.com/sj06_3b.aspx，参见例 6.4。

   【知识要点】

   （1）Response.Write() 方法；

   （2）Response.ServerVariables[" Remote_Addr "] 属性；

   （3）Response.ServerVariables[" Local_Addr "] 属性；

   （4）Response.Browser.PlatForm 属性；

   （5）Response.Browser.Type 属性。

4. 跨页提交——在目标页面中获得源页面提交的数据。

   【浏览效果】访问 http://www.wustwzx.com/sj06_4.aspx（或 sj06_4a.aspx）。

   【设计方法】参见例 6.5 和例 6.6。

   【知识要点】

   （1）在源网页中定义公有属性或找控件；

   （2）在目标页面中声明源网页的页面指令；

   （3）Button 控件的 PostBackUrl 属性。

三、实验小结

（由学生填写，重点写上机中遇到的问题）

第7章 ASP.NET 其他内置对象与 HTTP 状态信息管理

对于 ASP.NET 网页而言,需要根据用户的请求生成响应。在请求与响应时会生成一些状态信息,这些状态信息可分为客户端和服务器端两种。

客户端状态是将信息保存在客户端计算机上,当客户端向服务器端发送请求时,状态信息会随之发送到服务器端。具体实现时可选择 ViewState,ControlState,HiddenField,Cookie 和前面提及的查询字符串,其中 ControlState 只能用于自定义控件(参见 13.5 节)的状态管理。

服务器状态是指状态的信息保存于服务器,具体实现时可选择 Session 状态、Application 状态或数据库支持等。

此外,还存在着一些状态信息管理,如用户是否超时、是否有新的用户访问本站等。利用这些对象的属性和方法,可以编写很多实用的动态网页,如网站在线人数统计等。本章学习要点如下:

- Cookie 信息的建立与使用;
- 使用 Session 对象存储某个用户会话期间的用户信息;
- 使用 Application 对象存储所有用户共享的信息;
- Cache 对象与 ViewState 简介。

7.1 Cookie 信息

7.1.1 Cookie 概述

Cookie 是指网站服务器为来访者在其客户端硬盘上自动创建的一些与用户相关的信息,如浏览者的用户标识、站点访问的时间等。用户访问不同的站点时,各个站点都会向用户浏览器发送 Cookie 信息,浏览器会分别存储所有的 Cookie,这些 Cookie 信息被保存在 C:\Documents and Settings\Windows 用户名\Cookies 中,并且文件名以"用户名@网站 URL"命名,Cookie 信息是作为 HTTP 传送的一部分发送给客户端的。

ASP.NET 的命名空间 System.Web 里的 HttpCookie 类用来处理 Cookie 信息,Cookie 对象就是 HttpCookie 类的实例对象。Cookie 对象常用的属性是 Value 和 Expires,分别表示 Cookie 值和有效期。

7.1.2 使用 Response 对象建立 Cookie 信息

网页开发者在页面中通过如下方法可以创建客户端的 Cookie 信息:

Response.Cookies["名"].Value="值";

也可以先创建 HttpCookie 类的实例对象,然后设置其 Value 属性和 Expires 属性(只有设置有效期的 Cookie 才会写到硬盘里),最后通过 Response.Cookies.Add()方法添加。例如,下面的代码建立了一个键名为 Name、键值为"张三"、有效期为一天的 cookie 对象。

HttpCookie cookie＝new HttpCookie(" Name ");

cookie. Value="张三";

cookie. Expires＝DateTime. Now. AddDays(1);

Response. Cookies. Add(cookie);

注意:Cookies(不是 Cookie)可以理解为 Response 对象的一个特殊属性,其特殊性表现在可以同时建立若干属性值,此外,Cookie 中只能存储字符串。

7.1.3 使用 Request 对象使用 Cookie 信息

网页开发者在页面中通过如下方法可以获取存储在客户端的 Cookie 信息:

Request. Cookies["名"]. Value

同样,可以将 Cookies 理解为 Request 对象的一个特殊属性。

【例 7.1】 Cookie 信息的建立与使用。

【效果描述】访问 http://www. wustwzx. com/sj07_1. aspx,如果在本机上是第一次访问本页面,则显示"你是本机上访问本页面的第一人!";如果是第 12 次访问,则浏览效果如图 7-1 所示。

此前，在本机上本页面被访问过11次！

图 7-1   在本机上第 12 次浏览时的显示效果

【设计方法】新建窗体页面,命名为 sj07_1. aspx,后台代码如图 7-2 所示。

```
using System;
public partial class sj07_1 : System.Web.UI.Page
{
    protected void Page_Load(object sender, EventArgs e)
    {
        if (Request.Cookies["vn"] == null)  //访问次数vn
        {
            Response.Write("你是本机上访问本页面的第一人！");
            Response.Cookies["vn"].Value = "0";
        }
        else
        {
            Response.Cookies["vn"].Expires = DateTime.Now.AddDays(365);//设置有效期为一年
            Response.Write("此前，在本机上本页面被访问过");
            Response.Write(Request.Cookies["vn"].Value);  //读取Cookie信息
            Response.Write("次！");
        }
        //下面是修改Cookie信息的代码（加1）
        Response.Cookies["vn"].Value = (Int16.Parse(Request.Cookies["vn"].Value) + 1).ToString();
    }
}
```

图 7-2   页面的后台代码

7.2 Session 对象

7.2.1 Session 对象的特点

Session 也是 ASP. NET 的内置对象,是由 HttpSessionState 类派生的。HttpSessionState 类提供对会话状态值以及会话级别设置和生存期管理方法的访问,HttpSessionState 类所在的命名空间是 System. Web. SessionState,该命名空间提供可将特定于某个单个客户端的数据存储在服务器上的一个 Web 应用程序中的类和接口。

Session 对象代表一个会话过程,在某个用户第一次访问网站时自动创建。在整个会话过程中,存储在 Session 对象中的信息不会因为网页的跳转而消失或者变化,参见例 7.2。Session 信息保存在服务器缓存区,在后台代码中创建 Session 信息的用法格式如下:

Session["变量名"]=值;

7.2.2 Session 对象的属性、方法与事件

Session 对象通常用来保存客户端信息,每个不同用户的每次不同访问都有唯一的 Session 值。创建会话时,服务器自动生成的用户标识保存在 SessionID 属性中,即 Session.SessionID 就是用户标识。SessionID 是系统随机生成的不会重复的字母和数字组成的系列,即系统对不同用户创建的标识是不同的。

Session 信息保存的有效期默认为 20 分钟,通过设置 Timeout 属性可以修改。用户如果超过了会话的超时时限,在发出新的请求后,服务器则视该用户为一新的用户,并自动创建一个新的会话,原有的会话信息都会丢失。在程序中,可以设置 Session 信息的有效期,用法格式如下:

Session.Timeout=n （单位:分钟）

Session 对象创建的变量都存储在 Session 对象的 Contents 集合中,通过 Count 属性即可获得 Session 对象的变量个数。

Session.Contents.Count

Session.Abandon 方法强行结束 Session 对象,释放该对象占用的服务器内存,一般用于退出登录的页面里。

Session 对象的常用事件是 OnStart 和 OnEnd,它们分别在创建 Session 对象和结束 Session 对象时触发。例如,OnStart 事件的定义方法如下:

```
void Session_OnStart(object sender,EventArgs e)
{
    //在新会话启动时运行的代码
}
```

注意:关闭浏览器时,并不立即释放所有 Session 对象占用的内存空间,因为 Session 对象有一定的生命周期,所以,Session 对象在关闭浏览器且到了超期时消失。

【**例 7.2**】 Session 信息的建立与使用。

【**设计方法**】新建窗体页 sj07_2.aspx,在后台代码中输出 SessionID 属性值并建立一个 Session 变量,如图 7-3 所示。

```
using System;
public partial class sj07_2 : System.Web.UI.Page
{
    protected void Page_Load(object sender, EventArgs e)
    {
        Response.Write("你的SessionID为"); Response.Write(Session.SessionID + "<BR>");
        Session["cs"] = 100; //建立session信息,名为cs,对应的值为100
        Response.Write("建立了Session变量cs,值为"); Response.Write(Session["cs"]);
        Response.Write("<script>alert('即将跳转...');location.href='sj07_2a.aspx';</script>");
    }
}
```

图 7-3　在页面 sj07_2.aspx 的后台代码中建立和访问 Session 信息

在跳转到的页面的后台代码中,访问先前页建立的 Session 信息,代码如图 7-4 所示。

```
using System;
public partial class sj07_2a : System.Web.UI.Page
{
    protected void Page_Load(object sender, EventArgs e)
    {
        Response.Write("你的SessionID仍为" + Session.SessionID + "<br>");
        Response.Write("Sessionyojg变量cs的值仍然为"+Session["cs"]);
        Response.Write("<br>结论: Session信息对于同一用户所有页面的信息共享! ");
    }
}
```

图 7-4　在页面 sj07_2a.aspx 的后台代码中访问 Session 信息

【浏览效果】访问 http://www.wustwzx.com/sj07_2.aspx 后的浏览效果,如图 7-5 所示,它表明 Session 信息对于同一用户在不同页面间可以共享。

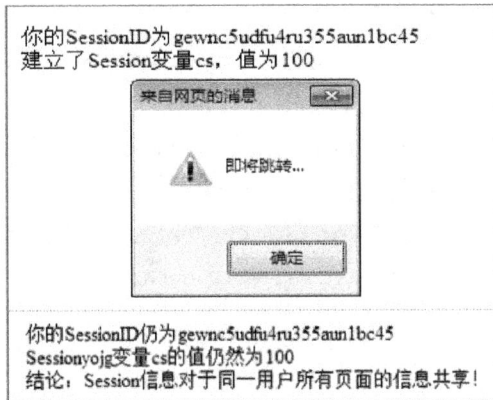

图 7-5　页面浏览效果

7.3　Application 对象

7.3.1　Application 对象的特点

　　Application 也是 ASP.NET 的内置对象,是由 HttpApplicationState 类派生的。HttpApplicationState 类使 ASP.NET 应用程序中的多个会话和请求之间能实现全局信息共享,HttpApplicationState 类所在的命名空间是 System.Web,该命名空间提供了浏览器与服务器通信的类和接口。

　　Application 类型的变量则可以实现站点多个用户之间在所有页面中信息共享。可以理解 Application 为全局变量,而前面介绍的 Session 变量是局部变量。

　　一旦分配了 Application 对象的属性,它就会持久地存在,直到关闭或重启 IIS。Application 对象针对所有用户,在应用程序运行期间会持久地保存。

　　用户添加的 Application 对象的属性名称也称 Application 变量,其建立方法是:

Application["变量名称"]="值";

7.3.2 Application 对象方法与事件

1. 方法

● Lock()方法：禁止其他客户修改 Application 变量（也可认为是 Application 对象的属性），以保证在同一时刻只有一个用户可以对 Application 对象进行操作，直到调用 Application 对象的 Unlock 方法。

● Unlock()方法：允许其他客户修改 Application 变量。

● Set()方法：更新 Application 集合中的对象值，用法格式为：

Application.Set("名","新值")；

2. 事件

Application 对象的两个重要事件如下：

● Application_OnStart：网站在创建第一个新的会话时触发；

● Application_OnEnd：在应用程序结束时触发。

通过 Session 对象的 OnStart 事件和 OnEnd 事件编写脚本可以在会话开始和结束时执行指定的操作。编写这些事件过程的服务器端脚本代码时，必须使用<Script>标记，并设置属性 runat="server"。例如，Application_OnEnd 事件过程如下：

```
void Application_OnEnd(object sender,EventArgs e)
{
    //在应用程序关闭时运行的代码
}
```

注意：建立 Application 服务器变量，会一直占用服务器资源，它不像 Session 变量，还有个生命周期，因此，要慎用 Application 服务器变量。

【例 7.3】 Application 对象的使用。

【设计方法】在网站中新建两个窗体，选择单页代码模型，分别命名为 sj07_3.aspx（初始化计数器页面，只浏览一次）和 sj07_3a.aspx（计数页面，浏览多次），两个页面的代码及设计视图如图 7-6、图 7-7 所示。

```
<%@ Page Language="C#" %>
<script runat="server">
    protected void Page_Load(object sender, EventArgs e)
    {
        Application["counter"] = 1;  //初始化变量counter
    }
</script>
<html>
<head runat="server">
    <title>Application对象实现多页面信息共享</title>
</head>
<body>
    <form id="form1" runat="server">
        本页面已经初始化了页面计数器变量！<br />
        请访问另一个页面sj07_3a.aspx
    </form>
</body>
</html>
```

图 7-6 初始化计数器页面的代码及设计视图

```
<%@ Page Language="C#" %>
<script runat="server">
    protected void Page_Load(object sender, EventArgs e)
    {
        Application["counter"] = (int)Application["counter"] + 1;
    }
</script>
<html>
<head id="Head1" runat="server">
    <title>使用Application对象做页面计数器</title>
</head>
<body>
    <form id="form1" runat="server">
        你是本页的第<span style='color:blue'><%=Application["counter"]%></span>位来访者!
    </form>
</body>
</html>
```

```
form#form1
你是本页的第位来访者!
```

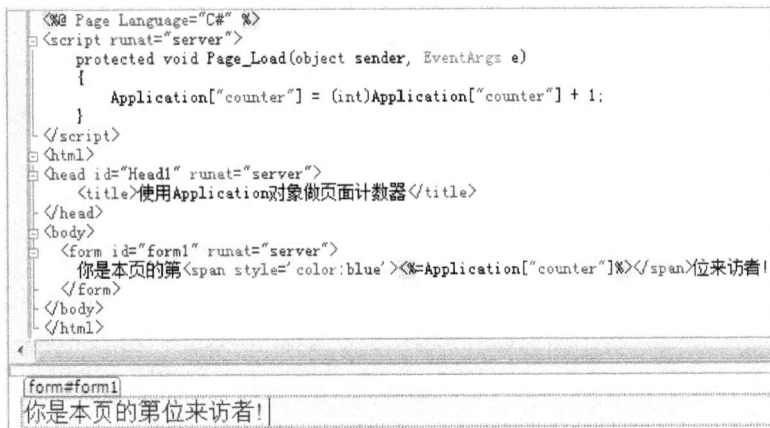

图 7-7　计数页面 sj07_3a.aspx 的代码及设计视图

在 VS 中编辑完两个页面后,打开 sj07_3.aspx 页面,按 Ctrl＋F5 浏览,此时不要关闭浏览器窗口,在地址栏后面修改成另一个页面的文件名 sj07_3a.aspx 并按回车,即可显示页面的访问次数,连续按 F5 刷新,第 4 次按 F5 时的页面效果如图 7-8 所示。

你是本页的第5位来访者!

图 7-8　计数页面的浏览效果

【例 7.4】　网站在线人数统计。

【设计方法】先在网站根目录下创建一个名为 sj07_4.aspx,并选择单页代码模型,设计要点如下:

(1) 在线人数就是在线的 Session 用户数目;

(2) 定义 Application 和 Session 对象的事件;

(3) 定义和使用 Application 变量 VisitNumber;

(4) Web 服务器启动后会自动读取并执行位于站点根目录下的文件 Global.asax,当客户端向服务器发出一个新的请求时也是如此。

【源代码】

(1) 显示在线人数的文件 sj07_4.aspx 的代码,如图 7-9 所示。

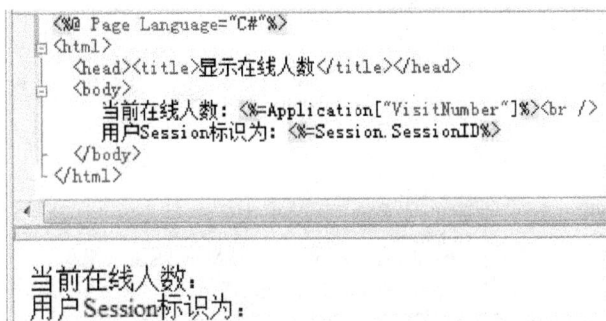

```
<%@ Page Language="C#"%>
<html>
    <head><title>显示在线人数</title></head>
    <body>
        当前在线人数: <%=Application["VisitNumber"]%><br />
        用户Session标识为: <%=Session.SessionID%>
    </body>
</html>
```

```
当前在线人数:
用户Session标识为:
```

图 7-9　显示在线人数的窗体页面及设计视图

（2）统计网站在线人数，需要使用 Global.asax 文件，该文件包含了 Application 和 Session 对象的开始和结束的事件过程，源代码如图 7-10 所示。

```
<%@ Application Language="C#" %>
<script runat="server">
    void Application_Start(object sender, EventArgs e)
    {
        Application["VisitNumber"]=0;  //在此过程不必加锁和解锁
    }
    void Application_End(object sender, EventArgs e)
    {
        Application["VisitNumber"] = 0;
    }
    void Session_Start(object sender, EventArgs e) //在新会话启动时运行的代码
    {
        Session.Timeout = 20;//设置超时长·分钟
        if (Application["VisitNumber"] != null)
        {
            Application.Lock();   //在此过程必须加锁和解锁
            Application["VisitNumber"] = Int32.Parse(Application["VisitNumber"].ToString()) + 1;
            Application.UnLock();
        }
    }
    void Session_End(object sender, EventArgs e) //在会话结束时运行的代码
    {
        // 注意：只有在 Web.config 文件中的 sessionstate 模式设置为InProc 时，
        // 才会引发 Session_End 事件。如果会话模式设置为Off或 StateServer 或 SQLServer，
        // 则不会引发该事件。
        if (Application["VisitNumber"] != null)
        {
            Application.Lock();
            Application["VisitNumber"] = (int)Application["VisitNumber"] -1;
            Application.UnLock();
        }
    }
</script>
```

图 7-10　Global.aspx 文件代码

*7.4　Cache 对象

Cache 也是 ASP.NET 的内置对象，是命名空间 System.Web.Caching 里 Cache 类的一个实例，其方法与属性如图 7-11 所示。

图 7-11　Cache 对象的方法与属性

Cache 对象用于在 Http 请求期间保存页面或数据。通常将频繁访问的服务器资源存储在内存中,当用户发出相同的请求后,服务器不必再次处理而是将 Cache 中保存的信息返回给用户,以节省服务器处理请求的时间,从而提高整个应用程序的效率。

使用 Cache 对象的 Insert()方法可以建立缓存信息并设置有效期,Cache 缓存信息的建立与使用方法,类似于 Application 对象和 Session 对象。

Cache 对象的一个应用实例是缓存天气数据信息。访问 http://www.wustwzx.com/sj11_3.aspx 并快速按 F5 刷新,将会出现警告信息(“用高速访问。联系我们:http://www.webxml.com.cn/”)并且不能显示天气信息(即访问频率受限),而访问 http://www.wustwzx.com/sj11_3a.aspx 页面,则不会出现警告信息(因为使用了缓存技术)。sj11_3a.aspx 页面的后台代码,如图 7-12 所示。

```
using System;
using System.Web;    //必须
using WeatherService;   //将Web引用名作为命名空间引入
using System.Web.Caching;   //必须
public partial class sj11_3a : System.Web.UI.Page
{
    protected void Page_Load(object sender, EventArgs e)
    {
        WeatherWebService wws = new WeatherWebService();//创建实例

        string cacheName = "cache_weather"; //Cache数据缓存名,
        string[] weather = (string[])HttpContext.Current.Cache[cacheName];   //读取缓存
        if (weather == null)   //不存在该缓存项(或者已经移除)或者过期
        {
            weather = (string[])wws.getWeatherbyCityName("武汉");//调用方法
            lock (cacheName)
            {
                //建立缓存信息, 缓存10分钟数据
                HttpContext.Current.Cache.Insert(cacheName, weather, null, DateTime.MaxValue,
                        TimeSpan.FromMinutes(10), CacheItemPriority.NotRemovable, null);
            }
        }
        Response.Write("武汉今日:"+weather[6].ToString().Substring(7)+" "+weather[5].ToString());
    }
}
```

图 7-12　使用 Cache 对象缓存调用 Web 服务获取的信息

注意: Web 服务参见第 11 章。

*7.5　ViewState

ViewState 称为视图状态,用于维护自身 Web 窗体的状态。当用户请求 ASP.NET 网页时,ASP.NET 将 ViewState 封装为一个或几个隐藏的表单域传递到客户端。当用户再次提交网页时,ViewState 也将被提交到服务器端。这样后续的请求就可以获得上一次请求时的状态。

如果网页上的控件很多,则 Viewstate 信息相应地多,将影响网站的性能和用户感受。因此,如果没有必要维持状态,可以设置 EnableViewState="false"来禁用 ViewState。

例如,禁用控件 GridView 的 ViewState 的代码如下:

<asp:GridView ID="GridView1" runat="server" EnableViewState="False"></asp:GridView>

又如，禁止整个网页的 ViewState 的代码如下：

<%@ Page EnableViewState="false" Language="C#"
AutoEventWireup="true" CodeFile="…. aspx. cs" Inherits="…" %>

注意：ViewState 的另一个作用就是保存一个存于客户端浏览器上的值，只要页面不关闭，这个值就一直存在。比如在某页的 page_load() 中定义了：

ViewState["test"]="abc"；

那么在该页中的任何一个方法中都可以使用 ViewState["test"] 来直接得到值"abc"。在第 14 章图 14-6 中就用到了 ViewState。

习　题　7

一、判断题

1. 只有设置了有效期的 Cookie 信息才会写到客户端硬盘里。
2. Cookie 对象是 HttpCookie 类的对象。
3. ASP.NET 的内置对象是由属于不同命名空间中的某个类派生而来的。
4. Cookie 信息和 Session 信息都保存在客户端。
5. 在整个会话过程中,存储在 Session 对象中的信息不会因为网页的跳转而消失或者变化。

二、选择题

1. 设置 Cookie 有效期,使用的属性是_____。
   A. Timeout　　　　B. Expires　　　　C. Value　　　　D. Count
2. 对象 Application 是_____类的一个实例 。
   A. HttpSessionState　　　　　　　　B. HttpApplicationState
   C. HttpCookie　　　　　　　　　　　D. HttpApplication
3. 定义会话级变量,应使用_____。
   A. Application　　B. Session　　　　C. ViewState　　　D. Cookie
4. 定义页面级变量,应使用_____。
   A. Application　　B. Session　　　　C. ViewState　　　D. Cookie
5. 下列关于 ASP.NET 内置对象的说法中,不正确的是_____。
   A. Application 和 Session 信息都保存在服务器端
   B. Cookie 信息保存在客户端
   C. Session 对象具有 TimeOut 属性
   D. Cookie,Application 和 Session 信息都保存在客户端

三、填空题

1. 使用 ASP.NET 内置的_____对象可以建立网站所有页面共享的信息。
2. 内置对象 Session 是由_____类派生而来的。
3. 使用 ASP 内置的_____对象,可以建立或修改客户端的 Cookie 信息。
4. 使用 ASP 内置的_____对象,可以获取客户端的 Cookie 信息。
5. 网站新用户上线,将执行 Global.aspx 中_____事件过程。

实验 7　HTTP 状态信息管理

（访问 http://www.wustwzx.com/Default.aspx）

一、实验目的

1. 掌握 Cookie 信息的建立与使用方法；
2. 掌握 Session 信息的建立与使用方法；
3. 掌握 Application 信息的建立与使用方法；
4. 掌握在线人数统计页面的设计方法。

二、实验内容

1. Cookie 信息的建立与使用。

    【效果演示】访问 http://www.wustwzx.com/sj07_1.aspx，参见例 7.1。

    【知识要点】

    （1）使用 Response.Cookies["v"].Value 建立 Cookie 信息；

    （2）使用 Request.Cookies["v"].Value 获取 Cookie 信息；

    （3）使用 Response.Cookies["v"].Expires 设置有效期。

2. Session 信息的建立与使用。

    【效果演示】访问 http://www.wustwzx.com/sj07_2.aspx，参见例 7.2。

    【知识要点】

    （1）Session.SessionID 属性；

    （2）Session 信息在同一用户的不同页面中共享。

3. Application 信息的建立与使用。

    【效果演示】访问 http://www.wustwzx.com/sj07_3.aspx，参见例 7.3。

    【知识要点】Application 信息在所有用户、不同页面中的共享。

4. 综合应用——在线人数统计。

    【设计方法】参见例 7.4。

    【浏览方法】

    （1）远程访问 http://www.wustwzx.com/sj07_4.aspx 后，再新开一个浏览器窗口并再次访问 http://www.wustwzx.com/sj07_4.aspx，观察在线人数的增加。

    （2）在本机的 VS 中初次按 Ctrl＋F5，浏览器显示在线人数为 1。复制地址栏的 URL 并粘贴在新开的浏览器窗口地址栏里后按回车，则在线人数也会增加。

    【知识要点】

    （1）Global.aspx 保存整个站点设置的代码；

    （2）Session 和 Application 对象的事件；

    （3）用户访问 sj07_4.aspx 页面时，按 F5 刷新不会引起人数的增加；

（4）新开浏览器窗口访问 sj07_4. aspx 所引起的在线人数的增加，是因为有新的 Session 会话。

三、实验小结

（由学生填写，重点写上机中遇到的问题）

第8章 数据源控件和数据绑定控件

VS 2008 工具箱的"数据"选项卡里,提供的 ASP. NET Web 服务器控件,包括数据源控件和数据绑定控件,前者可以使用 Web 控件访问数据库中的数据,后者可以显示和操作 ASP. NET 网页上的数据。利用这些控件,能实现丰富的数据检索和修改功能,其中包括查询、排序、分页、筛选、更新、删除以及插入等。

- 掌握数据源控件的使用;
- 掌握数据绑定控件的使用;
- 掌握定制数据绑定列与模板(列)的使用;
- 掌握 Repeater 控件与 GridView 等控件的用法区别。

图 8-1 VS 2008 的数据源控件与数据绑定控件

8.1 数据源控件概述

数据源控件是管理连接到数据源以及读取和写入数据等任务的 ASP. NET 控件。数据源控件不呈现任何用户界面,而是充当特定数据源(如数据库、业务对象或 XML 文件)与 ASP. NET 网页上的其他控件之间的中间方。VS 2008 提供的数据源控件与绑定控件如图 8-1 所示。

注意:从工具箱向 Web 窗体拖数据源控件和数据绑定控件时,应将 VS 2008 置于"拆分"模式(在 VS 2008 之前的版本不具有拆分模式),以便实现可视化的操作。因为在"源"模式下,不会出现进一步操作的向导(也不能使用控件的智能按钮)。

8.1.1 数据源控件 SqlDataSource

1. 选择数据源的种类

利用控件 SqlDataSource 可以连接多种数据源,常用连接 SQL Server、Oracle 和 Access 等数据库,因为在配置控件的数据源时有一步是选择数据源的种类,如图 8-2 所示。

注意:SqlDataSource 控件并不只是连接 SQL Server 数据库的控件,它可以连接多种数据库(源)。

2. 创建与 SQL Server 数据库的连接

因为登录 SQL Server 数据库有两种方式,一种是"使用 Windows 身份验证",另一种是使用"SQL Server 身份验证",因此,连接字符串与 SQL Server 软件的安装模式有关,如图 8-3 所示。

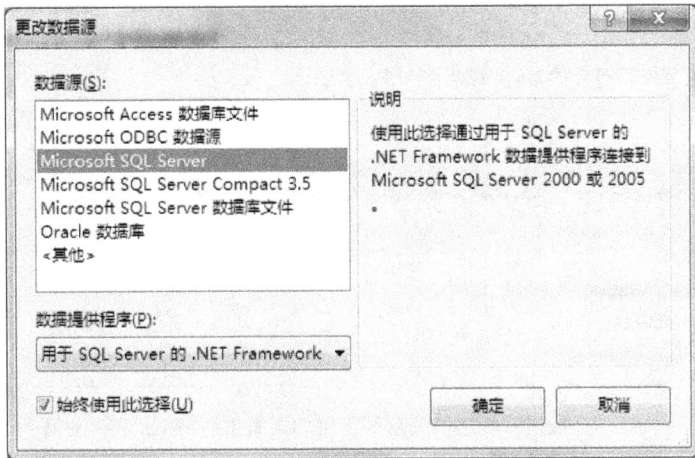

图 8-2　VS 2008 的数据源种类选择

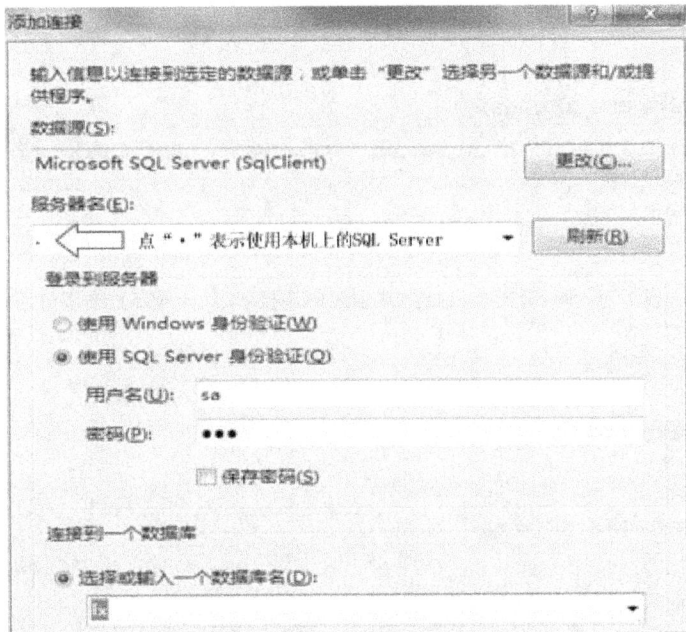

图 8-3　创建与 SQL Server 数据库的连接

　　配置数据源的最后一项工作是询问是否将连接字符串保存在网站配置文件里,如图 8-4 所示。

　　注意:如果 SQL Server 在安装时采用 SQL Server 验证,而连接时采用 Windows 验证,则在本机 VS 环境中可以浏览,但发布到 IIS 站点中浏览时会出现错误。因此,连接 SQL Server 数据库要注意连接方式与安装 SQL Server 时的验证方式一致。

　　3. 使用 SqlDataSource 控件连接 SQL Server 数据库的连接字符串

　　创建与 SQL Server 数据库的两种连接方式对应的字符串分别如图 8-5 和图 8-6 所示。

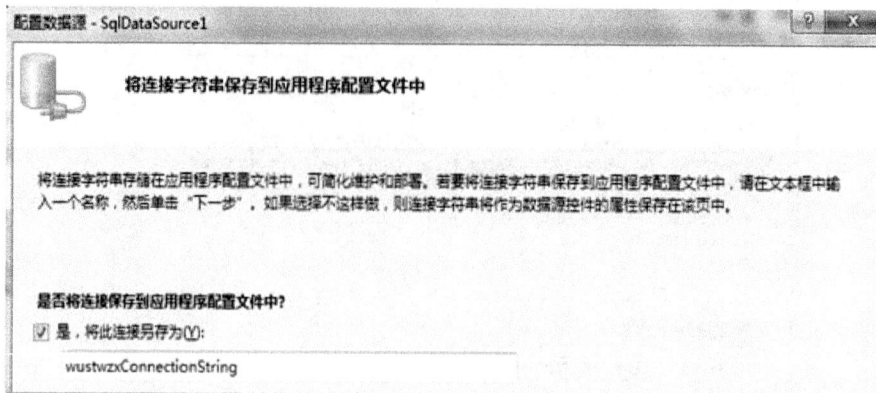

图 8-4　将数据库的连接信息写入网站配置文件 Web.Config 里

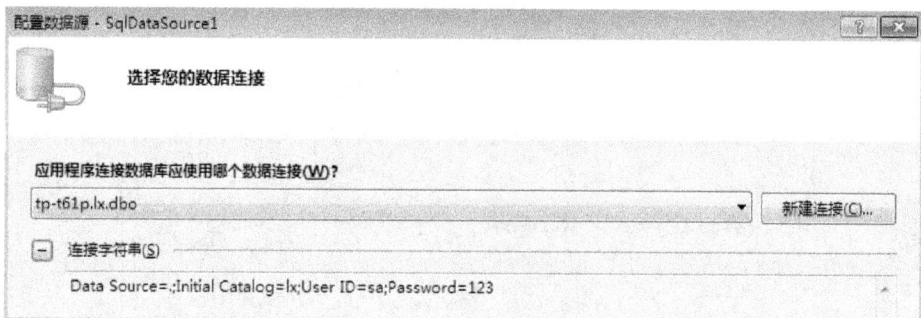

图 8-5　以 SQL Server 身份验证方式创建的连接 SQL Server 数据库的字符串

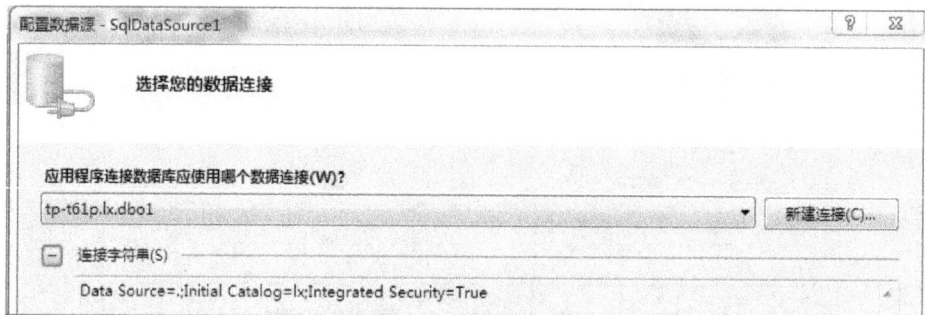

图 8-6　以 Windows 身份验证方式创建的连接 SQL Server 数据库的字符串

注意：

（1）Data Source 表示数据库服务器名称，其中"."表示本机上的数据库服务器，可以用"local"代替；

（2）Initial Catalog 表示数据库的名称；

（3）SQL Server 身份验证必须使用 User ID 和 Password 两个参数；

（4）新建 SqlDataSource 数据源，其连接字符串可以通过勾选后保存至网站的 Web.config 文件中的
＜connectionStrings＞节点内，而 AccessDataSource 数据源没有此功能；

（5）连接字符串有多种等效的写法，参见 9.2 节。

4. SqlDataSource 控件的设计视图与控件代码

创建数据源控件后,在页面中产生的控件代码如图 8-7 所示。

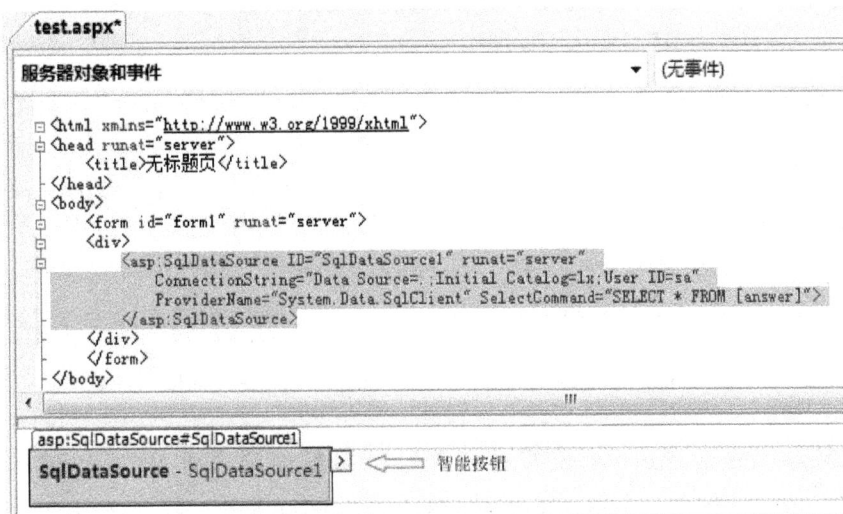

图 8-7　SqlDataSource 控件的设计视图与控件代码

注意:

(1) ConnectionString 属性称为连接数据库的连接字符串;

(2) ProviderName 属性指出了数据提供者的命名空间,参见 9.1.1 节;

(3) SelectCommand 属性是查询数据库的 SQL 命令;

(4) 纯命令(编程)方式访问数据库,参见第 9 章。

8.1.2　数据源控件 AccessDataSource

AccessDataSource 控件继承于 SqlDataSource 控件,专门用于快速连接文件型的 Access 数据库,其主要差别是使用 DataFile 属性(代替了 SqlDataSource 的 ConnectionString 属性),直接以文件地址的方式连接 Access 数据库,并且 DataFile 属性可以在页面的后台代码中指定(参见第 9 章)。AccessDataSource 控件的代码如图 8-8 所示。

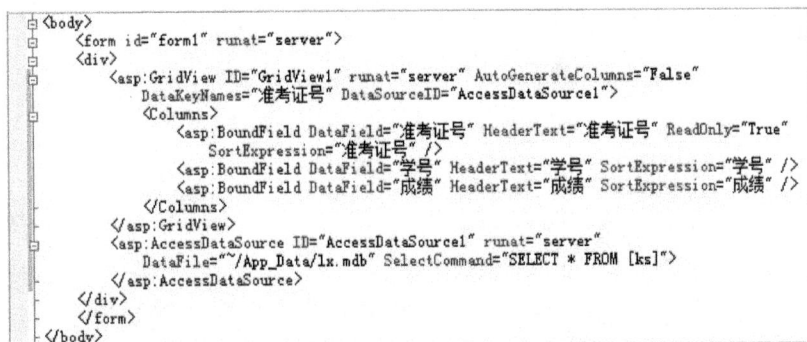

图 8-8　AccessDataSource 控件的示例代码

推荐将要访问的 Access 数据库文件存放在网站根目录的 App_Data 文件夹中,这是因为 ASP.NET 设置该文件夹不允许客户端访问,即保护了数据库文件被下载。

注意:连接一个设有密码的 Access 数据库,必须使用 SqlDataSource 控件。否则,使用 AccessDataSource 控件时,则在浏览时会报错,其错误信息如图 8-9 所示。

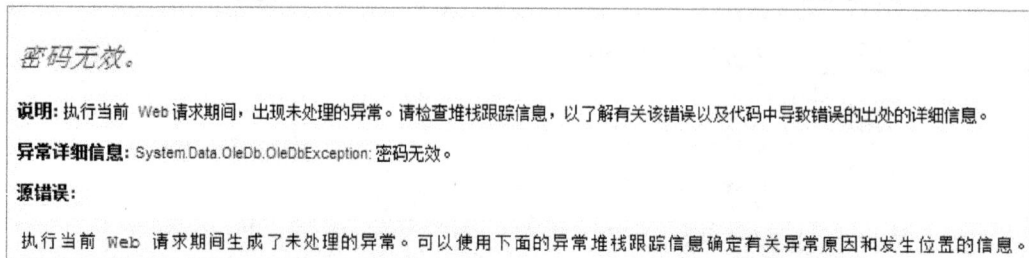

密码无效。

说明:执行当前 Web 请求期间,出现未处理的异常。请检查堆栈跟踪信息,以了解有关该错误以及代码中导致错误的出处的详细信息。

异常详细信息:System.Data.OleDb.OleDbException: 密码无效。

源错误:

执行当前 Web 请求期间生成了未处理的异常。可以使用下面的异常堆栈跟踪信息确定有关异常原因和发生位置的信息。

图 8-9　使用 AccessDataSource 控件连接 Access 数据库在浏览时的错误提示

8.1.3　网站上传后 Access 数据库文件路径问题的解决方案

本地开发访问 Access 数据库的页面,其控件代码"DataFile=~/App_Data/lx.mdb"在网站上传至远程服务器后可能出现数据库路径解析错误,从而导致不能正常浏览。

图 8-10 给出了解决方案,其操作步骤如下:

(1) 在站点新建一个窗体页面,命名为 fw.aspx,并选择代码隐藏页模型;

(2) 在页面中添加数据源控件 AccessDataSource;

```
GridView1.aspx

服务器对象和事件                                              (无事件)

<%@ Page Language="C#" %>
<script runat="server">
    protected void Page_Load(object sender, EventArgs e)
    {    this.AccessDataSource1.DataFile = Server.MapPath(@"App_Data\lx.mdb"); }
</script>
<html xmlns="http://www.w3.org/1999/xhtml">
<head runat="server">
    <title>使用GridView控件显示Access数据库中的表</title>
</head>
<body>
    <form id="form1" runat="server">
    <asp:GridView ID="GridView1" runat="server" AllowPaging="True"
        AutoGenerateColumns="False" CellPadding="4" DataKeyNames="学号"
        DataSourceID="AccessDataSource1" ForeColor="#333333" GridLines="None"
        PageSize="8">
        <RowStyle BackColor="#F7F6F3" ForeColor="#333333" />
        <Columns>
            <asp:BoundField DataField="学号" HeaderText="学号" ReadOnly="True"
                SortExpression="学号" />
            <asp:BoundField DataField="姓名" HeaderText="姓名" SortExpression="姓名" />
            <asp:BoundField DataField="性别" HeaderText="性别" SortExpression="性别" />
            <asp:BoundField DataField="身份证号" HeaderText="身份证号" SortExpression="身份证号" />
            <asp:BoundField DataField="级别" HeaderText="级别" SortExpression="级别" />
            <asp:BoundField DataField="班级" HeaderText="班级" SortExpression="班级" />
        </Columns>
        <FooterStyle BackColor="#5D7B9D" Font-Bold="True" ForeColor="White" />
        <PagerStyle BackColor="#284775" ForeColor="White" HorizontalAlign="Center" />
        <SelectedRowStyle BackColor="#E2DED6" Font-Bold="True" ForeColor="#333333" />
        <HeaderStyle BackColor="#5D7B9D" Font-Bold="True" ForeColor="White" />
        <EditRowStyle BackColor="#999999" />
        <AlternatingRowStyle BackColor="White" ForeColor="#284775" />
    </asp:GridView>
    <asp:AccessDataSource ID="AccessDataSource1" runat="server"
        DataFile=""
        SelectCommand="SELECT [学号], [姓名], [性别], [身份证号], [级别], [班级] FROM [cet46_bmb]">
    </asp:AccessDataSource>
    </form>
</body>
</html>
```

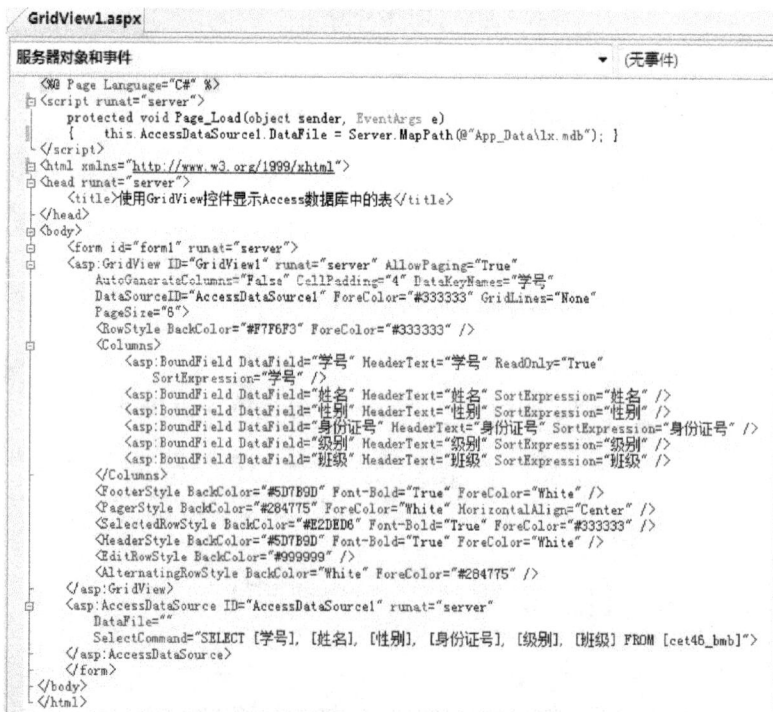

图 8-10　网站上传后 Access 路径问题解决方案

（3）在页面的＜script runat＝server＞…＜/script＞内增加事件过程代码：

```
Protected void Page_Load(object sender,EventArgs e)
    { this.AccessDataSource1.DataFile= Server.MapPath(@ "App_Data\lx.mdb");}
```

（4）右键网站名称,选择"网站发布",然后发布到 IIS 站点中的虚拟目录(命名为 aa)；

（5）打开浏览器,在地址栏输入 http://localhost/aa/fw.aspx 即可浏览。

注意：

（1）本例使用的是单页代码模型,即将分离代码模型中的.aspx.cs 页面的 Page_Load()事件过程放置到.aspx 页面的开头,并通过＜script runat=" server">定义服务器端执行的脚本；

（2）在控件代码中,DataFile 属性值设置为空字符串；

（3）在服务器端脚本 Page_Load()事件过程里对 DataFile 属性赋值语句：

　　　　AccessDataSource1. DataFile＝Server. MapPath(@" App_Data\lx. mdb");

中的"@"是必须的,它表示后面的引号中的字符就是字符本身,不会解释为转义含义字符；

（4）要显示查询数据库表的内容,还需要数据绑定控件(如 GridView 等)的配合。

8.2　GridView 数据绑定控件

GridView 是 VS 2008 新推出的功能强大的数据绑定控件,它代替了先前的 DataGrid 控件。

注意：虽然在工具箱里没有 DataGrid,但仍然可以通过写控件代码的方式使用。

8.2.1　分页显示数据表

使用 GridView 控件实现分页显示,需要在该控件的属性窗口同时设置两个属性：AllowPaging=" True "(表示允许分页)和 PageSize(每页记录数,默认值为 10),如图 8-11 所示；其他的 GridView 任务如图 8-12 所示。

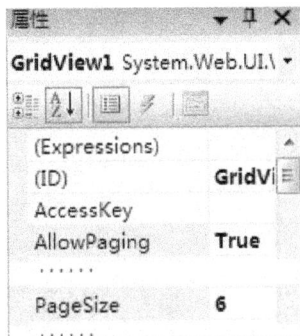

图 8-11　与分页相关的两个属性　　　　图8-12　GridView 任务

使用 GridView 控件设计时应在"拆分"模式下进行。使用数据控件,会隐含调用某个数据源控件。ASP. NET 开发中,使用本控件可以方便地实现以表格形式显示数据。而在 ASP 中,以表格形式显示数据表,需要编程才能实现分页的浏览效果。GridView 控件的分页效果如图 8-13 所示。

图 8-13　GridView 控件的分页浏览效果

8.2.2　数据记录的编辑与删除

GridView 控件具有编辑数据表与删除记录的功能,但要求数据表已经设置了某个主键。

下面通过一个例子说明 GridView 控件的编辑与删除功能的使用。

注意:在使用 GridView 控件的编辑功能时,主键字段(学号)是不可编辑的。

【例 8.1】　GridView 控件的编辑与删除功能的使用。

【设计方法】

(1) 新建窗体页,命名为 sj08_1.aspx,选择代码隐藏页模型。

(2) 向窗体添加一个 GridView 控件,在设计窗口中单击控件对象的智能按钮,在"选择数据源"下拉列表框中选择"新建数据源",设置数据源为 App_Data\lx.mdb 中的 cet46_bmb 表,如图 8-14 所示。

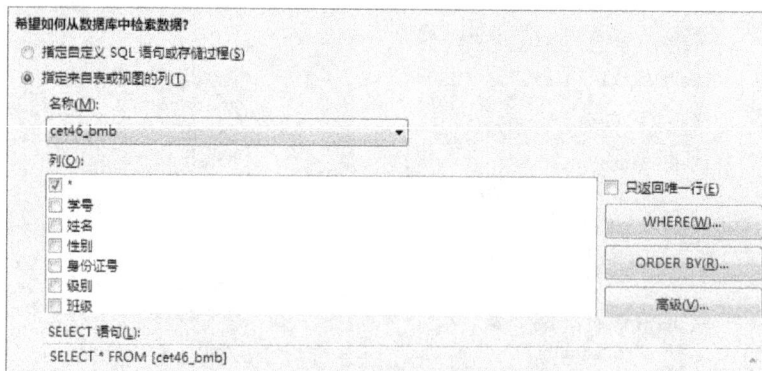

图 8-14　为 GridView 控件新建数据源

(3) 单击"高级"命令按钮,出现如图 8-15 所示的对话框,用于添加另外的 SQL 语句。

(4) 勾选第一项后,单击"确定"按钮。页面的设计效果如图 8-16 所示。

(5) 在设计窗口中,单击控件对象 GridView1 的智能按钮,勾选"启用分页"、"启用编辑"和"启用删除"。操作如图 8-17 所示。

图 8-15　为 GridView 控件添加删除和更新功能

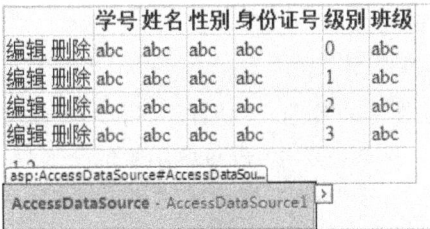

图 8-16　含有删除和编辑功能的
　　　　　GridView 控件的设计视图

图 8-17　GridView 控件的 GridView 任务

（6）在设计窗口中,右键 GridView1,在属性窗口中设置分页属性 PageSize 的值为 4。

（7）在 Windows 7 计算机上,使用 VS 的 GridView 控件实现对 Access 数据库的更新和删除功能,应修改与 GridView 控件相关的数据源控件的代码。否则,浏览页面执行更新和删除功能时将出现如图 8-18 所示的错误信息。

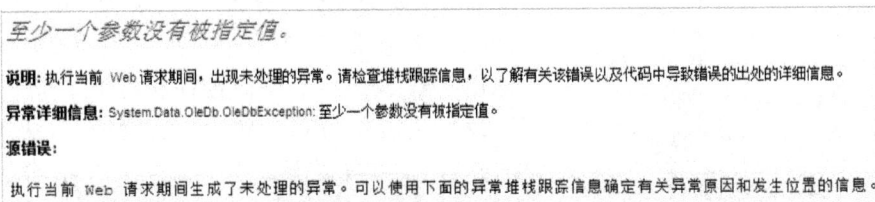

图 8-18　执行 GridView 控件的删除和更新功能时的出错信息

解决办法是删除与 GridView 控件相关的数据源控件代码中的 DeleteCommand 和 UpdateCommand 命令中的划线部分(它们是产生浏览错误的原因),如图 8-19 所示。

```
<asp:AccessDataSource ID="AccessDataSource1" runat="server"
    DataFile="~/App_Data/lx.mdb"
    DeleteCommand="DELETE FROM [cet46_bmb] WHERE (([学号] = ?) OR ([学号] IS NULL AND ? IS NULL))"
    ......
    UpdateCommand="UPDATE [cet46_bmb] SET [性别] = ?, [姓名] = ?, [身份证号] = ?, [级别] = ?, [班级] = ?
                WHERE (([学号] = ?) OR ([学号] IS NULL AND ? IS NULL))">
    ......
```

图 8-19　修改 VS 2008 使用 GridView 控件访问 Access 数据库产生的问题代码

注意:

(1) 在 Windows 7 中会产生上面的问题,而在 Windows XP 计算机上则不会产生上面的问题。

(2) 访问 SQL Server 数据库,则不会产生上面的问题。

(8) 按 Ctrl+F5 浏览页面,其效果如图 8-20 所示。

学号	姓名	性别	身份证号	级别	班级
200208139117	李哪	女	150***********0663	6	建筑0204
200208139125	陈丽	女	440***********7842	6	建筑0206
200208139142	冯彪	男	510***********1931	4	建筑0206
200208139146	马天生	男	441***********2250	4	建筑0206

1 2

图 8-20　GridView 控件的编辑与删除效果

8.2.3　选择列与显示主从表

有时,一个数据控件中的内容依赖于另一个控件中的数据。在实际项目中,经常使用主表与从表。例如,"学生"表对应学生的个人信息,而"成绩"表对应于学生各门课程的考试成绩,两个表显然具有主从关系。当选择了主表中的某条记录后,其相应的信息从另一个从表中显示。

在主表中产生"选择"列的方法是:在设计视图中,单击 GridView 控件的智能按钮,勾选"启用选定内容"(参见图 8-17)。

【例 8.2】　在同一页面同时具有主从关系的两个表。

【设计方法】新建窗体页,命名为 sj08_2.aspx,选择代码隐藏页模型,分别向窗体增加两个 AccessDataSource 数据源控件和两个 GridView 控件,设置主表作为 GridView1 的数据源,从表作为 GridView2 的数据源。在 GridView1 中增加选择列,页面的设计视图如图 8-21 所示。

图 8-21　页面的设计视图

为了建立两个 GridView 控件之间的关联关系,需要进一步配置 GridView2 的数据源。单击 Select 语句配置中的"WHERE(W)..."按钮,如图 8-22 所示。

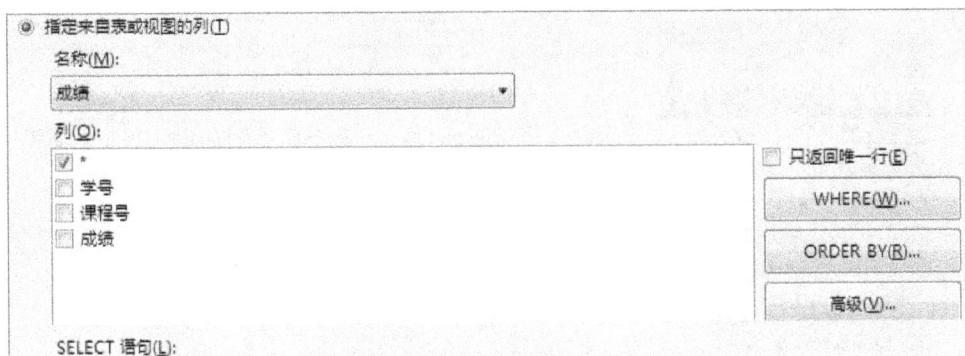

图 8-22 配置数据源的 Select 语句

在列的下拉列表框中选择"学号"(两表的联系字段),在源的下拉列表中选择"Control"(表示控件),在参数属性的下拉列表框中选择"GridView1",最后单击"添加"按钮。如图 8-23 所示。

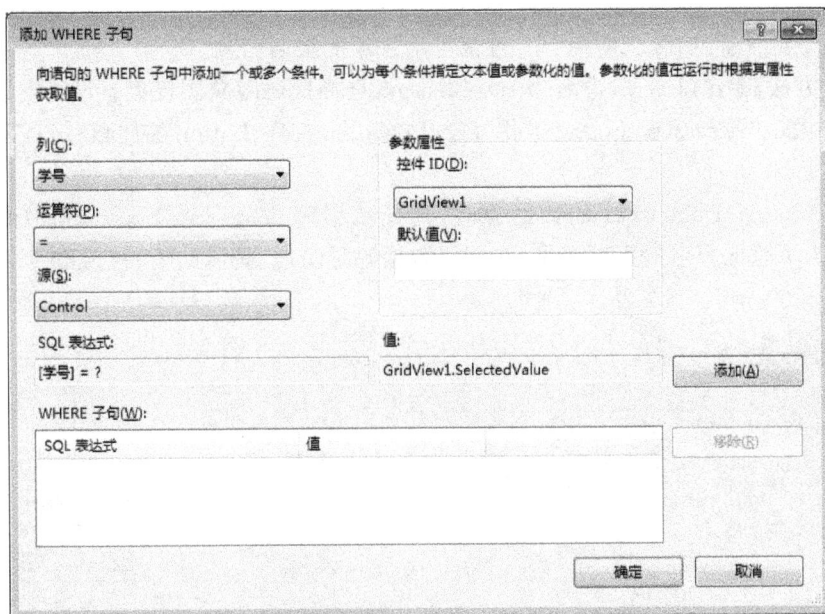

图 8-23 在 WHERE 语句中使用控件参数

按 Ctrl+F5 浏览,页面的浏览效果如图 8-24 所示。

注意:按上面方法配置 Select 语句后,会在 AccessDataSource2 中添加如下的控件代码:

```
<SelectParameters>
    <asp:ControlParameter ControlID="GridView1" Name="学号"
        PropertyName="SelectedValue" Type="String"/>
</SelectParameters>
```

图 8-24　在同一页面中显示
主从表的浏览效果

图 8-25　页面的设计视图

【例 8.3】　控件的级联使用——查询英语各级的报名信息。

【设计方法】新建窗体页，命名为 sj08_3.aspx，选择代码隐藏页模型。设置窗体为拆分模式后依次添加 AccessDataSource 控件、DropDownList 控件、Button 控件和 GridView 控件，如图 8-25 所示。

配置 AccessDataSource1 的数据源时，选择数据库 App_data\lx.mdb 中的 cet46_bmb 表。为了获取报名的不同级别，在配置数据源时勾选"只返回唯一行（E）"，如图 8-26 所示。

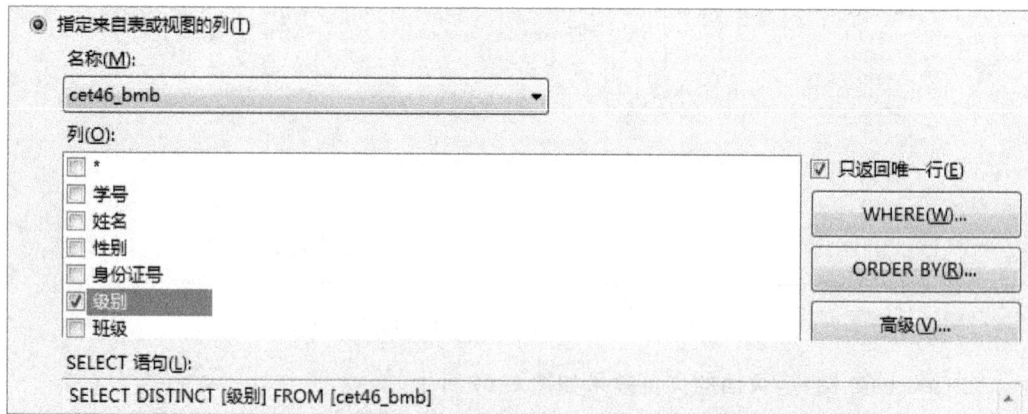

图 8-26　配置数据源中的 Select 语句

在设计窗口中，单击 DropDownList1 的智能按钮，再设定 AccessDataSource1 作为 DropDownList1 的数据源，如图 8-27 所示。

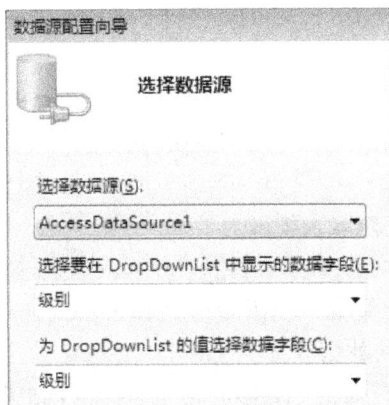

图 8-27　设置 DropDownList 控件的数据源

图 8-28　页面的浏览效果

在设计窗口中,单击 GridView1 的智能按钮,在选择数据源下拉列表框中选择"新建数据源",在配置 Select 语句时,通过单击"WHERE(W)..."命令按钮,引用 DropDownList1 中的操作参数实现控件的关联(参见例 8.2)。

按 Ctrl＋F5 浏览,页面的浏览效果如图 8-28 所示。

注意:

(1) 上面的 Button1 没有设置 PostBackUrl 属性,产生页面自身回传(刷新);

(2) 本例是纯控件方式实现的,也能通过编写后台代码方式实现(参见第 9 章)。

8.2.4　定制数据绑定列

GridView 为开发人员提供了灵活的列定制功能,如增加复选框列、显示图像列等。在使用该功能时,需要设置属性 AutoGenerateColumns 值为 False。常用的数据绑定列类型如下。

* BoundField:普通文本列,有 DataField 和 HeaderText 两个主要属性。并且,DataField 是必填属性,而 HeaderText 是任选属性。

* ImageField:图像列,有 DataField,HeaderText 和 DataImageUrlField 三个主要属性。

* HyperLinkField:超链接列,有 DataTextField 和 DataNavigateUrlFields 两个主要属性(不同于普通文本列),使用 DataNavigateUrlFields 属性可以实现超链接,如图 8-29 所示。

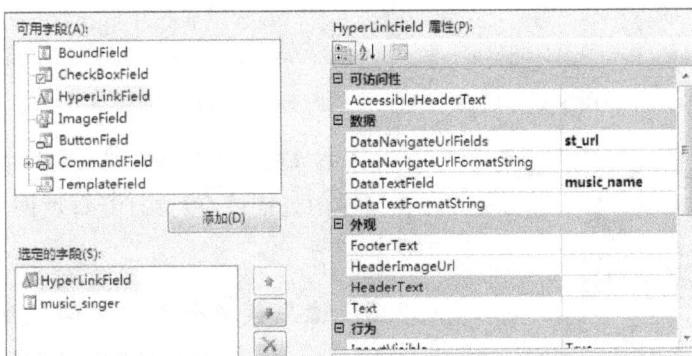

图 8-29　GridView 控件的 HyperLinkField 字段的使用

● ButtonField:按钮列,有 DataField,HeaderText,CommandType 和 CommandName 四个主要属性。

● TemplateField 模板列:以模板的形式自定义数据列,使用方法参见 8.2.5 小节。

【例 8.4】 定制数据绑定列——使用 HyperLinkField 列对字段做超链接。

【设计方法】

(1)新建窗体页,命名为 sj08_4.aspx,选择代码隐藏页模型。

(2)向窗体添加一个 AccessDataSource 控件和一个 GridView 控件。设置 AccessDataSource1 的数据源为 App_Data\lx.mdb 中的 music 表,在配置 select 语句时选择 music_singer,music_name 和 st_url 三个字段。选择 GridView1 的数据源为 AccessDataSource1。

(3)在设计窗口中单击 GridView1 的智能按钮,勾选"启用分页"。右键 GridView1 并选择属性,在属性窗口中设置分面属性 PageSize 的值为 4。

(4)在设计窗口中单击 GridView1 的智能按钮,选择"编辑列"。在"可用字段"列表框中选择"HyperLinkField"并单击"添加"命令按钮。单击"选定的字段"列表框中的"HyperLinkField",在"DataNavigateUrlField"文本框里输入"st_url"(表中歌曲的试听地址字段),在"DataTextField"下拉列表框中选择"music_name"字段。删除原来的 music_name 列,定制数据绑定列的操作如图 8-30 所示。

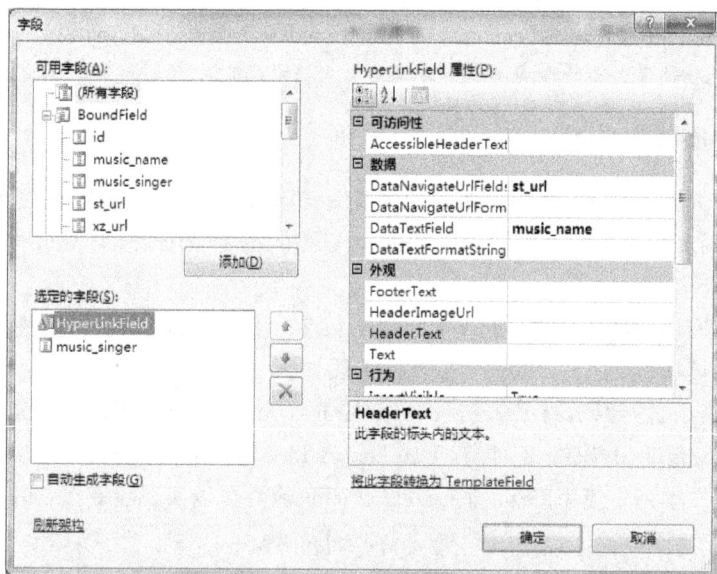

图 8-30　在 GridView 中使用 HyperLinkField 列

图 8-31　页面的浏览效果

(5)按 Ctrl＋F5 浏览,其效果如图 8-31 所示。单击其中的超链接,就会打开百度网站播放相应的歌曲。

8.2.5　使用模板列为记录删除做确认

当在 GridView 控件中单击某条记录左边的"删

除"命令按钮,则立即删除该记录(没有任何提示)。实际上,通常在删除某条记录时要进行客户端确认工作。

通过使用模板列可以解决这个问题。模板列(TemplateField)给列显示提供一个模板,在模板中加上自己想要的东西(如添加控件等)。GridView 显示数据,若想使用非默认的格式就可以使用模板列。

【例 8.5】 为 GridView 控件里的删除按钮做确认。

【设计方法】

(1) 新建窗体页,命名为 sj08_5.aspx,选择代码隐藏页模型。

(2) 向窗体添加一个 GridView 控件,选择拆分模式,在设计窗口中单击 GridView1 的智能按钮,新建它的数据源为作者的 SQL Server 数据库服务器(IP 为 114.113.226.134,登录方式是 SQL Server 方式,用户名、密码以及数据库名都是 wustwzx)中的数据库 wustwzx 中的 cet46_bmb 表,如图 8-32 所示。其余步骤与例 8.1 相同。

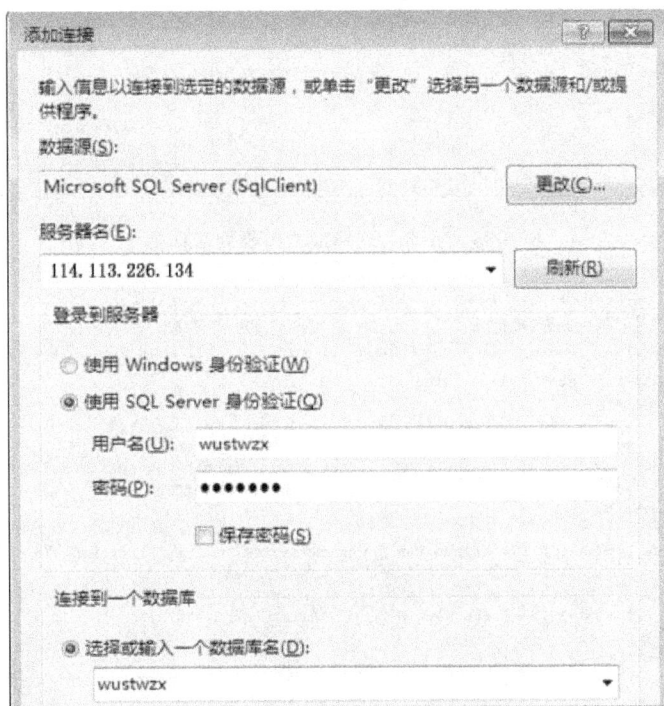

图 8-32 建立 GridView 控件的数据库

(3) 下面是使用模板列的方法。在设计窗口中,单击 GridView1 的智能按钮,单击"编辑列",则出现如图 8-33 所示的对话框。

在对话框的"可用字段"选项中,选择"CommandField",然后单击右下方的"将此字段转换为 TemplateField"命令按钮,转换前后的代码如图 8-34 所示。

(4) 在控件 LinkButton2 里增加实现删除前确认的客户端事件及其响应代码:

OnClientClick=" return confirm('确认删除吗? ');"

图 8-33　将命令列转换为模板列对话框

```
        <asp:CommandField ShowDeleteButton="True" ShowEditButton="True" />
------------------------------------------------------------------------
<asp:TemplateField ShowHeader="False">
    <EditItemTemplate>
        <asp:LinkButton ID="LinkButton1" runat="server" CausesValidation="True"
            CommandName="Update" Text="更新"></asp:LinkButton>
         <asp:LinkButton ID="LinkButton2" runat="server" CausesValidation="False"
            CommandName="Cancel" Text="取消"></asp:LinkButton>
    </EditItemTemplate>
    <ItemTemplate>
        <asp:LinkButton ID="LinkButton1" runat="server" CausesValidation="False"
            CommandName="Edit" Text="编辑"></asp:LinkButton>
         <asp:LinkButton ID="LinkButton2" runat="server" CausesValidation="False"
            CommandName="Delete" Text="删除"></asp:LinkButton>
    </ItemTemplate>
</asp:TemplateField>
```

图 8-34　将命令列转换为模板列前后代码对照

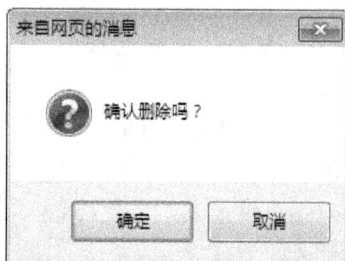

图 8-35　删除前的确认对话框

（5）按 Ctrl＋F5 浏览，当单击删除按钮时，出现如图 8-35 所示的对话框，由浏览者确认。

8.3　ListView 数据绑定控件

8.3.1　配合 DataPager 控件实现分页功能

ListView 控件与 GridView 控件一样，能够显示数据表,但没有分页功能。要实现分页功能,需要借助于辅助控件 DataPager。DataPager 类用于对数据进行分页,具有的两个重要属性是:

- PagedControlID:要分页显示数据的控件(如 ListView 控件);
- PageSize:每页的记录数。

8.3.2 ListView 控件的"增/删/改"功能

ListView 控件除了具有 GridView 控件的编辑和删除功能外,还能追加记录。下面通过一个例子说明 ListView 控件的分页以及"增/删/改"功能的实现。

【例 8.6】 ListView 控件的使用。

【设计方法】

(1) 新建窗体页,命名为 sj08_6.aspx,选择代码隐藏页模型。

(2) 向窗体添加一个 ListView 控件,选择拆分模式,在设计窗口中单击 ListView1 的智能按钮,新建它的数据源为作者的 SQL Server 数据库服务器(IP 为 114.113.226. 134,登录方式是 SQL Server 方式,用户名、密码以及数据库名都是 wustwzx)中的数据库 wustwzx 中的 cet46_bmb 表(参见图 8-33)。

(3) 在设计窗口中,单击 ListView1 的智能按钮,单击"配置 ListView"超链接,设置如图 8-36 所示。其中,样式选择为"彩色型",未勾选"启用分页"。

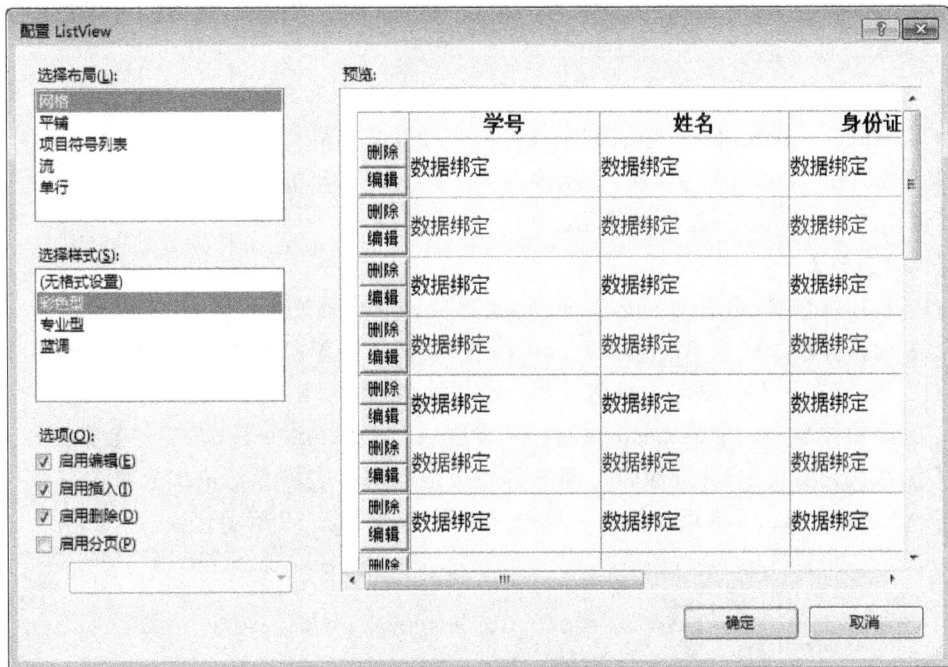

图 8-36 配置 ListView 控件

(4) 按 Ctrl+F5 浏览,页面的浏览效果如图 8-37 所示。

注意:使用插入记录功能时,必须先输入主键字段值,然后再单击"插入"命令按钮。

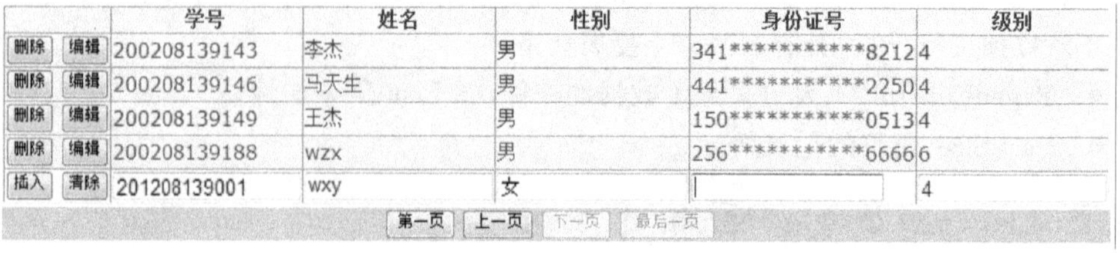

		学号	姓名	性别	身份证号	级别
删除	编辑	200208139143	李杰	男	341**********8212	4
删除	编辑	200208139146	马天生	男	441**********2250	4
删除	编辑	200208139149	王杰	男	150***********0513	4
删除	编辑	200208139188	wzx	男	256***********6666	6
插入	清除	201208139001	wxy	女		4

第一页 上一页 下一页 最后一页

图 8-37　ListView 控件的"增/删/改"效果

*8.4　DetailsView 数据绑定控件

DetailsView 控件以表格形式显示和处理来自数据源的单条记录,其表格只包含两个数据列:一个数据列逐行显示数据列名,另一个数据列显示对应列名相关的数据值。与 GridView 相比,DetailsView 增加了数据插入功能,用法类似(例如需要先配置数据源)。

8.5　Repeater 容器控件与模板的自由设计

Repeater 容器控件与前面介绍的 GridView,ListView 和 DetailsView 控件不同,它没有默认外观,在 ASP.NET 中使用时需要定义控件布局的模板,通常配合表格标记使用。三种模板如下:

- HeaderTemplate:头模板,表示控件列表头的内容和布局;
- ItemTemplate:数据模板,表示控件列表项及其布局;
- FooterTemplate:尾模板,表示控件列表尾的内容和布局。

【例 8.7】　Repeater 控件的使用。

【设计方法】

(1) 新建窗体页,命名为 sj08_7.aspx,选择代码隐藏页模型。

(2) 向窗体增加一个 AccessDataSource 控件,配置数据源为 App_Data\lx.mdb 中的表 cet46_bmb,在 Select 语句中只选择"学号"、"姓名"和"级别"三个字段。

(3) 向窗体添加一个 Repeater 控件,并设置 AccessdataSource1 为它的数据源;

(4) 在代码窗口中,分别编辑上面三种模板的代码。表格标记依次分布在三种模板内,其中 ItemTemplate 模板内使用了数据绑定语法,如图 8-38 所示。

```
<asp:Repeater ID="Repeater1" runat="server" DataSourceID="AccessDataSource1">
    <HeaderTemplate>
        <table border=1>
            <tr align=center><td>学号</td><td>姓名</td><td>级别</td></tr> </HeaderTemplate>
    <ItemTemplate>
        <tr><td><%# Eval("学号") %></td>
        <td><%#Eval("姓名") %></td>
        <td><%#Eval("级别") %></td></tr></ItemTemplate>
    <FooterTemplate>
        </table></FooterTemplate>
</asp:Repeater>
```

图 8-38　Repeater 控件的模板代码

（5）按 Ctrl＋F5 浏览，其效果如图 8-39 所示。

注意：数据模板中的＜％♯ Eval("字段名")％＞表示引用数据源中当前记录的字段值（参见 2.5.4 小节）。

8.6　使用 DataList 控件创建重复列

DataList 控件与前面介绍的 GridView 等数据绑定控件不同的是，它可以创建重复列，在一行上显示多条记录。DataList 控件的两个重要属性如下：

* RepeatColumns：设置/获取重复列的数目；
* RepeatDirection：设置/获取记录的排序方向（水平或垂直），以 Vertical 作为默认值。

学号	姓名	级别
200208139117	李娜	6
200208139171	wzx	4
200208139125	陈丽	6
200208139142	冯彪	4
200208139146	马天生	4
200208139149	王杰	4

图 8-39　页面的浏览效果

```
学号：200208139117  学号：200208139125
姓名：李娜           姓名：陈丽
级别：6              级别：6

学号：200208139142  学号：200208139146
姓名：冯彪           姓名：马天生
级别：4              级别：4

学号：200208139149
姓名：王杰
级别：4
```

图 8-40　页面 sj08_8.aspx 的浏览效果

一个使用 DataList 控件创建重复列的例子，参见页面 http://www.wustwzx.com/sj08_8.aspx，浏览效果如图 8-40 所示。

注意：

（1）DataList 控件与 Repeater 控件一样，没有分页功能。通常，使用 PagedDataSource 类进行页面导航设计，参见 9.5.3 小节。

（2）使用 DataList 控件与 Repeater 控件的其他例子，参见第 16 章鲜花的分页列表显示。

习　题　8

一、判断题

1. 不能使用 SqlDataSource 控件访问 Access 数据库。

2. 所有关于数据库的数据源控件代码中,只含有连接数据库的信息,而没有查询数据表的信息。

3. 访问含有密码的 Access 数据库,只能使用 SqlDataSource 控件。

4. 控件 ListView 和 DetailsView 都能实现对数据表的"增/删/改/查"。

5. DataPager 控件能为所有数据绑定控件增加分页功能。

6. 配置节<connectionStrings>内的<add>标记通过使用 name 属性命名数据库的连接字符串。

7. 只有在拆分模式下,数据(源)控件才能使用智能按钮。

8. 使用 DropDownList 和 GridView 控件时,都可以产生一个数据源控件。

二、选择题

1. 下列控件中,没有默认外观的是_____。
   A. GridView　　　　　B. ListView　　　　　C. DetailsView　　　　　D. Repeater

2. 不以二维表形式显示数据库内容的控件是_____。
   A. GridView　　　　　B. ListView　　　　　C. DetailsView　　　　　D. DataGrid

3. 使用 GridView 控件实现删除数据源记录时必须使用的属性是_____。
   A. GridLines　　　　　　　　　　　　B. AutoGenerateColumns
   C. ForeColor　　　　　　　　　　　　D. DataKeyNames

4. 下列控件中,不能单独使用(即要配合其他控件)的控件是_____。
   A. GridView　　　　　B. ListView　　　　　C. DetailsView　　　　　D. DataPager

5. 控件 GridView 默认使用的数据绑定列类型是_____。
   A. BoundField　　　　　　　　　　　B. HyperLinkField
   C. ButtonField　　　　　　　　　　　D. TemplateField

三、填空题

1. 使用 GridView 控件实现自由分页,需要同时设置 AllowPaging 属性和_____属性。

2. 为 GridView 控件增加删除时的确认,需要先将命令列转换为_____。

3. 新建的数据库连接,保存其连接字符串的默认位置在 Web. config 文件中的_____节点内。

4. 自定义数据绑定控件的显示格式时,应将控件的 AutoGenerateColumns 属性设置为_____。

5. 为了使用 GridView 和 ListView 的更新/删除功能,在配置 Select 语句时应单击
　　_____命令按钮。

6. 数据控件 GridView,ListView 和 Repeater 的列定义包含在成对标记_____内。

7. 在 VS 中,为了查看本站点中数据连接的信息,应使用视图菜单中的_____菜
单项。

8. 使用 GridView 和 ListView 控件编辑数据表时,要求数据表已经设置了_____。

9. 使用 GridView 等控件的_____字段以实现超链接。

实验 8　数据绑定控件的使用

(访问 http://www.wustwzx.com/Default.aspx)

一、实验目的

1. 掌握数据源控件的使用；

2. 掌握 GridView 控件的使用；

3. 掌握 ListView 控件的使用；

4. 掌握定制数据绑定列与模板(列)的使用；

5. 掌握控件 GridView,ListView 和 Repeater 的用法差别；

6. 掌握使用 DataList 控件创建重复列的方法。

二、实验内容

1. 数据源控件与 GridView 控件的使用。

   【效果演示】访问 http://www.wustwzx.com/sj08_1.aspx,参见例 8.1。

   【知识要点】

   (1) 主表与从表；

   (2) 实现分页功能的两个属性：AllowPaging 和 PageSize；

   (3) 编辑与删除功能的实现方法与前提条件(当数据源为 Access 数据库时要注意的问题)；

   (4) 多表连接查询。

2. 在同一页面中显示主表与从表——查询学生信息及其成绩信息。

   【效果演示】访问 http://www.wustwzx.com/sj08_2.aspx,参见例 8.2。

   【知识要点】

   (1) 主表与从表；

   (2) 选择列的产生方法；

   (3) 在配置数据源的 Select 语句时使用控件参数。

3. 控件的级联使用——查询英语各级的报名信息。

   【效果演示】访问 http://www.wustwzx.com/sj08_3.aspx,参见例 8.3。

   【知识要点】

   (1) 在配置数据源时消除重复记录的实现方法；

   (2) 为 DropDownList 控件选择数据源；

   (3) 在配置数据源的 Select 语句时使用控件参数。

4. 定制数据绑定列——使用 GridView 控件的 HyperLinkField 列设计超链接。

   【效果演示】访问 http://www.wustwzx.com/sj08_4.aspx,参见例 8.4。

   【知识要点】GridView 控件的 HyperLinkField 列。

5. 为 GridView 控件的记录删除做确认。

【效果演示】访问 http://www.wustwzx.com/sj08_5.aspx，参见例 8.5。

【知识要点】

（1）将命令列 CommandField 转换成模板列的方法；

（2）在 Button 控件中定义客户端事件 OnClientClick 的方法。

6. ListView 控件的使用。

【效果演示】访问 http://www.wustwzx.com/sj08_6.aspx，参见例 8.6。

【知识要点】

（1）配合 DataPager 控件实现分页功能；

（2）对数据记录的增/删/改。

7. Repeater 控件的使用。

【效果演示】访问 http://www.wustwzx.com/sj08_7.aspx，参见例 8.7。

【知识要点】

（1）Repeater 控件通过使用模板来显示记录集数据；

（2）模板与表格标记配合使用。

8. DataList 控件的使用。

【效果演示】访问 http://www.wustwzx.com/sj08_8.aspx，参见 8.6 节。

【知识要点】

（1）设置属性 RepeatColumns="2"，创建每行显示两条记录的重复列；

（2）设置属性 RepeatDirection="Horizontal"，实现记录水平排列。

三、实验小结

（由学生填写，重点写上机中遇到的问题）

第9章 使用 ADO.NET 访问数据库

利用 VS 2008 提供的相关控件能够轻松访问数据库。但是,要实现对数据库复杂的操作,则需要 ADO.NET。ADO.NET(ActiveX Data Object.NET)是 Microsoft 公司开发的用于数据库连接的一套组件模型,是 ADO(ActiveX Data Object)的升级版本,是与数据库访问操作有关的对象模型的集合,它基于 Microsoft 的.NET Framework,在很大程度上封装了数据库访问和数据操作的动作。程序员能使用 ADO.NET 组件模型,方便高效地连接和访问数据库。本章学习要点如下:

- 理解 ADO.NET 命名空间;
- 掌握 ADO.NET 提供的访问数据库的五大对象的使用;
- 熟练掌握在后台代码中连接数据库的不同写法;
- 熟练掌握在后台代码中对 GridView,Repeater 等数据控件编程的方法。

9.1 ADO.NET 概述

9.1.1 ADO.NET 的体系结构与对象模型

ADO.NET 组件的表现形式是.NET 的类库,它拥有两个核心组件:.NET Data Provider(数据提供者)和 DataSet(数据结果集)对象,如图 9-1 所示。

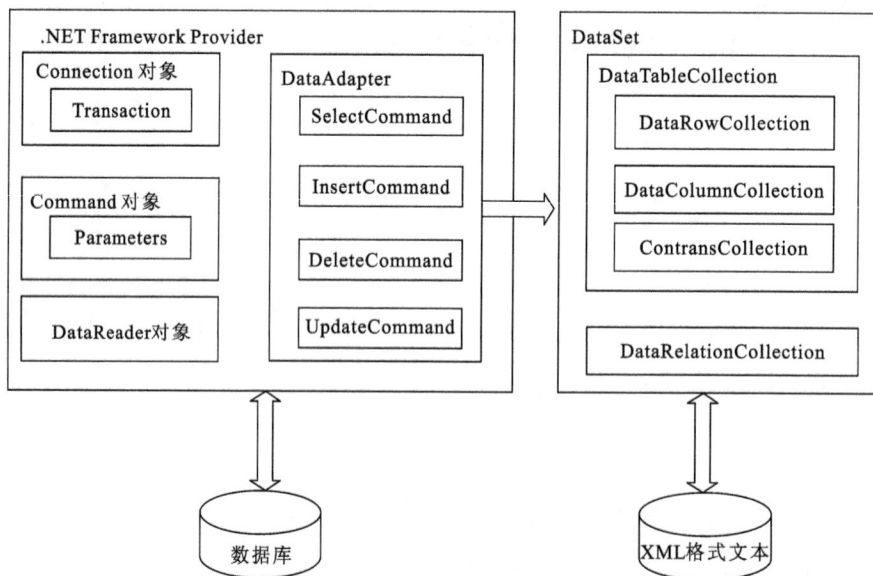

图 9-1 ADO.NET 体系结构

.NET Data Provider 是专门为数据处理以及快速地只进、只读访问数据而设计的组件，包括 Connection，Command，DataReader 和 DataAdapter 四大类对象；DataSet 对象是数据的内存驻留表示形式，是支持 ADO.NET 的断开式、分布式数据方案的核心对象。

注意：ADO.NET 增加了对 XML 的支持（即能读写 XML 文件）；ADO.NET 包括五大核心对象。

System.Data 命名空间封装了 DataSet 以及相关的一些类，所以在后台数据库编程时，需要引入上述对象（类）的命名空间 System.Data。

System.Data.SqlClient 命名空间封装了用于访问 SQL Server 数据库的 .NET Data Provider；而 System.Data.OleDb 命名空间封装了用于访问其他数据库（如 Access）的 .NET Data Provider。因此，在数据库编程时，要根据数据库的类型选用相应的命名空间。

ADO.NET 对象模型中有 5 个主要的数据库访问和操作对象，分别是 Connection（连接对象）、Command（命令对象）、DataReader（数据读取器对象）、DataAdapter（数据适配器对象）和 DataSet（数据集对象）。

ADO.NET 允许和不同类型的数据源以及数据库进行交互。对于不同的数据源，必须采用相应的协议。传统的数据源使用 ODBC 协议，许多新的数据源使用 OleDb 协议，并且现在还不断出现更多的数据源，这些数据源都可以通过 .NET 的 ADO.NET 类库来进行连接。ADO.NET 提供与数据源进行交互的相关的公共方法，但是对于不同的数据源采用一组不同的类库。这些类库称为 Data Providers，两种主要的数据提供者分别是 SQL Server.NET Provider 和 OLE DB.NET Provider，见表 9-1。

表 9-1　两种主要的数据提供者提供的类名

对象名	OLE DB 数据提供者的类名	SQL Server 数据提供者的类名
Connection 对象	OleDbConnection	SqlConnection
Command 对象	OleDbCommand	SqlCommand
DataReader 对象	OleDbDataReader	SqlDataReader
DataAdapter 对象	OleDbDataAdapter	SqlDataAdapter

Connection 对象主要负责连接数据库，Command 对象主要负责生成并执行 SQL 语句，DataReader 对象主要负责读取数据库中的数据，DataAdapter 对象主要负责在 Command 对象执行完 SQL 语句后生成并填充 DataSet 和 DataTable，而 DataSet 对象主要负责存取和更新数据。

SQL Server.NET Framework 数据提供程序使用它自身的协议与 SQL Server 数据库服务器通信，而 OLEDB.NET Framework 则通过 OLE DB 服务组件（提供连接池和事务服务）和数据源的 OLE DB 提供程序与 OLE DB 数据源进行通信。它们两者内部均有 Connection，Command，DataReader 和 DataAdapter 4 类对象。

对于不同的数据提供者，上述 4 种对象的类名是不同的，而它们连接访问数据库的过程却大同小异。这是因为它们以接口的形式，封装了不同数据库的连接访问动作。由于这两种数据提供者使用数据库访问驱动程序屏蔽了层数据库的差异，所以从用户的角度来看，它们的差别仅仅体现在命名上。

9.1.2 ADO.NET 数据库程序的开发流程

ASP.NET 通过 ADO.NET 开发数据库应用程序,一般分为如下几个步骤:

(1) 利用 Connection 对象创建与数据库的连接。建立与数据库的连接是整个应用程序的第一步。

(2) 利用 Command 对象对数据源执行 SQL 命令。对数据库的操作可分为无返回记录集和有返回记录集两种,前者通常是对数据表执行"增/删/改"命令,后者是对数据表执行 Select 查询命令。

(3) 当有记录集返回时,利用 DataReader 对象读取数据源中的数据。DataReader 对象只能顺序读取数据源中的数据,不能更新数据源中的数据。要完成其他复杂的数据操作,需要使用 DataSet 对象。

(4) 利用 DataAdapter 对象并配合 DataSet 对象,完成数据库的增加/删除/更新等操作。

9.2 使用 Connection 对象连接数据库

连接数据库,显然与数据提供者相关。使用 SQL Server.NET Provider,需要在后台代码的头部引入如下的命名空间:

        using System.Data.SqlClient;   //必须的

若使用 OLE DB.NET Provider,需要在后台代码的头部引入如下的命名空间:

        using System.Data.OleDb;   //必须的

在创建了连接对象后,可以使用连接对象的 Open()方法打开连接,数据库操作完毕后,可以使用 Close()方法关闭连接。

ConnectionString 是连接对象的一个重要属性,其值为连接数据库的相关信息;State 是连接对象的另一个属性,表示当前的状态(连接是否打开)。

9.2.1 使用 SqlConnection 对象连接 SQL Server 数据库

System.Data.SqlClient 完全是为访问 SQL Server 数据库而设计的,相对 SQL Server.NET Provider 而言,能获得更加好的性能。连接 SQL Server 数据库,先定义命名空间,后定义连接字符串。连接字符串的内容随着访问 SQL Server 服务器的方式而略有不同。一般形式如下:

    string   conStr="Data Source=数据库服务器名;Initial Catalog=数据库名;…";

其中参数对(Data Source,Initial Catalog)可用(Server,Dababase)代替,并且当连接本地服务器时第一参数值可以使用"."或 localhost 或(local)。字符串的其余部分与 SQL Server 数据库安装时的验证方式有关。

当使用 Windows 验证方式时,需要在连接字符串中添加参数 Integrated Security=True,表示使用信任连接。例如:

```
string conStr="Data Source=.;Initial Catalog=库名;Integrated Security=True";
SqlConnection myConn=new SqlConnection(conStr);    //创建连接
strcon.Open();   //连接数据库
```

当使用 SQL Server 验证方式时，需要在连接字符串中添加参数对（User ID，Password）或（uid,pwd）。例如，连接作者的 SQL Server 数据库服务器（虚拟主机）中的数据库（库名为 wustwzx）的代码如下：

```
string conStr="Server=114.113.226.134;Database=wustwzx;uid=wustwzx;
  password=wustwzx";
SqlConnection myConn=new SqlConnection(conStr);    //创建连接
myConn.Open();   //打开连接
```

其中，uid、password 分别表示 SQL Server 数据库服务器的用户名和登录密码，并且 password 可简写为 pwd。

注意：

（1）后台的 C#代码中的运算符 new，用于创建 SqlConnection 对象的实例；

（2）访问 MS SQL Server 数据库，必须打开 Windows 的 MS SQL Server 服务。

9.2.2　连接其他数据库

1. 连接 Access 数据库

连接不带密码的 Access 数据库，需要引入的命名空间是：

$$using\ System.Data.OleDb;$$

```
string conStr="Provider=Microsoft.Jet.OLEDB.4.0;Data Source=";
    conStr+=Server.MapPath(@"App_Data\库名.mdb");//设置连接字符串
OleDbConnection myConn=new OleDbConnection(conStr);//创建连接对象
myConn.Open();   //打开连接
//Response.Write("<br>数据库的连接字符串为:"+myConn.ConnectionString);
//Response.Write("<br>数据库的连接状态为:"+myConn.State.ToString());
```

2. 连接 Oracle 数据库

连接 Oracle 数据库与连接 SQL Server 数据库类似，需要引入的命名空间是：

$$using\ System.\ Data.\ OracleClient;$$

即将原来的"Sql"换成了"Oracle"。

【例 9.1】　分别连接 SQL Server 和 Access 数据库。

【设计方法】新建一窗体，命名为 sj09_1.aspx，并选择分离代码模型。分别向窗体添加三个 Button 控件，页面设计效果如图 9-2 所示。

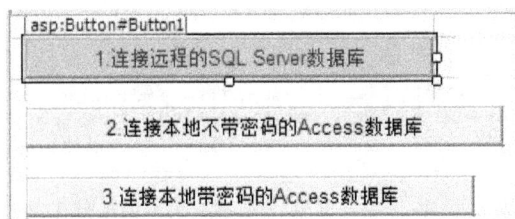

图 9-2　页面的设计效果

双击第一个命令按钮,在其后台代码的事件过程中,输入如图 9-3 所示的代码。

```
using System;
using System.Data.SqlClient;
using System.Data.OleDb;
public partial class sj09_1 : System.Web.UI.Page
{
    protected void Page_Load(object sender, EventArgs e)
    {   }
    protected void Button1_Click(object sender, EventArgs e)
    {
        string conStr = "Data Source=114.113.226.134;Initial Catalog=wustwzx;uid=wustwzx;password=wustwzx";
        SqlConnection myConn = new SqlConnection(conStr);    //创建连接
        try
        {
            myConn.Open();   //打开连接
        }
        catch (Exception ee)
        {
            Response.Write("系统提示: "+ee.Message);
            return;
        }
        Response.Write("<br>数据库的连接字符串为: " + myConn.ConnectionString);
        Response.Write("<br>数据库的连接状态为: " + myConn.State.ToString());
        Response.Write("<br>连接数据库的工作站(客户端计算机名)为: " + myConn.WorkstationId.ToString());
        Response.Write("<br>数据库服务器名(IP)为: " + myConn.DataSource.ToString());
        myConn.Close();//关闭连接
    }
}
```

图 9-3　连接 SQL Server 数据库示例代码

按 Ctrl+F5 并单击第一个命令按钮后,页面的浏览效果如图 9-4 所示。

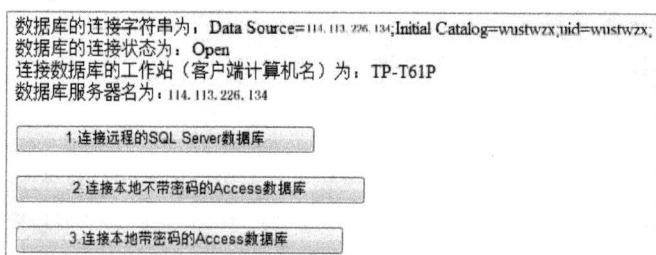

数据库的连接字符串为: Data Source=114.113.226.134;Initial Catalog=wustwzx;uid=wustwzx;
数据库的连接状态为: Open
连接数据库的工作站(客户端计算机名)为: TP-T61P
数据库服务器名为: 114.113.226.134

1.连接远程的SQL Server数据库

2.连接本地不带密码的Access数据库

3.连接本地带密码的Access数据库

图 9-4　页面浏览单击第一个命令按钮时的效果

注意:为了增强程序的健壮性,在打开与数据库的连接时进行了错误捕捉。故意地在连接代码中输入错误的信息(如错误的 IP 或数据库名等),然后再浏览,观察其错误信息。

同样地,可以建立 Button2 的事件过程,如图 9-5 所示。

```
protected void Button2_Click(object sender, EventArgs e)
{
    string conStr = "Provider=Microsoft.Jet.OLEDB.4.0;Data Source=" + Server.MapPath(@"App_Data\lx.mdb");
    OleDbConnection myConn = new OleDbConnection(conStr);
    try
    {
        myConn.Open();
    }
    catch (Exception ee)
    {
        Response.Write("系统提示: " + ee.Message);
        return;
    }
    Response.Write("<br>数据库的连接字符串为: " + myConn.ConnectionString);
    Response.Write("<br>数据库的连接状态为: " + myConn.State.ToString());
    myConn.Close();//关闭连接
}
```

图 9-5　连接不带密码的 Access 数据库示例代码

注意：在连接字符串中，使用了 ASP.NET 内置对象的方法 Server.MapPath() 将数据库的相对路径映射为物理路径。其中前缀符号"@"是必须的。

按 Ctrl＋F5 并单击第一个命令按钮后，页面的浏览效果如图 9-6 所示。

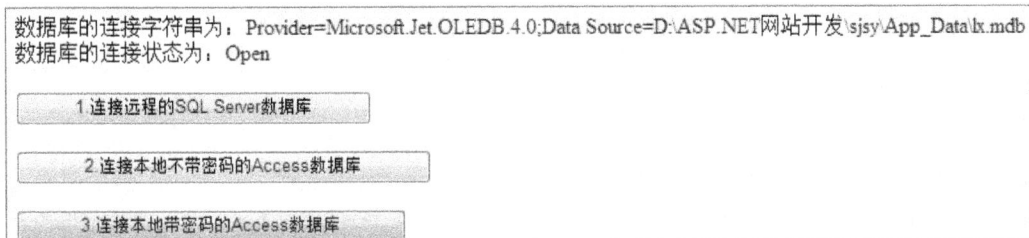

数据库的连接字符串为：Provider=Microsoft.Jet.OLEDB.4.0;Data Source=D:\ASP.NET网站开发\sjsy\App_Data\lx.mdb
数据库的连接状态为：Open

1 连接远程的SQL Server数据库

2.连接本地不带密码的Access数据库

3 连接本地带密码的Access数据库

图 9-6　页面浏览单击第二个命令按钮时的效果

同样地，可以建立 Button3 的单击事件过程，如图 9-7 所示。

```
protected void Button3_Click(object sender, EventArgs e)
{
    string conStr = "Provider=Microsoft.Jet.OLEDB.4.0;Data Source=" + Server.MapPath(@"App_Data\lxp.mdb");
    conStr+=";Jet OLEDB:Database Password=123";
    OleDbConnection myConn = new OleDbConnection(conStr);
    try
    {
        myConn.Open();
    }
    catch (Exception ee)
    {
        Response.Write("系统提示：" + ee.Message);
        return;
    }
    Response.Write("<br>数据库的连接字符串为：" + myConn.ConnectionString);
    Response.Write("<br>数据库的连接状态为：" + myConn.State.ToString());
    myConn.Close();//关闭连接
}
```

图 9-7　连接带密码的 Access 数据库示例代码

注意：与不带密码的 Access 数据库连接相比，访问带密码的 Access 数据库的连接字符串后面多了"Jet OLEDB:Database Password＝密码"。

按 Ctrl＋F5 并单击第一个命令按钮后，页面的浏览效果如图 9-8 所示。

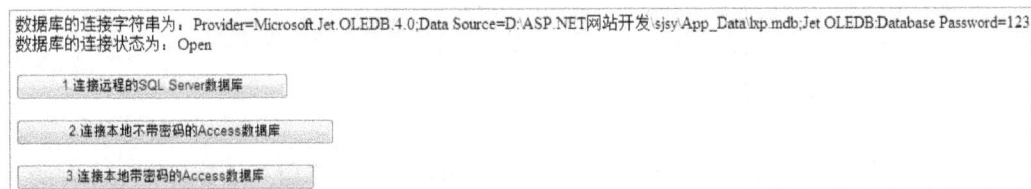

数据库的连接字符串为：Provider=Microsoft.Jet.OLEDB.4.0;Data Source=D:\ASP.NET网站开发\sjsy\App_Data\lxp.mdb;Jet OLEDB:Database Password=123
数据库的连接状态为：Open

1.连接远程的SQL Server数据库

2.连接本地不带密码的Access数据库

3.连接本地带密码的Access数据库

图 9-8　页面浏览单击第三个命令按钮时的效果

9.3　使用 Command 对象查询数据库表

当建立与数据源的连接后，可以使用命令对象 Command 来执行 SQL 查询命令。从本质上讲，ADO.NET 的数据命令就是 SQL 命令或对存储过程的引用，以实现对数据库

（或数据源）的查询、插入、修改、删除等操作。访问 SQL Server 数据库时，建立 Command 实例对象的方法如下：

```
SqlCommand myCmd=new SqlCommand();        //创建实例对象
myCmd.CommandText="SQL 命令";             //命令对象的属性之一
myCmd.Connection=myConn;                   //命令对象的属性之二
```

注意：

（1）上面三条语句的等价写法是 SqlCommand myCmd＝new SqlCommand("SQL 命令",myConn)。

（2）访问 Access 数据库时，相应的命令对象使用 OleDbCommand。

（3）存储过程是一种特殊的数据库命令，它把多个命令（SQL 语句）集中起来一次性交给数据库并执行，以提高执行效率。使用时要将 Command 对象的 CommandType 属性设置为 StoredProcedure。

Command 对象的常用方法与属性如下：

● ExecuteNonQuery()方法：执行 CommandText 属性指定的内容，可以实现记录的添加、删除和更新，返回被影响的行数；

● ExecuteReader()方法：执行 CommandText 属性指定的内容，并创建 DataReader 对象；

● ExecuteXmlReader（）方法：执行 CommandText 属性指定的内容，并返回 XmlReader 对象；

● Parameters 属性：使用本属性和表示 Command 对象的参数的 Parameter 对象实现参数化查询（常用于增加记录），参见 16.3.2 小节的留言簿页面和 16.3.3 小节的增加鲜花页面。

9.3.1　Insert/Delete/Update 操作查询

操作查询是指对数据库（或数据源）的增加、删除和修改，实现步骤是：

● 建立与数据库的连接；

● 建立正确的操作查询字符串；

● 创建 Command 对象；

● 使用 Command 对象的相关方法（如 ExecuteNonQuery()方法）。

注意：与下面的选择查询相比，操作查询不返回记录集，但返回操作的记录数目。

9.3.2　Select 选择查询

Select 选择查询是指 Command 对象的 CommandText 属性值为通常的 Select 命令，执行查询命令的结果是返回一个记录集（内存中的虚拟表），需要配合其他相关对象进行显示等工作，参见 9.4.1 小节和 9.4.2 小节。

9.4　读取记录集

执行 Select 查询命令的结果是产生记录集，读取记录集有持久连接与断开式连接两种方式，下面分别讨论。

9.4.1　使用 DataReader 读取数据

数据读取器对象 DataReader 用于从数据源中检索只读、只进的数据流,且在内存中始终只有一行。要创建 DataReader 对象,必须调用 Command 对象的 ExecuteReader() 方法。当访问 SQL Server 数据库,创建 DataReader 的实例对象的格式如下:

```
SqlDataReader dr=myCmd.ExecuteReader();//myCmd 为命令对象的实例
```

DataReader 对象的主要方法与属性如下:

- Read():读取一条(行)记录;
- FieldCount 属性:字段个数。

【例 9.2】　DataReader 对象的使用。

【设计目标】显示作者的 SQL Server 数据库 wustwzx 中的 ks 表,浏览效果如图 9-9 所示。

【设计方法】新建一窗体,命名为 sj09_2.aspx,并选择分离代码模型。打开后台代码文件,输入如图 9-10 所示的代码。

考试成绩表			
序号	准考证号	姓名	成绩
1	0101	张三	85
2	0102	李四	70
3	0103	王五	58

图 9-9　页面浏览效果

```csharp
using System;
using System.Data.SqlClient;
public partial class sj09_2 : System.Web.UI.Page
{
    protected void Page_Load(object sender, EventArgs e)
    {
        try
        {
            string conStr = "Data Source=114.113.226.134;Initial Catalog=wustwzx;uid=wustwzx;password=wustwzx";
            SqlConnection myConn = new SqlConnection(conStr);    //创建连接
            myConn.Open();  //打开连接

            string cmdText = "Select * from ks";  //查询文本
            SqlCommand myCmd = new SqlCommand(cmdText, myConn);   //查询对象
            SqlDataReader dr = myCmd.ExecuteReader(); //创建逐行数据读取器对象

            int index = 0;  //序号
            string output = "<table border=1><caption>考试成绩表</caption>";
            output += "<tr align=center><td>序号</td><td>准考证号</td><td>姓名</td><td>成绩</td></tr>";
            //以下以表格形式输出查询结果,且是逐行读取方式
            while (dr.Read())
            {
                output += "<tr><td>" + (++index).ToString() + "</td><td>" + dr["准考证号"] + "</td><td>";
                output+=dr["姓名"] + "</td><td>" + dr["成绩"] + "</td></tr>";
            }
            dr.Close(); myConn.Close();
            output += "</table>";
            Response.Write(output);
        }
        catch (Exception ex)
        {
            Response.Write("数据库连接失败: " + ex.Message);
            //从控件面板里关闭SQL Server服务时则会出现此信息。
        }
    }
}
```

图 9-10　页面的后台代码

注意:如果访问 Access 数据库,则数据读取器对象为 OleDbDataReader。

9.4.2　使用 DataSet＋DataAdapter 实现离线方式的数据库查询

前面介绍的 DataReader,要求与数据库一直保持连接,而 DataSet 数据集对象使用无连接传输模式访问数据库,并能在离线的情况下管理存储数据(也称为断开式连接)。

DataSet 对象是 ADO.NET 的核心,是实现离线访问技术的载体。数据集相当于内存中暂存的数据库,不仅可以包括多张数据表(DataTable),还可以包括数据表之间的关系与约束。

DataSet 可以包含多张 DataTable 表,这些 DataTable 构成 TablesCollection 对象。

DataTable 也包含有一个 RowsCollection 对象,它含有 DataTable 中的所有数据。

各个 DataTable 之间的关系通过 DataRelation 来表达,这些 DataRelation 形成一个集合,称为 RelationCollection,它是 DataSet 的子对象。DataRelation 表达了数据表之间的主键与外键关系。

DataTable 对象的常用方法与属性如下(下节将用到):

- NewRow()方法:用于向数据表添加一空行;
- Rows.Add()方法:在设置行值之后,通过 Add()方法将该行添加到 DataRowCollection 中;
- Select()方法:获取所有 DataRow 对象的数组;
- Rows.Count 属性:获取记录总数;
- Rows[i][j]或 Rows[i]["字段名"]:获取某行某个字段值,其中编号从 0 开始编。

DataAdapter 对象与 DataSet 对象配合以创建数据的内存表示,DataAdapter 对象仅仅在需要填充 DataSet 对象时才使用数据库连接,完成操作之后就释放所有的资源(即关闭数据库连接、解除数据库的锁定等)。当访问 SQL Server 数据库时,DataAdapter 对象的创建方法如下:

    SqlDataAdapter da＝new SqlDataAdapter(cmdText,myConn);

使用 DataAdapter 对象做 Select 选择查询时,需要使用的方法及其格式如下:

    Fill(ds,"源表名"); //ds 为 DataSet 实例对象

【例 9.3】 使用 DataAdapter＋DataSet 对象实现对 SQL Server 数据库的选择查询。

【设计方法】新建一窗体,命名为 sj09_3.aspx,并选择分离代码模型。向窗体添加一个 GridView 控件,后台代码如图 9-11 所示。

```
using System;//必须
using System.Data;//必须
using System.Data.SqlClient;//必须

public partial class sj09_3 : System.Web.UI.Page
{
    protected void Page_Load(object sender, EventArgs e)
    {
        string conStr = "Data Source=114.113.226.134;Initial Catalog=wustwzx;uid=wustwzx;password=wustwzx";
        SqlConnection myConn = new SqlConnection(conStr);    //创建连接
        myConn.Open();  //打开连接

        string cmdText = "Select * from ks";   //查询文本
        //本方法并未直接使用Command对象
        SqlDataAdapter da = new SqlDataAdapter(cmdText,myConn); //创建数据适配器实例对象

        DataSet ds = new DataSet();   //创建数据集实例对象
        da.Fill(ds, "ks");   //填充

        GridView1.DataSource = ds.Tables["ks"];   //设置数据源
        GridView1.DataBind();   //数据绑定
    }
}
```

图 9-11 使用 DataAdapter 填充数据集

按 Ctrl＋F5,页面的浏览效果如图 9-12 所示。

注意:

(1) 如果使用 OLE DB 方式连接的 Access 数据库,则 SqlDataAdapter 应换成 OleDbDataAdapter。

(2) 使用 DataSet 或 DataTable 对象,需要引入与数据提供者无关 的命名空间 System.Data。

准考证号	姓名	成绩
0101	张三	85
0102	李四	70
0103	王五	58

图 9-12　页面的浏览效果

(3) 在后台代码中,建立了与数据库的连接、创建数据集并填充后,使用数据绑定控件。

(4) 本方式访问数据库,不需要使用 Command 对象。

【例 9.4】 使用 Command 对象实现对 SQL Server 数据库的操作查询。

【设计目标】显示作者的 wustwzx 数据库中的 ks 表并能进行增/删/改,页面浏览效果如图 9-13 所示。

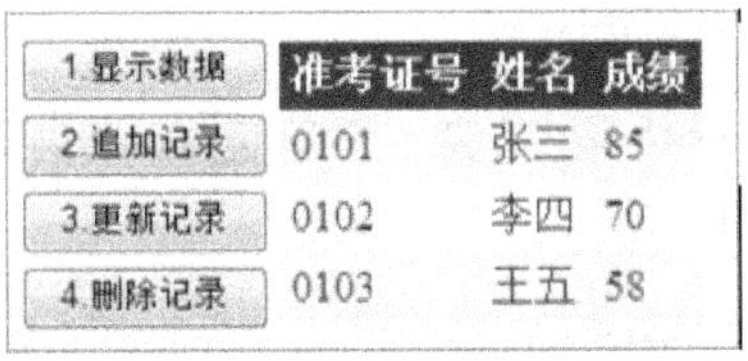

图 9-13　页面浏览并单击第一个命令按钮的效果

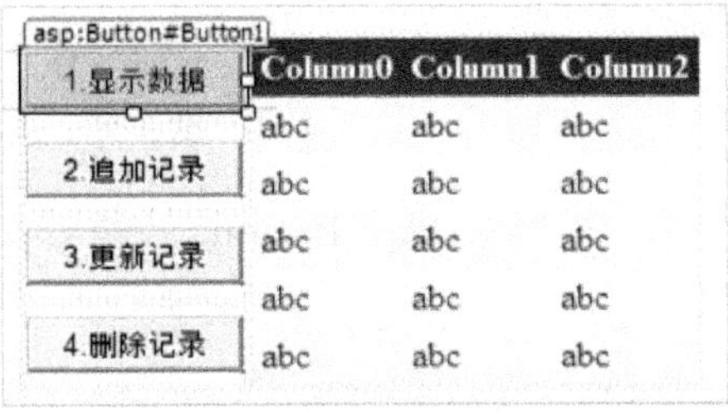

图 9-14　页面的设计视图

【设计方法】新建 Web 窗体,命名为 sj09_4.aspx,并选择分离代码模型。

(1) 选择拆分模式,在页面中新建一个 4×2 的表格,合并第 2 列的 4 个行。

(2) 在表格第 1 列的 4 个单元格,依次添加 4 个 Button 控件,在第 2 列添加 1 个 GridView 控件,设计视图如图 9-14 所示。

(3) 在设计窗口中,双击 Button1 控件对象,打开后台代码窗口,输入相应的事件过程代码,如图 9-15 所示。

```
using System;
using System.Data;
using System.Data.SqlClient;

public partial class sj09_4 : System.Web.UI.Page
{
    protected void Page_Load(object sender, EventArgs e)
    {  }
    protected void Button1_Click(object sender, EventArgs e)  //显示数据表
    {
        string conStr = "Data Source=114.113.226.134;Initial Catalog=wustwzx;uid=wustwzx;password=wustwzx";
        SqlConnection myConn = new SqlConnection(conStr);   //创建连接
        myConn.Open(); //打开连接
        GridView1.Visible=true;//可见
        string commText="select * from ks";//查询命令文本
        SqlDataAdapter da = new SqlDataAdapter(commText, myConn);//创建数据适配器对象
        DataTable dt = new DataTable();//创建记录集对象
        da.Fill(dt);//填充记录集
        GridView1.DataSource=dt;//设置数据源
        GridView1.DataBind();//数据绑定
        myConn.Close();//关闭连接
    }
}
```

图 9-15　显示记录的事件过程代码

（4）同样地，输入 Button2 控件对象的事件过程代码，以实现追加记录，代码如图 9-16所示。

```
protected void Button2_Click(object sender, EventArgs e)    //插入记录
{
    try  //表中设置"准考证号"为主键字段!
    {
        string conStr = "Data Source=114.113.226.134;Initial Catalog=wustwzx;uid=wustwzx;password=wustwzx";
        SqlConnection myConn = new SqlConnection(conStr);    //创建连接
        myConn.Open();  //打开连接
        string commText = "insert into ks (准考证号,姓名) values('0104','赵六')";//命令文本
        SqlCommand comm = new SqlCommand(commText, myConn);//创建命令对象
        comm.ExecuteNonQuery();//执行操作查询
        GridView1.Visible = false;//隐藏控件
        Response.Write("<script>alert('记录追加成功,返回后请单击第一个命令按钮验证...');</script>");
        myConn.Close();//关闭连接
    }
    catch (Exception ex)
    {
        Response.Write(ex.Message);   //显示出错信息
    }
}
```

图 9-16   追加记录的事件过程代码

（5）同样地，输入 Button3 控件对象的事件过程代码，以实现更新记录，代码如图9-17所示。

```
protected void Button3_Click(object sender, EventArgs e)    //修改记录
{
    string conStr = "Data Source=114.113.226.134;Initial Catalog=wustwzx;uid=wustwzx;password=wustwzx";
    SqlConnection myConn = new SqlConnection(conStr);    //创建连接
    myConn.Open();  //打开连接
    string commText = "update ks set 成绩=66 where 准考证号='0104'";//命令文本
    SqlCommand comm = new SqlCommand(commText, myConn);//创建命令对象
    comm.ExecuteNonQuery();//执行操作查询
    GridView1.Visible = false;//隐藏控件
    Response.Write("<script>alert('修改记录成功,返回后请单击第一个命令按钮验证...');</script>");
    myConn.Close();//关闭连接
}
```

图 9-17   更新记录的事件过程代码

（6）同样地，输入 Button4 控件对象的事件过程代码，以实现删除记录，代码如图9-18所示。

```
protected void Button4_Click(object sender, EventArgs e)    //删除记录
{
    string conStr = "Data Source=114.113.226.134;Initial Catalog=wustwzx;uid=wustwzx;password=wustwzx";
    SqlConnection myConn = new SqlConnection(conStr);    //创建连接
    myConn.Open();  //打开连接
    string commText = "delete from ks where 准考证号>'0103'";//对于SQL Server,可省略命令文本中的from
    SqlCommand comm = new SqlCommand(commText, myConn);//创建命令对象
    comm.ExecuteNonQuery();//执行操作查询
    GridView1.Visible = false;//隐藏控件
    Response.Write("<script>alert('删除记录成功,返回后请单击第一个命令按钮验证...');</script>");
    myConn.Close();//关闭连接
}
```

图 9-18   删除记录的事件过程代码

【浏览方法】顺序单击 4 个按钮，且追加按钮不能连续按两次（因为数据表设置了主键）。

9.4.3 使用 DataSet＋DataAdapter 实现对数据库的"增/删/改"

前面介绍的 DataReader 对象,提供了对数据库查询结果的基于流的访问,其优点是快速、高效,但有只读、只进的缺点。DataSet 和 DataAdapter 对象不仅支持在结果集中的前后移动(离线方式),也可以编辑结果集中的数据并把更改改写到数据源中。

要实现对数据源的增/删/改,除了上面的两个对象外,还要使用 DataRow(数据行对象)和 CommandBuilder(命令生成对象)。下面以访问 SQL Server 数据库为例说明其用法。

在对数据库中的记录进行添加、删除或修改操作时,DataAdapter 对象的 Fill()方法为 DataSet 中的每个记录关联一个 RowState 值,初始值设置为 UnChange,如果发生了改变,RowState 的值就随之变化。

DataRow 和 DataColumn 对象是 DataTable 的主要组件,所在的命令空间是 System.Data。使用 DataRow 对象及其属性和方法,可以实现检索、插入、删除和更新 DataTable 中的值。DataRow 类的主要方法与属性如下:

- Delete():对现有 DataRow 使用 Delete()方法后,RowState 属性将变为 Deleted;
- RowState 属性:反映该行的当前状态。

DataAdapter 不会自动生成实现 DataSet 的更改与关联的 SQL Server 实例之间的协调所需的 Transact-SQL 语句。每当设置了 DataAdapter 属性,CommandBuilder 就将其本身注册为 RowUpdating 事件的侦听器,并且一次只能将一个 DataAdapter 与一个 CommandBuilder 对象互相关联。CommandBuilder 在访问 SQL Server 数据库时的用法格式如下:

```
SqlCommandBuilder cb=new SqlCommandBuilder(da);   //创建 CommandBuilder 实例对象
```

在对数据完成添加、删除或修改操作后,使用 DataAdapter 对象的 Update()方法更新数据源,该方法会检测 DataSet 对象里的每一条记录,分析 RowState 值,当这个值不再是 UnChange 时,调用相应的 SQL 命令来执行相应的操作。

```
int js=da.Update(table);   //更新数据源并返回更新的记录数
Response.Write(js);Response.Write("条记录被更新!");
```

【例 9.5】 使用 DataAdapter＋DataSet 对象实现对 SQL Server 数据库的操作查询。

【设计目标】显示作者的 wustwzx 数据库中的 ks 表,并且插入、修改和删除记录后,能自动更新 GridView 控件,页面浏览效果如图 9-19 所示。

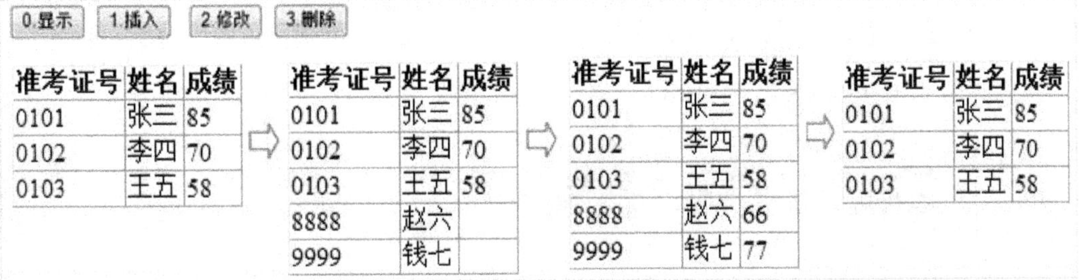

图 9-19 页面的浏览效果

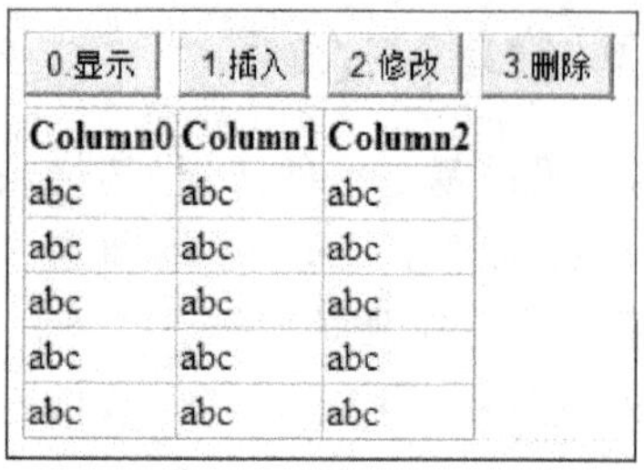

图 9-20　页面的设计视图

【设计方法】新建 Web 窗体,命名为 sj09_5. aspx,选择分离代码模型。在窗体中依次添加 4 个 Button 控件和一个 GridView 控件,页面的设计视图如图 9-20 所示。

（1）显示数据表的后台代码与例 9.4 相同,即使用 DataSet,DataAdapter 对象配合 GridView 控件对象显示作者的 SQL Server 数据库 wustwzx 中的数据表 ks。

（2）向 KS 表插入两条记录的后台代码如图 9-21 所示。

```csharp
protected void Button2_Click(object sender, EventArgs e)  //插入2条记录
{
    try
    {
        string conStr = "Data Source=114.113.226.134;Initial Catalog=wustwzx;uid=wustwzx;password=wustwzx";
        SqlConnection myConn = new SqlConnection(conStr);  //创建连接
        myConn.Open();  //打开连接
        string cmdText = "Select * from ks";  //查询文本
        SqlDataAdapter da = new SqlDataAdapter(cmdText, myConn);  //创建实例
        DataSet ds = new DataSet();
        da.Fill(ds, "ks");  //填充
        DataTable table = ds.Tables["ks"];  //选择数据表

        DataRow row = table.NewRow();  //向数据表插入空行
        row["准考证号"] = "8888";  //主键赋值
        row["姓名"] = "赵六";
        table.Rows.Add(row);  //添加行记录

        row = table.NewRow();  //再向数据表插入空行
        row["准考证号"] = "9999";  //主键赋值
        row["姓名"] = "钱七";
        table.Rows.Add(row);  //添加行记录

        SqlCommandBuilder cb = new SqlCommandBuilder(da);  //创建CommandBuilder实例对象,不可去!
        int js=da.Update(table);  //插入并返回插入的记录条数
        Response.Write(js); Response.Write("条记录被插入！");

        GridView1.DataSource =table;
        GridView1.DataBind();  //数据绑定
    }
    catch (Exception ex)
    {
        Response.Write(ex.Message);  //显示出错信息
    }
}
```

图 9-21　插入两条记录的后台代码

（3）修改上一步插入的两条记录的后台代码,如图 9-22 所示。

```csharp
protected void Button3_Click(object sender, EventArgs e)  //条件修改
{
    string conStr = "Data Source=114.113.226.134;Initial Catalog=wustwzx;uid=wustwzx;password=wustwzx";
    SqlConnection myConn = new SqlConnection(conStr);  //创建连接
    myConn.Open();  //打开连接
    string cmdText = "Select * from ks";  //查询文本
    SqlDataAdapter da = new SqlDataAdapter(cmdText, myConn);  //创建实例

    DataSet ds = new DataSet();  //创建实例
    da.Fill(ds, "ks");  //填充

    DataTable table = ds.Tables["ks"];  //选择数据表
    DataRow[] rows = table.Select("准考证号〉0103");
    foreach (DataRow row1 in rows)
    {
        if (row1["准考证号"].ToString() == "8888")
            row1["成绩"] =66;
        else
            row1["成绩"] = 77;
    }
    SqlCommandBuilder cb = new SqlCommandBuilder(da);  //创建CommandBuilder实例对象
    int js=da.Update(table);  //更新数据源并返回更新的记录数
    Response.Write(js); Response.Write("条记录被更新！");

    GridView1.DataSource = ds.Tables["ks"];
    GridView1.DataBind();  //数据绑定
}
```

图 9-22　修改两条记录的后台代码

（4）删除刚才插入的两条记录的后台代码，如图 9-23 所示。

```
protected void Button4_Click(object sender, EventArgs e)  //条件删除
{
    try
    {
        string conStr = "Data Source=114.113.226.134;Initial Catalog=wustwzx;uid=wustwzx;password=wustwzx";
        SqlConnection myConn = new SqlConnection(conStr);  //创建连接
        myConn.Open();  //打开连接
        string cmdText = "Select * from ks";  //查询文本
        SqlDataAdapter da = new SqlDataAdapter(cmdText, myConn);  //创建实例

        DataSet ds = new DataSet();
        da.Fill(ds, "ks");  //填充

        DataTable table = ds.Tables["ks"];  //选择数据表
        DataRow []rows=table.Select("准考证号＞0103");  //数据行对象DataRow
        foreach (DataRow row1 in rows)
            row1.Delete();  //做删除标记方法
        SqlCommandBuilder cb = new SqlCommandBuilder(da);  //创建CommandBuilder实例对象
        int js=da.Update(table);  //更新数据源并返回删除的记录数
        Response.Write(js); Response.Write("条记录被删除！");
        GridView1.DataSource = ds.Tables["ks"];
        GridView1.DataBind();  //数据绑定
    }
    catch (Exception ex)
    {
        Response.Write(ex.Message);  //显示出错信息
    }
}
```

图 9-23　删除两条记录的后台代码

9.5　数据库高级应用

9.5.1　将数据库的连接字符串存放到网站配置文件 Web.Config 中

前面的数据库应用程序中，其连接字符串都放在 Web 窗体文件的后台代码里，这种方式不便于多个窗体页面共享连接字符串。当连接字符串发生改变时，需要去修改所有的页面。

ASP.NET 提供了 System.Configuration 命名空间，其中的 Configuration 类用于管理网站配置文件。将数据库的连接字符串存放到网站的配置文件 Web.Config 里，以实现多个窗体页面共享数据库的连接字符串。最后通过对连接字符串加密，以保护敏感信息（如数据库名称等）不被泄漏。

通常，将连接数据库的字符串放在配置文件 Web.Config 的＜connectionStrings＞配置节或＜appSettings＞配置节中，如图 9-24 所示。

```
<connectionStrings>
  <add name="conStr" connectionString="Server=114.113.226.134;Database=wustwzx;uid=wustwzx;password=wustwzx"/>
</connectionStrings>

<appSettings>
  <add key="conStr" value="Server=114.113.226.134;Database=wustwzx;uid=wustwzx;password=wustwzx"/>
  <add key="conStra" value="Provider=Microsoft.Jet.OLEDB.4.0;Data Source=|DataDirectory|\lx.mdb"/>
</appSettings>
```

图 9-24　在配置文件建立数据库的连接字符串的两种方式示例

注意：

（1）在＜connectionStrings＞节点内使用＜add＞标记，通过 name 属性定义连接名称，通过 conectionString 定义数据库的连接字符串；

（2）在＜appSettings＞节点内,通过＜add＞标记的 key 属性和 value 属性分别定义名和值;

（3）＜connectionStrings＞和＜appSettings＞两个配置节中只有 name 和 key 属性值可任意给定;

（4）连接 Access 数据库时,应将数据库文件放在网站根目录下的 App_Data 文件夹里;

（5）配置节的 DataDirectory 不可更改,特指网站的数据库目录,即 mdb 数据库文件必须放在网站根目录的 App_Data 文件夹里。

相应地,在后台代码中,使用 ConfigurationManager 或 ConfigurationSettings 类的两个主要属性 ConnectionStrings 和 AppSettings,可以分别从配置节＜connectionStrings＞或＜appSettings＞中的读取连接字符串的,其代码如图 9-25 所示。

```
SqlConnection myConn = new SqlConnection(ConfigurationManager.ConnectionStrings["conStr"].ConnectionString);
//上面代码是从＜connectionStrings＞节点中读取连接SQL Server数据库的字符串

OleDbConnection myConn = new OleDbConnection(ConfigurationSettings.AppSettings["conStra"]);
//上面代码是从＜appSettings＞节点中读取连接Access数据库的字符串
```

图 9-25　读取配置文件中数据库的连接字符串的方法

注意:

（1）通常的类在使用前要实例化,而 ConfigurationManager 和 ConfigurationSettings 则不然;

（2）通过 ConfigurationManager.ConnectionStrings 获取存于配置文件中的连接字符串;

（3）通过 ConfigurationSettings.AppSettings 属性也可获取存于配置文件中的连接字符串。

【例 9.6】　访问存于配置文件中的数据库连接字符串。

【设计目标】从配置文件中读取连接数据库的连接字符串,一是读取存放在＜connectionStrings＞配置节中用于连接作者的 SQL Server 数据库 wustwzx 的字符串,二是记取存放在＜appSettings＞配置节中用于连接 Access 数据库 lx.mdb 的字符串。页面浏览效果如图 9-26 和图 9-27 所示。

准考证号	姓名	成绩
0101	张三	85
0102	李四	70
0103	王五	58

连接字符串：Server=114.113.226.134;Database=wustwzx;uid=wustwzx;

图 9-26　从＜connectionString＞配置节读取数据库的连接字符串

学号	姓名	性别	身份证号	级别	班级
200208139117	李娜	女	150***********0663	6	建筑0204
200208139125	陈丽	女	440***********7842	6	建筑0206
200208139142	冯彪	男	510***********1931	4	建筑0206
200208139146	马天生	男	441***********2250	4	建筑0206
200208139149	王杰	男	150***********0513	4	建筑0206

连接字符串：Provider=Microsoft.Jet.OLEDB.4.0;Data Source=|DataDirectory|lx.mdb

图 9-27　从＜appSettings＞配置节读取数据库的连接字符串

【设计方法】新建窗体,命名为 sj09_6.aspx,采用分离代码模型。分别向窗体添加两个 Button 控件、一个 GridView 控件和一个 Label 控件。页面的前台设计视图如图 9-28 所示。

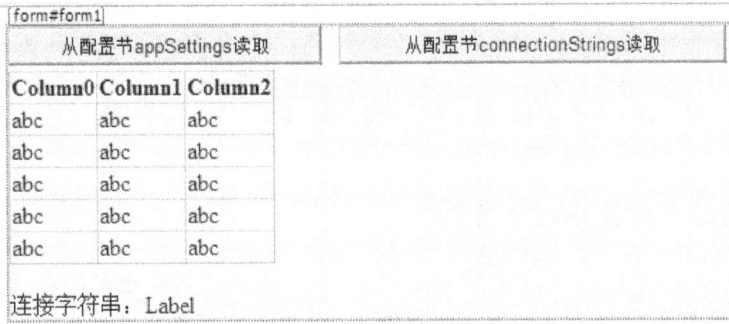

图 9-28　页面的设计视图

从网站配置文件的＜connectionStrings＞配置节读取连接 SQL Server 数据库的连接字符串的后台代码,如图 9-29 所示。

```
using System;//
using System.Configuration;//必须
using System.Data.SqlClient;
using System.Data.OleDb;//
using System.Data;//

public partial class sj09_6 : System.Web.UI.Page
{
    protected void Page_Load(object sender, EventArgs e)
    { }
    protected void Button1_Click(object sender, EventArgs e)   //连接SQL Server数据库
    {
        SqlConnection myConn = new SqlConnection(ConfigurationManager.ConnectionStrings["conStr"].ConnectionString);
        //上面代码是从<connectionStrings>节点中读取连接SQL Server数据库的字符串
        myConn.Open();   //打开连接
        string cmdText = "Select * from ks";   //查询文本
        SqlDataAdapter da = new SqlDataAdapter(cmdText, myConn);   //创建实例
        DataSet ds = new DataSet();   //填充
        da.Fill(ds, "ks");   //填充
        GridView1.DataSource = ds.Tables["ks"];   //设置数据源
        GridView1.DataBind();   //数据邦定
        Label1.Text = myConn.ConnectionString;   //输出连接字符串
    }
    ……
}
```

图 9-29　从＜connectionStrings＞配置节读取连接 SQL Server 数据库的字符串的后台代码

从网站配置文件的＜appSettings＞配置节读取连接 Access 数据库的连接字符串的后台代码,如图 9-30 所示。

```
protected void Button2_Click(object sender, EventArgs e)   //连接Access数据库
{

    OleDbConnection myConn = new OleDbConnection(ConfigurationSettings.AppSettings["conStra"]);
    //上面代码是从<appSettings>节点中读取连接Access数据库的字符串
    myConn.Open();   //打开连接

    string cmdText = "Select * from cet46_bmb";   //查询文本
    OleDbDataAdapter da = new OleDbDataAdapter(cmdText, myConn);   //创建实例
    DataSet ds = new DataSet();
    da.Fill(ds, "cet46_bmb");   //填充

    GridView1.DataSource = ds.Tables["cet46_bmb"];   //设置数据源
    GridView1.DataBind();   //数据邦定
    Label1.Text = myConn.ConnectionString;
}
```

图 9-30　从＜appSettings＞配置节读取连接 Access 数据库的连接字符串的后台代码

注意:

(1) 在窗体页面的前台代码中,通过表达式语法<%$:%>引用配置节的信息,参见 2.5.5 小节;

(2) 通常使用网站配置文件中的<connectionStrings>配置节存放数据库的连接字符串;

(3) 两个配置节中都可以存放连接数据库的代码,但网站配置文件中的配置节<appSettings>在使用上比<connectionStrings>配置节简便些。

9.5.2 建立访问数据库的公用类

从前面例 9.4 和例 9.5 的后台代码中可以看出,很多代码是重复出现的,这是由于这些代码隶属于不同对象的事件过程。如果建立公用类,就可以解决这种代码冗余和重复的问题。

右键网站名称→添加新项→类,输入类名后,则在网站根目录里自动创建文件 App_Code,用来存放公用类。当然,此类是本站里所有 Web 页面可以自动引用的类。

注意:公用类文件.cs 必须放置网站根目录的系统文件夹 App_Code 里。

【例 9.7】 建立数据库访问的公用类 DBClass.cs 实现对数据表的各种查询。

【设计方法】

(1) 新建一个网站,右键网站名称→添加新项→类,输入类名 DBClass.cs 后,则在网站根目录自动创建系统文件夹 App_Code,用来存放类文件 DBClass.cs。在打开的代码窗口中,输入如图 9-31 所示的类代码。

```
using System; //必须
using System.Configuration; //必须
using System.Data; //必须
using System.Data.OleDb; ////连接Access数据库时必须
using System.Data.SqlClient; //连接SQL Server数据库时必须

public class DBClass //连接数据库,连接字符串存放在配置文件中
{
    public SqlConnection myConn = null;
    //声明对象名称（属于引用类型）并初始化:位于方法外的全局对象以便本类中的所有方法中共享使用

    public DBClass() //类的构造函数,创建类的实例时自动执行
    {   //从配置节<appSettings>或<connectionStrins>读取连接数据库的连接字符串并创建连接对象
        myConn = new SqlConnection(ConfigurationSettings.AppSettings["conStr"]);
        //myConn = new SqlConnection(ConfigurationManager.ConnectionStrings["conStr"].ConnectionString);
    }

    public DataTable GetRecords(string SqlText)  //Select选择查询查询
    {
        myConn.Open();  //打开连接
        SqlDataAdapter da = new SqlDataAdapter(SqlText, myConn); //数据适配器
        DataTable dt = new DataTable();  //数据表对象DataTable
        da.Fill(dt);  //填充
        myConn.Close();  //关闭连接,断开式
        return dt; //返回内存中的数据表（虚拟表）
    }

    public int ExecuteSql(string Sql_Command)  //Insert/delete/Update操作查询
    {
        myConn.Open();
        SqlCommand comm = new SqlCommand(Sql_Command, myConn);
        int x = comm.ExecuteNonQuery();    //对数据库的增/删/改,操作记录的数目
        myConn.Close();
        return x;
    }
}
```

图 9-31 公用类 DBClass.cs 的代码

注意:

(1) 连接对象的建立出现在构造函数里;

(2) 在进行选择查询和操作查询前,均需要先打开连接。

由于连接数据库后,对数据库表的操作可分为选择查询和操作查询,因此,在 DBClass.cs 类中,定义了一个全局的 SqlConnection 对象 myConn,还定义了一个创建类时自动执行的构造函数和两个方法。方法 GetRecords() 的返回值类型是 DataTable;方法 ExcuteSql() 的返回值类型是 int,表示对 SQL Server 数据库进行增/删/改的记录条数。

(2) 右键网站名称→添加新项→Web 窗体,命名窗体文件名为 sj09_7.aspx,并选择分离代码模型。向窗体添加 4 个 Button 控件和一个 GridView 控件,前台设计效果如图 9-32 所示。

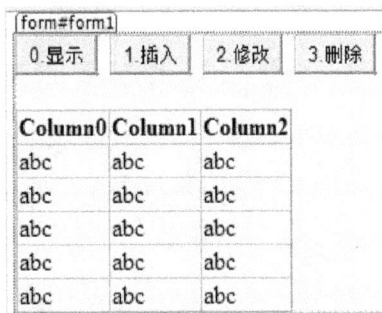

(3) 在页面的后台代码中,先创建 DBClass 类的实例对象 db1。由于对象 db1 是在各过程之外,因此,它可以被后台代码中的各个事件过程共享使用。控件对象 Button1 的事件代码用于查询 SQL Server 数据库中的表 ks,并显示于控件对象 GridView1,代码如图 9-33 所示。

图 9-32　调用公用类的页面的设计视图

```
using System;//
using System.Data;//
using System.Data.SqlClient;//

public partial class sj09_7 : System.Web.UI.Page
{
    protected void Page_Load(object sender, EventArgs e)
    { }

    DBClass db1 = new DBClass();  //调用公共类DBClass, 在函数外创建的公共对象db1

    protected void Button1_Click(object sender, EventArgs e)
    {
        string cmdText = "Select * from ks";  //查询文本
        GridView1.DataSource = db1.GetRecords(cmdText); //设置数据源
        GridView1.DataBind();  //数据绑定
    }
    ......
}
```

图 9-33　调用公用类显示数据表的代码

(4) 在控件对象 Button2 的事件代码中,先是通过调用公用类中的 ExecuteSql() 方法添加两条记录,其函数参数为 SQL 操作查询命令(Insert 语句),然后使用公用类的 GetRecords() 查询 SQL Server 数据库中的表 ks,并显示于控件对象 GridView1,代码如图 9-34 所示。

(5) 在控件对象 Button4 的事件代码中,先调用公用类提供的 ExecuteSql() 方法删除添加的两条记录,函数参数为 SQL 命令(Delete),条件是“准考证号＞'0103'”,函数的返回值为删除的记录条数。最后将对表 ks 的选择查询结果显示于控件对象 GridView1,代码如图 9-35 所示。

```
protected void Button2_Click(object sender, EventArgs e)  //插入2条记录
{
    try
    {
        string cmdText = "Insert into ks (准考证号,姓名) values('8888','赵六')";  //操作查询文本
        db1.ExecuteSql(cmdText);  //执行操作查询
        cmdText = "Insert into ks (准考证号,姓名) values('9999','钱七')";  //操作查询文本
        db1.ExecuteSql(cmdText);  //执行操作查询
        cmdText = "Select * from ks";  //选择查询文本
        GridView1.DataSource = db1.GetRecords(cmdText);  //设置数据源
        GridView1.DataBind();  //数据绑定
    }
    catch (Exception ex)
    {
        Response.Write(ex.Message);  //显示出错信息
    }
}
```

图 9-34　调用公用类显示数据表的代码

```
protected void Button4_Click(object sender, EventArgs e)  //条件删除
{
    try
    {
        string cmdText = "Delete from ks where 准考证号>'0103'";  //操作查询文本
        int js=db1.ExecuteSql(cmdText);  //执行操作查询
        Response.Write(js); Response.Write("条记录被删除！");
        cmdText = "Select * from ks";  //选择查询文本
        GridView1.DataSource = db1.GetRecords(cmdText);  //设置数据源
        GridView1.DataBind();  //数据绑定
    }
    catch (Exception ex)
    {
        Response.Write(ex.Message);  //显示出错信息
    }
}
```

图 9-35　调用公用类的操作查询的代码

注意：

（1）在窗体页面的后台代码中，是在事件过程之外创建类 DBClass 的实例，以便在所有事件过程中共享使用其实例对象；

（2）本例访问的数据库是 SQL Server，如果访问 Access 数据库，则需要在类代码中将命名空间 System.Data.SqlCilent 换成 System.Data.OleDb，并将"Sql"打头的对象名称换成"OleDb"打头；

（3）DBClass 类中对数据表的操作查询是用一条 SQL 命令表达的，有一定的局限性；而 9.4.3 小节提供的 DataAdapter＋DataSet 方法，有更加灵活的操作方式（如以列表方式由用户勾选是否删除）。

*9.5.3　MDF 数据库的动态附加

在使用 SQL Server 的企业管理器创建数据库时，如果数据库名称为 lx，则在数据库系统文件夹 DATA 中存放的文件全称为 lx_Data.mdf。当使用查询分析器创建数据库（例如 lxfj）时，则不会自动加上"_Data"，如图 9-36 所示。

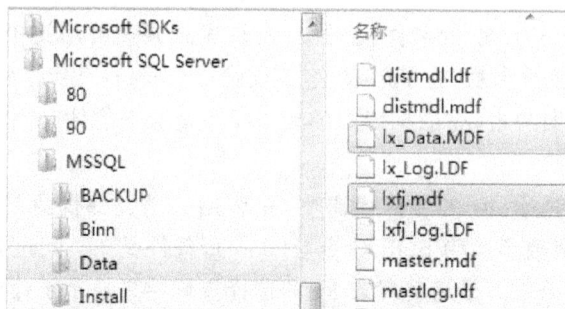

图 9-36　两种方式建立数据库时文件命名的差别

　　ASP. NET 提供了对于 SQL Server 数据库的动态附加功能,即对不在 SQL Server 中的 MDF 数据库的连接。要使用 ASP. NET 动态附加功能,则需要使用查询分析器建立数据库,在 SQL Server 中将使用查询分析器建立的数据库文件分离后,便可以复制该文件到任意文件夹。一个动态附加 mdf 数据库的示例代码如图 9-37 所示。

```
using System; //
using System.Data; //
using System.Xml.Linq;using System.Data.SqlClient; //访问MDF数据库必须使用的命名空间
public partial class sj09_动态附加 : System.Web.UI.Page
{
  protected void Page_Load(object sender, EventArgs e)
  {
    try
      {
      string connStr = "Data Source=.;AttachDbFilename=|DataDirectory|\\lxfj.mdf;Integrated Security=True";

      SqlConnection myConn= new SqlConnection(connStr);
      myConn.Open();
      SqlCommand comm = new SqlCommand("select * from sysusers",myConn); //创建命令对象
      SqlDataAdapter da = new SqlDataAdapter();   //创建数据适配器对象
      da.SelectCommand = comm;  //设置数据适配器对象的属性
      DataSet ds = new DataSet();  //创建数据集对象

      da.Fill(ds);  //填充
      GridView1.DataSource = ds.Tables[0]; //设置数据源
      GridView1.DataBind();
      myConn.Close();
      }
    catch (Exception ex)
      {
        Response.Write(ex.Message);
      }
    }
}
```

图 9-37　动态附加 mdf 数据库并显示其中的数据表的后台代码

注意:

(1) 要求将 lxfj. mdf 文件和 lxfj_lg. LDF 文件一起复制到网站的 App_Data 文件夹里;

(2) 图中画线部分是数据库的连接字符串,并且"AttachDbFilename=|DataDirectory|\\"是固定不变的。

9.5.4　使用 PagedDataSource 类为数据绑定控件分页

　　命名空间 System. Web. UI. WebControls 中提供了一个实用的类 PagedDataSource,用于实现任何数据绑定控件的分页功能。

　　【例 9.8】　使用 PagedDataSource 类为 DataList 控件分页。

　　【浏览效果】访问 http://www. wustwzx. com/sj09_8. aspx,浏览效果如图 9-38 所示。

学号:200208139127　学号:200208139126
姓名:张浩　　　　姓名:李情
级别:6　　　　　级别:4
班级:建筑0208　班级:建筑0205

首页　上一页　下一页　末页　　当前是第 3 页　　6 条记录分3页

图 9-38　sj09_8. aspx 页面的浏览效果

　　【设计方法】新建窗体页面 sj09_8. aspx,采用分离代码模型,向窗体增加 1 个 DataList 控件、4 个 LinkButton 控件和 3 个 Label 控件,设置 DataList1 的属性 RepeatColumns="2"及 RepeatDirection=" Horizontal "。

【后台代码】窗体的后台代码如下。

```
using System;
using System.Data;
using System.Web.UI.WebControls;      //包含 PagedDataSource 类
using System.Data.OleDb;
public partial class sj09_8:System.Web.UI.Page
{
    DBClass db1=new DBClass();
    protected void Page_Load(object sender,EventArgs e)
    {
        if(!IsPostBack)  bind();      }
    void bind()
    {
        DataTable dt=null;
        dt=db1.GetRecords("select* from cet46_bmb");    //调用公用类
        DataList1.DataSource=dt;    //指定数据源
        DataList1.DataBind();    //绑定数据源
        Label_记录总数.Text=dt.Rows.Count.ToString();    //显示记录总数
        //创建类 PagedDataSource 的实例,以实现数据表的分页显示
        PagedDataSource ps=new PagedDataSource();
        ps.DataSource=dt.DefaultView;    //不能省略.DefaultView
        ps.AllowPaging=true;    //允许分页
        ps.PageSize=2;    //每页显示几条记录
        int curPage=int.Parse(this.lb_pageIndex.Text)-1;    //页码从 0 开始编号
        ps.CurrentPageIndex=curPage;    //定位到指定页
        lb_totalpages.Text=ps.PageCount.ToString();    //显示总页数
        this.LinkButton_第一页.Enabled=true;
        this.LinkButton_上一页.Enabled=true;
        this.LinkButton_下一页.Enabled=true;
        this.LinkButton_最后一页.Enabled=true;
        int endPage=ps.PageCount;    //获取总页数
        Session["endPage"]=endPage;    //建立 session 变量
        if(curPage==0)    //当是第一页时,设置上一页和第一页按钮不可用
        {
            this.LinkButton_第一页.Enabled=false;
            this.LinkButton_上一页.Enabled=false;
        }
        if(curPage==ps.PageCount-1)
        //当是最后一页时,下一页和最后一页的按钮不可用
        {
            this.LinkButton_下一页.Enabled=false;
            this.LinkButton_最后一页.Enabled=false;
        }
        DataList1.DataSource=ps;
        DataList1.DataBind();
```

```
    }
    protected void LinkButton_第一页_Click(object sender,EventArgs e)
    {
        this.lb_pageIndex.Text="1";
        bind();
    }
    protected void LinkButton_上一页_Click(object sender,EventArgs e)
    {
        int page=int.Parse(this.lb_pageIndex.Text)-1;
        this.lb_pageIndex.Text=page.ToString();
        bind();
    }
    protected void LinkButton_下一页_Click(object sender,EventArgs e)
    {
        int page=int.Parse(this.lb_pageIndex.Text)+1;    //加1
        this.lb_pageIndex.Text=page.ToString();
        bind();
    }
    protected void LinkButton_最后一页_Click(object sender,EventArgs e)
    {
        this.lb_pageIndex.Text=Session["endPage"].ToString();
        bind();
    }
}
```

*9.5.5　加密网站配置文件中的连接字符串

Web.config 文件中可能包含敏感信息,如数据库连接字符串中的用户名、密码等,这些信息都是明码方式显示的,通常需要对其进行加密保护。加密和解密方法有多种,这里介绍使用 ASP.NET 的命令行工具 aspnet_regiis.exe 来进行加密和解密。

在开始菜单中,依次选择 Microsoft Visual Studio 2008→Visual Studio Tools→Visual Studio 2008 命令提示工具,即可打开 Visual Studio 2008 命令提示工具。在命令提示工具中,通过使用 aspnet_regiis 命令可以使用对网站配置文件 Web.config 中相关配置节的加密。

1. 文件加密

利用 aspnet_regiis 工具加密某一网站的 Web.config 文件的两种方法如下:

aspnet_regiis -pef 待加密节名 网站物理路径

或

aspnet_regiis -pe 待加密节名 -app 网站虚拟目录路径

注意:不带任何参数时,将显示该工具的帮助文档。

例如:要对 D:\website1 网站下的连接字符串进行加密,则在窗口中输入命令:

aspnet_regiis -pef connectionStrings D:\website1

按回车键即执行加密，如图 9-39 所示。

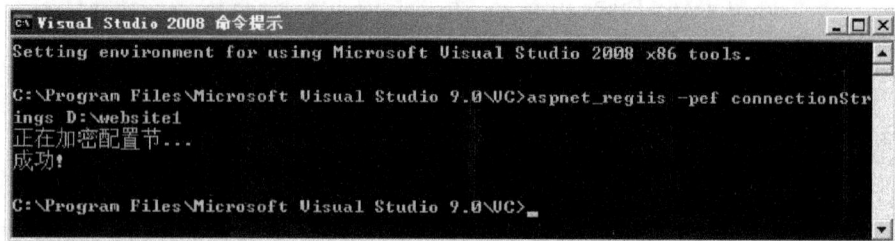

图 9-39　在命令提示窗口中执行加密命令

图 9-40 显示的是加密前 Web.config 文件中有关连接字符串的代码。

```
<connectionStrings>
  <add name="ConnectionString" connectionString="Server=.;Database=design;Uid=sa;Pwd=123456;" />
</connectionStrings>
```

图 9-40　加密前的连接字符串代码.

加密前的连接字符串中的内容都是明文显示，存在安全隐患。通过加密，连接字符串以一系列加密字符串的形式显示，增强了系统的安全性。

图 9-41 是加密后 Web.config 文件中有关连接字符串的代码。

```
<connectionStrings configProtectionProvider="RsaProtectedConfigurationProvider">
  <EncryptedData Type="http://www.w3.org/2001/04/xmlenc#Element"
xmlns="http://www.w3.org/2001/04/xmlenc#">
    <EncryptionMethod Algorithm="http://www.w3.org/2001/04/xmlenc#tripledes-cbc" />
    <KeyInfo xmlns="http://www.w3.org/2000/09/xmldsig#">
      <EncryptedKey xmlns="http://www.w3.org/2001/04/xmlenc#">
        <EncryptionMethod Algorithm="http://www.w3.org/2001/04/xmlenc#rsa-1_5" />
        <KeyInfo xmlns="http://www.w3.org/2000/09/xmldsig#">
          <KeyName>Rsa Key</KeyName>
        </KeyInfo>
        <CipherData>
<CipherValue>trYqVvy8D1sL
+iF1L4AsiS2ynrYfrhd92w/vHPbMHm4gKsYALCqbmGjnMgBkYgJ23SpRD6acoylBDQ2ZpQ4KTp5hGrOPFqjpqD1
PSLIPesxTk6zJPtaOJDfMyod5AwJyKmXzqXFMjhOPgrfrT4AnD8EIvAske4kV3h/u2LDQcWw=</CipherValue>
        </CipherData>
      </EncryptedKey>
    </KeyInfo>
    <CipherData>
<CipherValue>RZ33S49nsJiviEvW4LvXoUIxaLpMAHKU6KcIg07wwiwUb8J8AYiV2FG9PBYBNBWSafwgwa6hFm
RheHOnBSBJsHuiRxtDUb5vO6Iy7LeaRY13Jg94e2uCeWYJFOKMRZ3e1mDruavx8UgHs1bhotHgTrhwDOyOw2+fO
rdl9GO3hofyKnNYc14EHmcFiEazwRiwj30DX8pSht4=</CipherValue>
    </CipherData>
  </EncryptedData>
</connectionStrings>
```

图 9-41　加密后的连接字符串代码

2. 文件解密

加密后的 Web.config 文件是可以利用 aspnet_regiis 工具解密，但两个过程必须在同一台计算机上执行，从而有效保障了连接字符串的安全。

同样，解密某一网站 Web.config 文件的方法也有两种：

aspnet_regiis -pdf 待解密节名 网站物理路径

或

aspnet_regiis -pd 待解密节名 -app 网站虚拟目录

　　解密完成后,打开 Web. config 文件,可以看到连接字符串中的内容恢复为原来的明码。

习 题 9

一、判断题

1. 在 ADO.NET 中,5 大对象位于相同的命名空间中。

2. 在连接 SQL Server 数据库的连接字符串中,使用 Server 或 Data Source 指定数据库服务器名。

3. 在 VS 2008 中,服务器资源管理器和解决方案资源管理器都可以通过使用"视图"菜单打开。

4. 一个 DataSet 对象里,只能包含一张数据表。

5. 使用 Command＋DataSet 或 Adapter＋Dataset 都能实现对数据库的增加/删除/修改/查询。

6. 访问带密码的 Access 数据库,只能使用 SqlConnection 对象。

二、选择题

1. 微软数据库技术的发展顺序是_____。
   - A. OLEDB→ODBC→ADO→ADO.NET
   - B. ODBC→OLEDB→ADO→ADO.NET
   - C. ADO→ODBC→OLEDB→ADO.NET
   - D. ODBC→OLEDB→ADO→ADO.NET

2. 连接 SQL Server 数据库,使用_____指定数据库名。
   - A. Initial Catalog
   - B. Catalog
   - C. Database
   - D. A 和 C

3. 为访问 ADO.NET 的 DataTable 对象从数据源提取的数据行,可使用 DataTable 对象的_____属性。
   - A. Rows
   - B. Columns
   - C. Constraints
   - D. DataSet

4. 如果将连接数据的字符串放在 Web.Config 文件的 appSettings 配置节内,则引用时要使用_____属性。
   - A. ConnectionStrings
   - B. connectionString
   - C. appSettings
   - D. AppSettings

5. 使用 DataSet 和 DataAdapter 对象更新数据源,最后一步是使用_____对象的 Update()方法。
   - A. DataSet
   - B. DataAdapter
   - C. DataReader
   - D. DataTable

三、填空题

1. 访问不带密码 Access 数据库,在后台代码中通常添加的命名空间为_____。

2. 在后台代码中建立数据绑定控件的数据源,是通过设置控件的_____属性实现的。

3. 数据集对象 DataSet 由一组_____对象组成。

4. 为访问 MS SQL Server 数据库,在后台代码中需要添加的命名空间为_____。

5. 在 ADO.NET 中,使用 Command 对象的_____方法创建 DataReader 对象的实例。

6. 对象 DataSet,DataTable 和 DataRow 具有相同的命令空间,其名称_____。

7. 公用类中定义方法的访问修饰符一般为_____。

实验 9　使用 ADO.NET 访问数据库

（访问 http://www.wustwzx.com/Default.aspx）

一、实验目的

1. 掌握使用 ADO.NET 连接数据库的方法；
2. 掌握断开式与非断开式读取记录集的方法；
3. 掌握数据库访问公用类的设计方法；
4. 掌握使用 GridView,Repeater 等控件输出记录集的方法。

二、实验内容

1. 分别连接 SQL Server 和 Access 数据库。
   【浏览效果】访问 http://www.wustwzx.com/sj09_1.aspx,参见例 9.1。
   【知识要点】
   (1) 使用 SqlConnection 对象连接 SQL Server 数据库的方法；
   (2) 使用 Try...Catch...结构捕捉错误的方法；
   (3) 掌握连接 Access 数据库的方法；
   (4) 掌握连接对象的 ConnectionString 属性。

2. DataReader 对象的使用。
   【浏览效果】访问 http://www.wustwzx.com/sj09_2.aspx,参见例 9.2。
   【知识要点】
   (1) Command 命令对象的两个主要属性；
   (2) Command 对象的 ExecuteReader()方法；
   (3) DataReader 对象的 Read()方法的特点；
   (4) HTML 表格标记。

3. 使用 DataAdapter＋DataSet 对象实现对 SQL Server 数据库的选择查询。
   【浏览效果】访问 http://www.wustwzx.com/sj09_3.aspx,参见例 9.3。
   【知识要点】
   (1) 断开式填充数据集的特点；
   (2) DataSet(或 DataTable)对象作为 GridView 等绑定控件的数据源；
   (3) 数据绑定控件的 DataBind()方法。

4. 使用 Command＋DataSet 对象实现对 SQL Server 数据库的操作查询。
   【浏览方法】
   (1) 访问 http://www.wustwzx.com/sj09_4.aspx;
   (2) 依次单击显示数据→追加记录→更新记录→删除记录 4 个命令按钮。
   【设计方法】参见例 9.4。
   【知识要点】使用 Command 对象执行操作查询的方法。

5. 使用 DataAdapter＋DataSet 对象实现对 SQL Server 数据库的操作查询。

【浏览方法】

(1) 访问 http://www.wustwzx.com/sj09_5.aspx；

(2) 依次单击显示→插入→修改→删除 4 个命令按钮。

【设计方法】参见例 9.5。

【知识要点】

(1) DataAdapter 对象的主要属性与方法；

(2) DataSet 对象的主要属性与方法；

(3) DataRow 对象的方法；

(4) CommandBuilder 对象的作用。

6. 访问存于配置文件中的连接数据库的字符串。

【浏览效果】访问 http://www.wustwzx.com/sj09_6.aspx，参见例 9.6。

【本机实践】

(1) 查看 System.Configuration 命名空间下操作网站配置文件的相关类；

(2) 修改网站配置文件的两个配置节；

(3) 建立窗体及其后台代码文件；

(4) 按 Ctrl＋F5 浏览测试；

(5) 在调试通过后，再将后台代码中的 ConfigurationManager 类换成 Configuration，观察运行的错误信息。

【知识要点】

(1) System.Configuration 命名空间、ConfigurationManager 类、ConfigurationSettings 类和 Configuration 类；

(2) 访问配置文件中的＜connectionStrings＞节点的方法；

(3) 访问配置文件中的＜appSettings＞节点的方法。

7. 建立数据库访问的公用类。

【浏览方法】

(1) 访问 http://www.wustwzx.com/sj09_7.aspx；

(2) 依次单击显示→插入→修改→删除 4 个命令按钮。

【设计方法】参见例 9.7。

【知识要点】

(1) 在配置文件中存放数据库的连接字符串；

(2) 公用类的建立与使用。

三、实验小结

(由学生填写，重点写上机中遇到的问题)

第 10 章　在 ASP. NET 中使用 XML

目前,XML 技术在网站开发中应用广泛。例如,Ajax 引擎与 Web 服务器之间的数据交换采用的格式就是 XML 数据。XML 文件常用于解决跨平台交换数据的问题,这种格式实际上已成为 Internet 数据交换标准格式。像. NET 平台、J2EE 平台以及一些较老的开发平台都对 XML 提供了强大的支持,VS 2008 提供了大量操作 XML 文档的控件。本章学习要点如下:

- 掌握 XML 文档的基本语法;
- 了解 XML DOM 与命名空间 System. Xml;
- 掌握读取 XML 文档的相关控件的用法;
- 掌握读写 XML 文档的相关对象的用法。

10.1　XML 简介

传统的 HTML 只能显示静态内容而无法表达动态数据,而动态数据在电子商务、智能搜索引擎等领域中是大量存在的。例如,调用 Web 服务后得到的数据就是 XML 格式(参见 11.4.2 节)。此外,HTML 标记是固定的。

XML 是描述数据及其结构的语言,标记不是固定的,其优势在于创建适合自己需要的标记集合,HTML 是描述数据显示的语言。XML 和 HTML 在功能上不同、互补,XML 并不能完全取代 HTML。

10.1.1　XML 基本语法

一个. xml 文件的第一行是＜？ xml…？ ＞,表示 XML 声明,其中的 version 属性指明遵循哪个版本的 XML 规范;encoding 属性指明使用的编码字符集;使用＜！ －－…－－＞注释。

在一个. xml 文件中必须包含且只能包含一个根元素,可以根据实际需要自定义语义标记。

XML 元素是可以嵌套的,嵌套在其他元素中的元素称为子元素。

属性用于给元素提供更详细的说明信息(但不是必须的),它必须出现在起始标记中。属性以"名＝"值""的形式出现。

在 VS 2008 中创建一个 XML 文档的方法是:右击网站名称→添加新项→XML 文件。

10.1.2　System. Xml 命名空间

System. Xml 命名空间为处理 XML 提供基于标准的支持,提供了处理 XML 文档所需的类。对 XML 文档的操作主要包括定义结构和数据、获取元素节点和值、读写 XML 文件、关系数据与 XML 的相互转换等。

XML DOM(文档对象模型)是 XML 文档在内存中的表示形式,是 W3C(万维网联盟)推荐的用于获取、更改、添加或删除 XML 元素的标准。

System.Xml 命名空间提供了 XmlDocument,XmlTextReader,XmlTextWriter 等类,分别实现对 XML 文档的读写操作。

注意:使用 XmlDocument 等对象时,需要引入命名空间 System.Xml。

10.2　读取 XML 文件并显示

10.2.1　使用 Xml 控件

Xml 控件位于 VS 2008"工具箱"的"标准"选项中。Xml 控件的 DocumentSource 属性值是它要显示的 XML 文档。下面通过一个例子说明使用 Xml 控件 XML 文件的用法。

【例 10.1】　使用 Xml 控件读取 XML 文件。

【设计方法】右键网站名称→添加新项→Web 窗体页,文件命名为 sj10_1.aspx,选择单页代码模型。先建立一个如图 10-1 所示的 XML 文件 person.xml,并存放在网站的 App_Data 文件夹里。

```
<?xml version="1.0" encoding="utf-8" ?>
<persons><!--根结点-->
  <person> <!--子结点-->
    <name>张三</name>
    <sex>男</sex>
    <address>北京</address>
  </person>
  <person>
    <name>李四</name>
    <sex>女</sex>
    <address>上海</address>
  </person>
  <person>
    <name>王五</name>
    <sex>男</sex>
    <address>天津</address>
  </person>
</persons>
```

图 10-1　XML 文件 person.xml 的内容

从标准控件中向窗口页面添加一个 XML 控件,在拆分模式下,右键 XML1 控件对象,在其属性窗口中,设置 DocumentSource 属性为 App_Data 文件夹里的 person.xml 文件,代码如图 10-2 所示。

```
<%@ Page Language="C#" %>
<html>
<head runat="server">
    <title>使用Xml控件读取xml文档中的数据后显示</title>
</head>
<body>
    <asp:Xml ID="Xml1" runat="server" DocumentSource="~/App_Data/person.xml"></asp:Xml>
</body>
</html>
```

图 10-2　页面的前台代码

按 Ctrl＋F5 后,页面的浏览效果如图 10-3 所示,其输出格式难以让人满意。

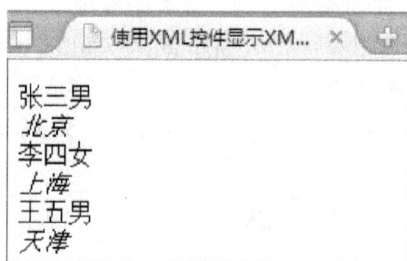

图 10-3　使用 Xml 控件显示的效果

10.2.2　使用 XmlDocument 对象和 Xml 控件

XmlDocument 是. NET Framework 的 XML 类提供的 XML 分析器对象,因此,使用前需要在命名空间中使用“using System. Xml;”指令。另外,实际使用时还要配合 Xml 控件,并通过 Xml 控件的 Document 属性与 XmlDocument 对象联系起来(参见如下两个文件中的相关代码)。

【例 10.2】　使用 XmlDocument 对象和 Xml 控件读取 XML 文件。

【设计方法】新建一个名为 sj10_2. aspx 的窗体页,并选择分离代码模型。向前台页面拖一个 Xml 控件,然后编写后台代码。页面的前台代码如图 10-4 所示,后台代码如图 10-5 所示。

```
<%@ Page Language="C#" AutoEventWireup="true" CodeFile="sj10_2.aspx.cs" Inherits="sj10_2" %>
<html>
<head>
    <title>使用XmlDocument对象和Xml控件输出XML文档</title>
</head>
<body>
    <form id="form1" runat="server">
        <asp:Xml ID="Xml1" runat="server"></asp:Xml>
    </form>
</body>
</html>
```

图 10-4　页面前台代码

```
using System;  //必须
using System.Xml;  //必须

public partial class sj10_2 : System.Web.UI.Page
{
    protected void Page_Load(object sender, EventArgs e)
    {
        XmlDocument doc = new XmlDocument();   //XML的核心对象
        doc.Load(Server.MapPath("App_Data/person.xml"));  //方法
        Xml1.Document = doc;   //控件Xml和XmlDocument对象关联
    }
}
```

图 10-5　页面后台代码

按 Ctrl＋F5,页面浏览效果如图 10-6 所示。显然,这与例 10.1 的浏览效果一致。

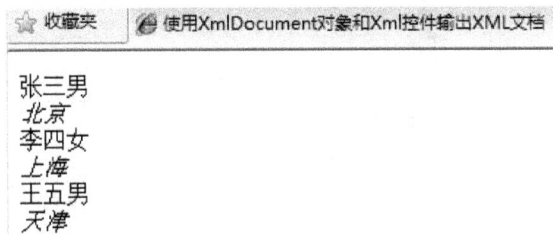

图 10-6　页面的浏览效果

注意：

（1）使用 XMLDocument 对象的 Load()方法加载要显示的 XML 文档。

（2）让 XmlDocument 对象作为 Xml 控件对象的 Document 属性值。

10.2.3　使用 DataSet 对象和 GridView 控件

在第 9 章中，我们介绍了使用 DataSet 对象进行数据库编程。实际上，DataSet 对象也具有处理 XML 文档的方法。

【例 10.3】　使用 DataSet 对象读取 XML 文件。

【设计方法】新建一个名为 sj10_3.aspx 的窗体页，并选择分离代码模型。向前台页面拖一个 GridView 控件，然后编写后台代码。页面的前台代码如图 10-7 所示，后台代码如图 10-8 所示。

```
<%@ Page Language="C#" AutoEventWireup="true" CodeFile="sj10_3.aspx.cs" Inherits="sj10_3" %>
<html xmlns="http://www.w3.org/1999/xhtml">
<head runat="server">
    <title>使用DataSet读取XML文档并使用GridView控件显示</title>
</head>
<body>
    <form id="form1" runat="server">
        <asp:GridView ID="GridView1" runat="server"> </asp:GridView>
    </form>
</body>
</html>
```

图 10-7　页面的前台代码

```
using System;  //
using System.Data;  //

public partial class sj10_3 : System.Web.UI.Page
{
    protected void Page_Load(object sender, EventArgs e)
    {
        try
        {
            DataSet ds = new DataSet();    //创建实例
            ds.ReadXml(Server.MapPath("App_Data/person.xml"));   //读XML文档
            //GridView1.DataSource = ds.Tables[0].DefaultView;
            GridView1.DataSource = ds.Tables["person"].DefaultView;   //属性赋值
            GridView1.DataBind();    //数据绑定
        }
        catch (Exception ex)
        {
            Response.Write(ex);
        }
    }
}
```

图 10-8　页面的后台代码

name	sex	address
张三	男	北京
李四	女	上海
王五	男	天津

图 10-9　页面的浏览效果

按 Ctrl＋F5,页面的浏览效果如图 10-9 所示。

注意:

(1) XML 文件的内容在前面的图 10-1 中定义,当 XML 文件结构变化时可能导致解析错误。

(2) 使用 DataSet 对象的 ReadXml()方法读取 XML 文档时,并不需要引入命名空间 System.Xml。

(3) 本例中的 DataSet 对象不能用 DataTable 对象代替,因为后者不具有 ReadXml()方法。

10.2.4　使用 XmlTextReader 对象

命名空间 System.Xml 中的 XmlTextReader 对象,可以读取 XML 文档,并以节点列表的形式显示数据。

【例 10.4】 使用 XmlTextReader 对象读取 XML 文件。

【设计方法】新建一个名为 sj10_4.aspx 的窗体页,并选择分离代码模型。向前台页面拖一个 Label 控件,然后编写后台代码。页面的后台代码如图 10-10 所示。

```
using System;
using System.Xml;

public partial class sj10_4 : System.Web.UI.Page
{
    protected void Page_Load(object sender, EventArgs e)
    {
        XmlTextReader tr = new XmlTextReader(Server.MapPath("App_Data/person.xml"));
        string strNodeResult = "";  //读取结果字符串
        XmlNodeType nt;  //节点类型
        while (tr.Read())
        {
            nt = tr.NodeType;//获得节点
            switch (nt)
            {
              case XmlNodeType.XmlDeclaration:  //读取XML文件头
                strNodeResult += "XML Declaration:<b>" + tr.Name + " " + tr.Value + "</b><br/>";
                break;
              case XmlNodeType.Element:  //读取标签
                strNodeResult += "Element:<b>" + tr.Name + "</b><br/>";
                break;
              case XmlNodeType.Text:  //读取值
                strNodeResult += " -Value:<b>" + tr.Value + "</b><br/>";
                break;
            }
        }
        Label1.Text = strNodeResult;  //刷新标签、显示读取结果
    }
}
```

图 10-10　页面的后台代码

按 Ctrl＋F5,页面的浏览效果如图 10-11 所示。

```
XML Declaration:xml version="1.0" encoding="utf-8"
Element:persons
Element:person
Element:name
 -Value:张三
Element:sex
 -Value:男
Element:address
 -Value:北京
Element:person
Element:name
 -Value:李四
......
```

图 10-11　页面的浏览效果

注意：XmlNodeType 是命名空间 System.Xml 里的枚举类型，主要取值有 XmlDeclaration，Element 和 Text 三种。

10.3　在 ASP.NET 中创建 XML 文档

10.3.1　使用 DataSet 对象创建 XML 文档

由于 DataSet 对象属于 System.Data 命名空间，因此，利用 DataSet 对象的 WriteXml() 方法可以方便地将一个数据库表存储为一个 XML 文件。

【例 10.5】　使用 DataSet 对象创建 XML 文件。

【设计方法】新建一个名为 sj10_5.aspx 的窗体页，并选择分离代码模型。编写后台代码，如图 10-12 所示。

```
using System;//必须
using System.Data;//必须
using System.Data.SqlClient;//必须

public partial class sj10_5 : System.Web.UI.Page
{
    protected void Page_Load(object sender, EventArgs e)
    {
        string conStr = "Data Source=114.113.226.134;Initial Catalog=wustwzx;uid=wustwzx;password=wustwzx";
        SqlConnection myConn = new SqlConnection(conStr);   //创建连接
        myConn.Open();  //打开连接

        string cmdText = "Select * from ks";  //查询文本
        //本方法并未直接使用Command对象
        SqlDataAdapter da = new SqlDataAdapter(cmdText, myConn); //创建数据适配器实例对象

        DataSet ds = new DataSet();  //创建数据集实例对象
        da.Fill(ds, "ks");  //填充

        ds.WriteXml(Server.MapPath("App_Data/ks.xml"));  //写入XML文件
        Response.Write("已经将ks表写入到ks.xml，位于App_Data里");
    }
}
```

图 10-12　页面的后台代码

按 Ctrl＋F5 浏览页面后，将生成 XML 文件。打开网站 App_Data 文件夹里的 ks.xml 文件，其文件代码如图 10-13 所示。

```
<?xml version="1.0" standalone="yes"?>
<NewDataSet>
  <ks>
    <准考证号>0101</准考证号>
    <姓名>张三</姓名>
    <成绩>85</成绩>
  </ks>
  <ks>
    <准考证号>0102</准考证号>
    <姓名>李四</姓名>
    <成绩>70</成绩>
  </ks>
  <ks>
    <准考证号>0103</准考证号>
    <姓名>王五</姓名>
    <成绩>58</成绩>
  </ks>
</NewDataSet>
```

图 10-13　生成的 XML 文件的代码

10.3.2 使用 XmlTextWriter 对象创建 XML 文档

在命名空间 System.Xml 中,包含了 XmlTextWriter 对象,使用该对象可以方便地创建 XML 文档。XmlTextWriter 对象的相关属性与方法如下:

- WriteStartDocument()方法:写文件头信息;
- WriteComment()方法:创建注释;
- Indentation 属性:层次结构;
- WriteStartElement()方法:写根结点;
- WriteAttributeString()方法:设置结点属性;
- WriteElementString()方法:写元素;
- Write()方法:写入 XML 文件。

【例 10.6】 使用 XmlTextWriter 对象创建 XML 文档。

【设计方法】新建一个名为 sj10_6.aspx 的窗体页,并选择分离代码模型。页面的后台代码如下。

```
using System;
using System.Xml;
public partial class sj10_6:System.Web.UI.Page
{
    protected void Page_Load(object sender,EventArgs e)
    {
        XmlTextWriter xmlTW=null;   //创建 XmlTextWriter 对象的实例
        xmlTW=new XmlTextWriter(Server.MapPath("App_Data/books.xml"),null);
        xmlTW.Formatting=Formatting.Indented;   //设置缩进格式
        xmlTW.Indentation=3;   //层次,可去
        xmlTW.WriteStartDocument();   //文件头信息
        xmlTW.WriteComment("创建日期:"+DateTime.Now);   //创建注释

        xmlTW.WriteStartElement("books");   //根节点开始
        //节点开始
        xmlTW.WriteStartElement("book");
        xmlTW.WriteAttributeString("Category","技术类");   //属性
        int intPageCount=435;
        xmlTW.WriteAttributeString("PageCount",intPageCount.ToString("G"));
        xmlTW.WriteElementString("Title","ASP.NET 动态网站开发教程");   //元素
        //子节点开始
        xmlTW.WriteStartElement("AuthorList");
            xmlTW.WriteElementString("Author","张平");
            xmlTW.WriteElementString("Author","李楠");
        xmlTW.WriteEndElement();
        //子节点结束
```

```
xmlTW.WriteEndElement();
//节点结束
//另一个节点开始
xmlTW.WriteStartElement("book");
xmlTW.WriteAttributeString("Category","文学类");    //属性
intPageCount=500;
xmlTW.WriteAttributeString("PageCount",intPageCount.ToString("G"));
xmlTW.WriteElementString("Title","青春赞歌");    //元素
xmlTW.WriteStartElement("AuthorList");    //子节点
    xmlTW.WriteElementString("Author","陈明");
    xmlTW.WriteElementString("Author","王小虎");
xmlTW.WriteEndElement();
xmlTW.WriteEndElement();
//另一节点结束

xmlTW.WriteEndElement();    //根节点结束
xmlTW.Flush();    //写入 XML 文档
xmlTW.Close();    //关闭
Response.Write("XML 文档已经生成。");
    }
}
```

【验证方法】按 Ctrl＋F5 浏览页面后,将生成 XML 文件。打开网站 App_Data 文件夹里的 books.xml 文件,其文件代码如图 10-14 所示。

```
<?xml version="1.0"?>
<!--创建日期: 2012/10/28 7:16:19-->
<books>
    <book Category="技术类" PageCount="435">
        <Title>ASP.NET动态网站开发教程</Title>
        <AuthorList>
            <Author>张平</Author>
            <Author>李楠</Author>
        </AuthorList>
    </book>
    <book Category="文学类" PageCount="500">
        <Title>青春赞歌</Title>
        <AuthorList>
            <Author>陈明</Author>
            <Author>王小虎</Author>
        </AuthorList>
    </book>
</books>
```

图 10-14　生成的 XML 文档

习 题 10

一、判断题

1. 描述数据及其结构的 XML 语言中的标记是固定的。

2. 控件 Xml 位于 VS 2008"工具箱"的"标准"选项中。

3. 在 XML 文档里,根节点只有一个。

4. 每个关系型的数据表可以转换成一个 XML 文档。

5. XML 是高级的 HTML,可以取代他。

二、选择题

1. 下列对 XML 特性的描述中,不正确的是_____。

    A. XML 是纯文本格式,与平台无关

    B. XML 将文档的数据、结构和显示方式结合在一起

    C. XML 是可扩展的、自定义的文档,有利于不同系统定义不同的标准文档

    D. XML 的数据存储方式不受显示格式的制约

2. 操作 XML 文档,不作为对象使用的是_____。

    A. XmlDocument   B. XmlTextReader

    C. XmlTextWriter   D. Xml

3. 以表格形式显示 XML 文档,应使用的控件或对象是_____。

    A. XML   B. GridView

    C. XmlDocument   D. XmlTextReader

4. 以文本方式创建 XML 文档所使用的对象或控件是_____。

    A. XmlDocument   B. XmlTextReader

    C. XmlTextWriter   D. Xml

5. XmlTextWriter 对象提供的用于创建 XML 文档注释的方法是_____。

    A. WriteStartElement   B. WriteAttributeString

    C. WriteElementString   D. WriteComment

三、填空题

1. 使用 Xml 控件显示 XML 文档时,必须使用 XML 控件的_____属性。

2. 使用 GridView 控件显示 XML 文档时,需要使用 DataSet 对象的_____方法读取 XML 文档。

3. 使用 DataSet 对象创建 XML 文档,是使用该对象的_____方法实现的。

4. 使用 XmlTextWriter 对象创建 XML 文档时写入节点内容所使用的方法是_____。

5. 使用 XmlTextWriter 对象将头部和节点信息全部写入 XML 文档所用的方法是_____。

实验 10 在 ASP. NET 中使用 XML

（访问 http：//www. wustwzx. com/Default. aspx）

一、实验目的

1. 掌握 XML 文档的语法；
2. 掌握 System. Xml 命名空间的作用；
3. 掌握读取 XML 文档的相关控件的用法；
4. 掌握读写 XML 文档的相关对象的用法。

二、实验内容

1. 使用 Xml 控件读取 XML 文档。
   【效果演示】访问 http：//www. wustwzx. com/sj10_1. aspx，参见例 10.1。
   【知识要点】Xml 控件的 DocumentSource 属性。
2. 使用 Xml 控件和 XmlDocument 对象读取 XML 文档。
   【效果演示】访问 http：//www. wustwzx. com/sj10_2. aspx，参见例 10.2。
   【知识要点】
   (1) XmlDocument 作为 XML 的核心对象，具有 Load()方法；
   (2) 通过 Xml 控件的 Document 属性与 XmlDocument 对象关联。
3. 使用 DataSet 对象读取 XML 文档。
   【效果演示】访问 http：//www. wustwzx. com/sj10_3. aspx，参见例 10.3。
   【知识要点】
   (1) 将 XML 数据加载到一个 DataSet 对象中，是通过使用该对象的 ReadXml()方法；
   (2) 将数据绑定到 GridView 控件。
4. 使用 XmlTextReader 对象读取 XML 文档。
   【效果演示】访问 http：//www. wustwzx. com/sj10_4. aspx，参见例 10.4。
   【知识要点】
   (1) XmlTextReader 对象的 read()方法；
   (2) XmlNodeType 枚举类型的三种主要取值：XmlDeclaration，Element 和 Text。
5. 使用 DataSet 对象创建 XML 文档。
   【效果演示】访问 http：//www. wustwzx. com/sj10_5. aspx，参见例 10.5。
   【知识要点】DataSet 对象的 WriteXml()方法。
6. 以文本方式创建 XML 文档。
   【效果演示】访问 http：//www. wustwzx. com/sj10_6. aspx，参见例 10.6。
   【知识要点】XmlTextWrite 对象的建立 XML 文档的相关方法。

三、实验小结

（由学生填写，重点写上机中遇到的问题）

第 11 章 Web 服 务

Web 服务(Web Service)就是一种应用程序,使用标准的互联网协议,将功能体现在互联网或企业内网上。目前,这种基于 HTTP 和 XML 的技术已经成为分布式应用的主要方式。本章介绍 Web 服务的基本概念以及在 VS 中的设计方法,主要内容如下:

- Web 服务的含义及建立方法;
- 在 ASP. NET 页面中调用 Web 服务的方法;
- 在 ASP. NET 页面中使用和显示 Web 数据的方法。

11.1 Web 服务概述

在大型企业,数据通常来源于不同的平台和系统。Web 服务为这种情况下的数据集成提供了一种便捷的方式,即可调用通过使用 Web 服务而获取的其他系统中的数据。例如,通过调用国家气象局的天气预报 Web 服务(http://webservice. webxml. com. cn/WebServices/WeatherWebService. asmx)来获得天气预报数据,而不用管天气预报程序的实现,也不用对其进行维护。又如,通过访问 http://webservice. webxml. com. cn/WebServices/TrainTimeWebService. asmx,能获取该网站提供的关于火车运行信息的相关 Web 服务,参见 11.4.2 节。

注意: Web 服务不是指服务器提供的我们通常意义上的 Web 浏览服务;调用 Web 服务中的某个方法后返回 XML 数据是 Web 服务的重要特点之一。

除数据重用外,使用 Web 服务还能实现软件重用。例如,通过 Web 服务可以实现电子公司自动与货运公司联系、填写订单等。

Web 服务是 Web 服务器提供的一组基于组件的应用程序,它的功能是通过标准的 XML 协议展示的。Web 服务并不是最终的用户产品,Web 服务的使用者总是另一个应用程序。

注意:可认为 Web 服务是 Web 上的组件编程。此外,获取其他公司的 Web 服务可能需要付费。

11.1.1 基础技术

Web 服务是基于 XML 和 HTTPS(HyperText Transfer Protocol over Secure Socket Layer)的一种服务,其通信协议主要基于 SOAP(Simple Object Access Protocol),服务的描述使用 WSDL(Web Service Description Language)语言,通过 UDDI(Universal Description Discovery and Integration)来发现和获得服务的元数据,在 HTTP 下加入安全套接层 SSL(Secure Socket Layer)。

HTTPS 是以安全为目标的 HTTP 通道,即 HTTP 的安全版。

WSDL 表示 Web 服务描述语言,是一个与.NET Web 服务结合的标准。

SOAP 表示简单对象协议,是与其他 Web 服务开发平台兼容所必须的。

DISCO 是 discovery 的缩写,是一种 Microsoft 技术,一般用于建立在本地机器上可用的 Web 服务。在添加 Web 引用时,VS 自动创建并存放在系统文件夹 App_WebReferences。DISCO 文档存放了有关 Web 服务的信息,是一个 XML 文档,包含描述 Web 服务的其他资源的链接,并且可被认为类似于包含人们可读文档的 HTML 文件或 WSDL 文件。

DISCO 和 UDDI 表示通用描述、发现与集成,它们使发布和发现 Web 信息更加容易,是可选的扩展(不是必须的)。

11.1.2　工作流程

使用 Web 服务,如同使用本地类中的一个方法那么容易。.NET Framework 提供了一些工具来隐藏 SOAP 和 WSDL 等标准的一些细节。Web 服务的完整工作流程如下。

(1) 将一项 Web 服务视为一个.NET 类;

(2) .NET 自动创建一个 WSDL 文档,该文档说明了客户必须如何与 Web 服务进行通信;

(3) 客户发现 Web 服务并决定使用,客户将 Web 服务作为一个 Visual Studio.NET 项目的 Web 引用来添加(或者运行 WSDL.exe 实用程序);

(4) .NET 自动检查 WSDL 文档,并生成一个允许客户透明地与 Web 服务进行通信的代理类;

(5) 客户调用 Web 服务类的一个方法。在客户看来,这好像与调用其他类中的方法一样,但实际上,客户正在与代理类而不是 Web 服务进行交互;

(6) 在幕后,代理类将提供的参数转换为 SOAP 消息并将其发送给 Web 服务;

(7) 代理类在短时间内收到一个 SOAP 回复,将它转换为适当的数据类型,然后再将它作为一种普通的.NET 数据类型返回给客户;

(8) 客户使用返回的信息。

11.2　创建 Web 服务

11.2.1　创建 ASP.NET Web 服务网站

使用 VS 的菜单"文件"→"新建"→"网站",在出现的对话框中选择"ASP.NET Web 服务",如图 11-1 所示。

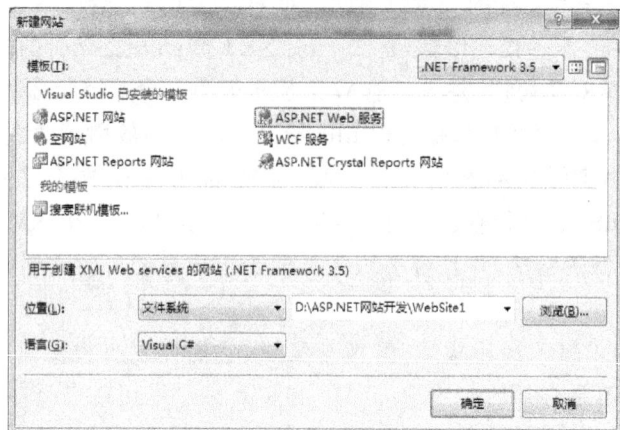

图 11-1　新建网站对话框中选择"ASP.NET Web 服务"

11.2.2　在 ASP.NET 网站中创建 Web 服务

在 ASP.NET 网站里可以创建 Web 服务,因此不必专门创建一个 ASP.NET Web 服务网站。右击通常的 ASP.NET 网站根目录,在弹出的快捷菜单中选择"添加新项"→"Web 服务",如图 11-2 所示。

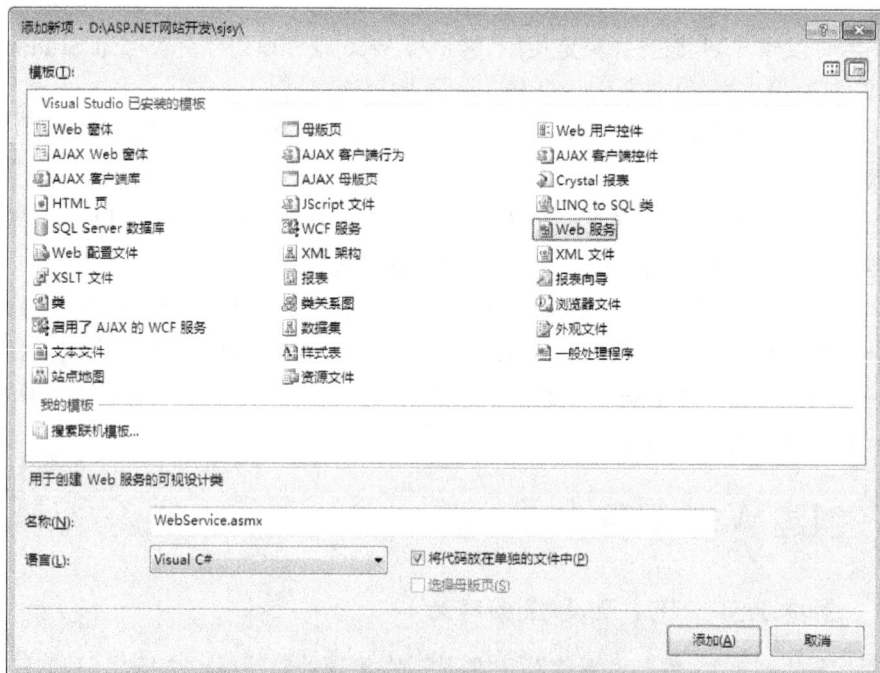

图 11-2　添加新项对话框中选择"Web 服务"

建立 Web 服务,实质就是在支持 SOAP 通信的类中建立若干个方法。每个 Web 服务,对应两个文件,一个文件扩展名为 .asmx(而不是 .aspx),另一个为 .cs 文件(存放在

App_Code 文件夹里,与其他的.cs 文件结构有些差别)。Web 服务主要是在其后台代码文件中添加方法,默认情况下,已经建立了一个名为 Hello World 的方法,如图 11-3 所示。

```
1  using System;
2  using System.Collections;
3  using System.Linq;
4  using System.Web;
5  using System.Web.Services;
6  using System.Web.Services.Protocols;
7  using System.Xml.Linq;
8
9  /// <summary>
10 ///WebService 的摘要说明
11 /// </summary>
12 [WebService(Namespace = "http://tempuri.org/")]
13 [WebServiceBinding(ConformsTo = WsiProfiles.BasicProfile1_1)]
14 //若要允许使用 ASP.NET AJAX 从脚本中调用此 Web 服务,请取消对下行的注释。
15 // [System.Web.Script.Services.ScriptService]
16 public class WebService : System.Web.Services.WebService {
17
18     public WebService () {
19
20         //如果使用设计的组件,请取消注释以下行
21         //InitializeComponent();
22     }
23
24     [WebMethod]
25     public string HelloWorld() {
26         return "Hello World";
27     }
28
29 }
```

图 11-3　Web 服务的后台代码

注意:

(1) 在 VS 中按 Ctrl+F5,即可浏览.asmx 这种特殊的网页文件;

(2) 在 ASP.NET Ajax 页面中调用 Web 服务所提供的方法,参见 15.3 节;

(3) Web 服务的后台代码中不能使用 Response.Write()方法,而是使用 return 语句。

11.3　建立含有调用 Web 服务的 Web 页面

访问 http://webservice.webxml.com.cn/WebServices/TrainTimeWebService.asmx,可以查看和使用该网站提供的 Web 服务,但它显示为不直观的 XML 数据,还需要编程来使用这些 Web 数据。

在 Web 页面中调用 Web 服务,一般分为如下三个步骤。

(1) 添加 Web 引用。为了在本网站的窗体中引用 Web 服务,需要以 Web 引用的方式添加到网站中。右击 ASP.NET 网站名称,在弹出的快捷菜单中选择"添加 Web 引用",此时出现如图 11-4 所示的对话框。

此时一般有两种选择:一是在 URL 文本框输入其他提供 Web 服务的地址,另一种是通过单击"此解决方案中的 Web 服务"按钮。

(2) 搜索到 Web 服务后,单击某个 Web 服务名称,此时右边的 Web 引用名文本框和添加引用命令按钮可用。单击添加引用按钮后,会在站点中自动建立一个名为 App_WebReferences 的文件夹,并在该文件夹下建立一个与 Web 引用名相同的文件夹,在与 Web 引用文件名相同的文件夹里存放着 Web 服务的代理文件(扩展名为 *.disco 和

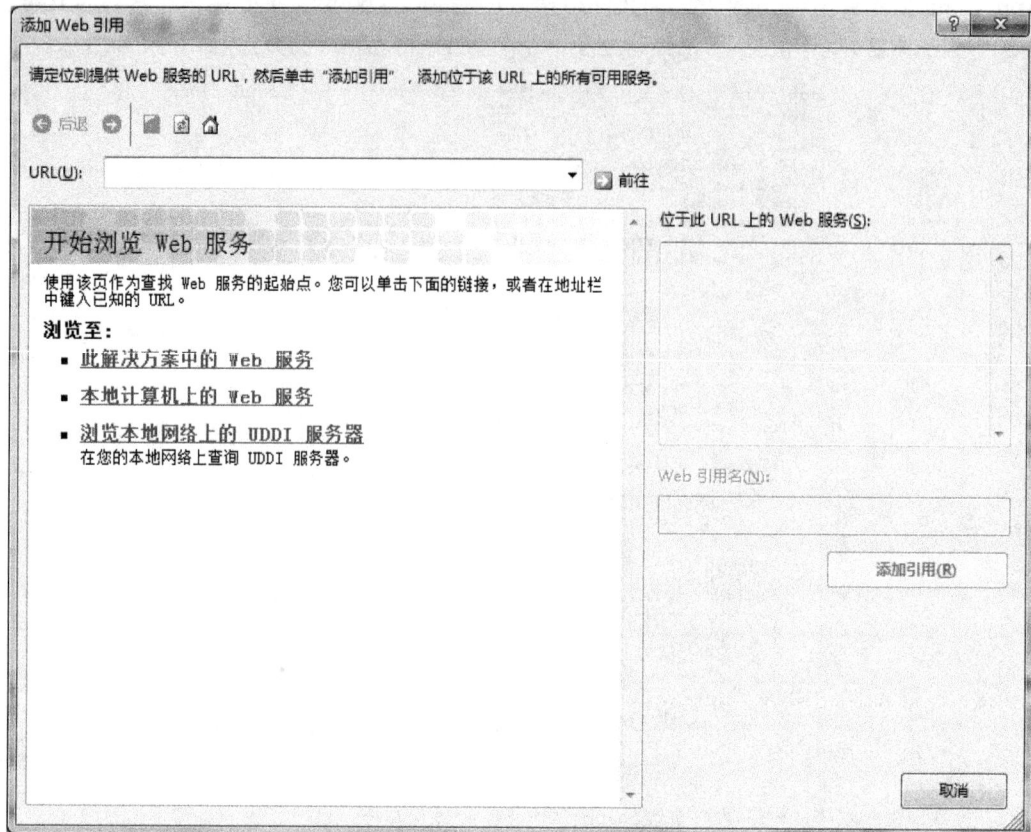

图 11-4　添加 Web 引用对话框

*.wsdl),参见图 11-5。

　　(3) 建立 Web 窗体文件并在其后台代码文件中调用 Web 服务。一般地,后台代码中的第一行是创建 Web 服务的实例,然后使用调用 Web 服务中提供的方法获取 XML 数据,最后使用相关控件显示 XML 数据。

　　注意:在未搜索到任何 Web 服务前,添加 Web 引用对话框内右边的"添加引用"按钮是灰色不可用的。

11.4　Web 服务应用实例

11.4.1　在 ASP.NET 网站中创建与使用 Web 服务

　　在 ASP.NET 网站里可以创建 Web 服务,因此不必专门创建一个 ASP.NET Web 服务网站。

　　【例 11.1】　在 ASP.NET 网站中自定义和使用 Web 服务。

　　【设计思想】新建一个名为 ch11 的网站,在网站里创建两个数的四则运算的 Web 服务,并命名 Web 服务名称为 sj11_1.asmx,然后在窗体页面 sj11_1.aspx 页面中调用 Web 服务 sj11_1.asmx,所产生的相关目录与文件如图 11-5 所示。

注意：

（1）App_WebReferences 是对网站添加 Web 引用时自动产生的系统文件夹；

（2）Localhost 是对添加 Web 引用时命名的 Web 引用名称；

（3）TrainTime 也是添加 Web 引用时命名的 Web 引用名称，是例 11.2 产生的；

（4）用来建立自定义 Web 服务 sj11_1.asmx 的后台代码文件 sj11_1.cs 存放在 App_Code 文件夹里；

（5）每个 Web 引用对应的文件夹里会自动生成扩展名分别为 .discomap、.disco 和 .wsdl 的文件，它们都包含了提供了 Web 服务的名称及路径信息。

具体操作步骤如下：

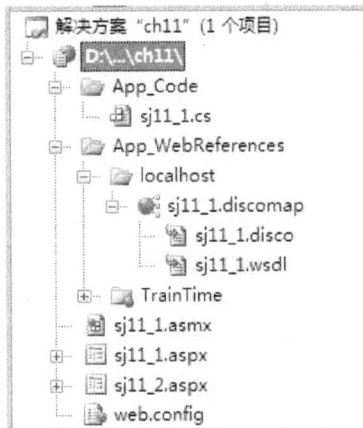

图 11-5　Web 服务的自定义与使用的相关文件与文件夹

（1）新建一个 ASP.NET 网站，网站名称命名为 ch11。

（2）右击网站名称，在弹出的快捷菜单中选择"添加新项"→"Web 服务"，名称命名为 sj11_1.asmx。此时，除了在网站根目录下产生文件 sj11_1.asmx 外，还产生相应的 App_Code\sj11_1.cs 文件。

（3）双击网站根目录下 App_Code\sj11_1.cs 文件，即可打开编辑 Web 服务的后台代码窗口，编辑如图 11-6 所示的代码。

```csharp
using System;  //必须
using System.Web.Services;  //必须

[WebService(Namespace = "http://tempuri.org/")]
[WebServiceBinding(ConformsTo = WsiProfiles.BasicProfile1_1)]
//若要允许使用 ASP.NET AJAX 从脚本中调用此 Web 服务，请取消对下行的注释。
// [System.Web.Script.Services.ScriptService]
public class sj11_1 : System.Web.Services.WebService {

    public sj11_1() {

        //如果使用设计的组件，请取消注释以下行
        //InitializeComponent();
    }
    [WebMethod]
    public int GetTotal(string s, int x, int y)
    {
        if (s == "＋")
            return x + y;
        if (s == "－")
            return x - y;
        if (s == "×")
            return x * y;
        if (s == "÷")
            return x / y;
        else
            return 0;
    }
}
```

图 11-6　在 Web 服务中定义 GetTotal()方法

（4）右击本网站名称，在弹出的快捷菜单中选择"添加 Web 引用"，出现如图 11-7 所示的对话框。

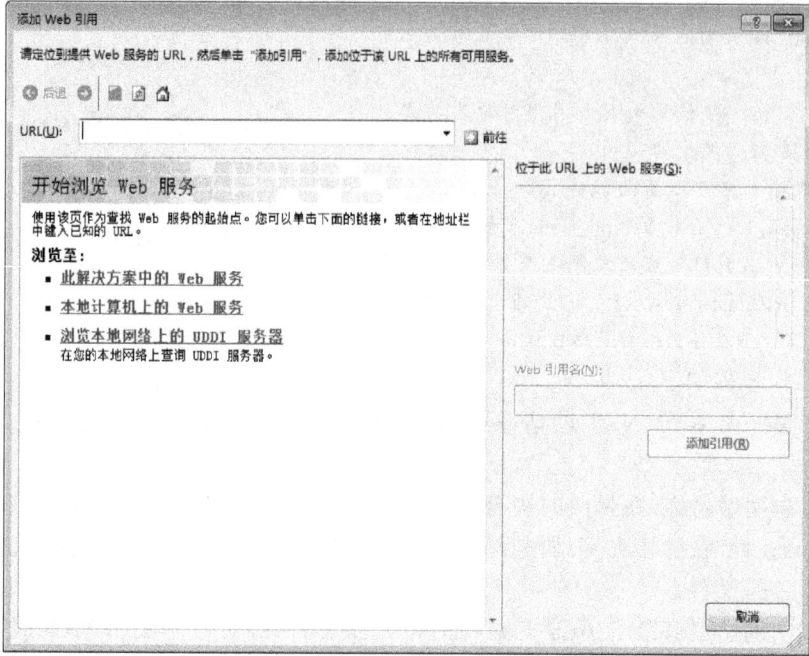

图 11-7　添加 Web 引用对话框

（5）单击"此解决方案中的 Web 服务"超链接，则显示所有的 Web 服务，如图 11-8 所示。

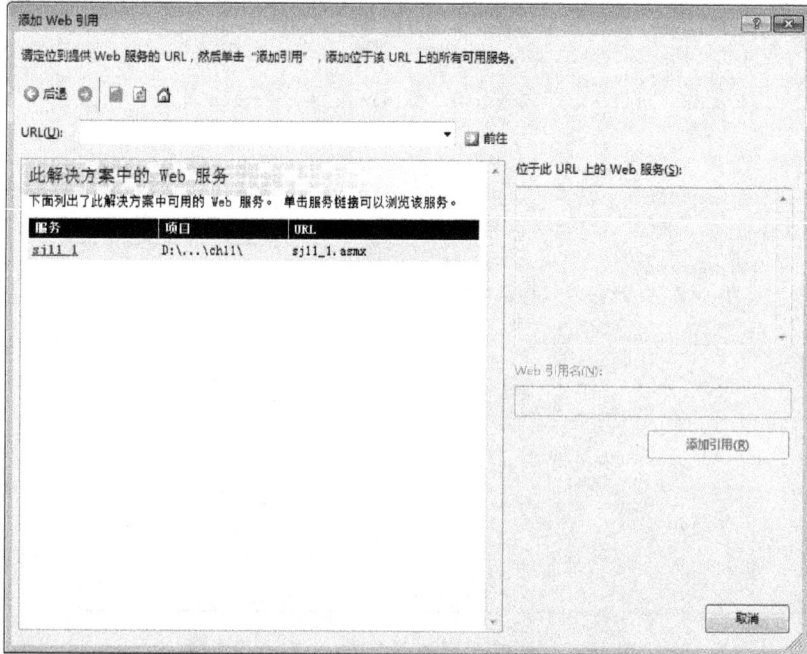

图 11-8　在 Web 服务中定义 GetTotal( )方法

（6）单击 Web 服务名称 sj11_1 超链接，则出现该服务所包含的方法（GetTotal 超链接），此时右边的文本框和命令按钮可用，如图 11-9 所示。

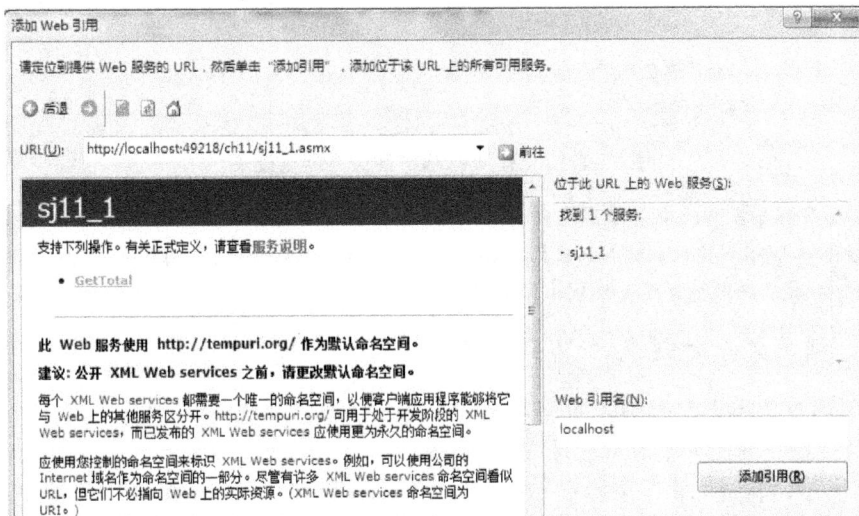

图 11-9　输入 Web 引用名并添加至本地站点

（7）不修改 Web 引用名的默认名称 localhost，单击"添加引用"按钮。此时，会在网站根目录里生成一个名为 App_WebReferences 的文件夹。

（8）打开网站根目录下的窗体文件 sj11_1. aspx 文件，并切换至设计视图。在窗体中添加如图 11-10 所示的 3 个 TextBox 控件、1 个 DropDownList 控件和 1 个 Button 控件。

（9）分别 Button 控件的属性：Button1. Text="="，其他控件属性采用默认。

图 11-10　Web 窗体页面的前台设计视图

（10）写 Button1 的单击事件代码，并引用 Web 服务，如图 11-11 所示。

```
1   using System;
2
3   public partial class sj11_1 : System.Web.UI.Page
4   {
5       protected void Page_Load(object sender, EventArgs e)
6       {    }
7
8       protected void Button1_Click(object sender, EventArgs e)
9       {
10          //创建Web服务的实例（对象）
11          localhost.sj11_1 lw = new localhost.sj11_1();
12          //获取运算符号
13          string code= DropDownList1.SelectedValue;
14          //获取第一操作数
15          int one=Convert.ToInt32 ( TextBox1 .Text .Trim ());
16          //获取第二操作数
17          int two = Convert.ToInt32(TextBox2.Text.Trim());
18          //调用Web服务
19          TextBox3.Text = lw.GetTotal(code, one, two).ToString ();
20      }
21  }
```

图 11-11　引用本地网站的 Web 服务

（11）按 Ctrl＋F5 浏览窗体，效果如图 11-12 所示。

图 11-12　含有 Web 服务的最终浏览效果

注意：如果打算将 Web 服务放置远程的服务器（即不是本机），则需要先将 Web 服务上传至服务器，第（5）步添加 Web 引用时应输入相应的 URL 而不是选择"此解决方案中的 Web 服务"。因为生成的.disco 和.wsdl 文件中包含有提供 Web 服务的 URL。

11.4.2　调用火车时刻表的 Web 服务

下面，通过调用火车时刻表的 Web 服务，说明如何实现 Web 数据的使用。

【例 11.2】　调用火车时刻表的 Web 服务。

【设计方法】首先，需要掌握火车时刻表的 Web 服务。为此，在浏览器地址栏输入 http://webservice.webxml.com.cn/WebServices/TrainTimeWebService.asmx 后，会看到有若干具体的 Web 服务内容（以方法形式提供）。一个重要的 Web 服务是通过发车站和到达站查询火车时刻表，如图 11-13 所示。

图 11-13　通过发车站和到达站查询火车时刻表的 Web 服务说明

本 Web 需要输入三个参数，调用该服务的操作界面如图 11-14 所示。

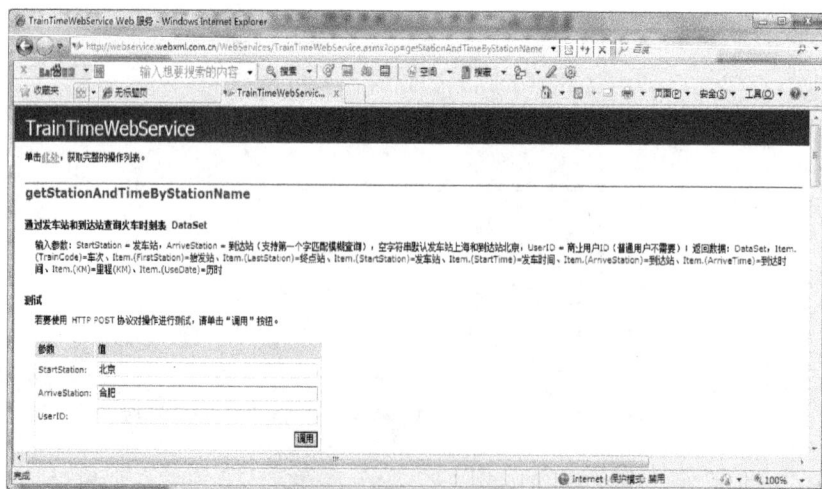

图 11-14　通过发车站和到达站查询火车时刻表

在前面两个文本框里分别输入"北京"和"合肥"(第三个文本框不必输入),单击"调用"按钮的界面如图 11-15 所示(部分)。

```
- <getStationAndTime xmlns="">
  - <TimeTable diffgr:id="TimeTable1" msdata:rowOrder="0" diffgr:hasChanges="inserted">
      <TrainCode>K1071</TrainCode>
      <FirstStation>北京西</FirstStation>
      <LastStation>安庆</LastStation>
      <StartStation>北京西</StartStation>
      <StartTime>13:38:00</StartTime>
      <ArriveStation>合肥</ArriveStation>
      <ArriveTime>02:22:00</ArriveTime>
      <KM>1076</KM>
      <UseDate>12:44</UseDate>
    </TimeTable>
```

图 11-15　查询火车时刻表的 XML 结果

另一个重要的 Web 服务是 getStationName(),它能获得本火车时刻表 Web Services 的全部始发站名称,该方法是无参数的。

后面的工作是将 XML 信息作为相关数据绑定控件的数据源。具体操作步骤如下。

(1) 新建一个 ASP.NET 网站。

(2) 右击网站名称,在弹出的快捷菜单中选择"添加 Web 引用",出现对话框。

(3) 在对话框的 URL 文本框中输入:

http://webservice.webxml.com.cn/WebServices/TrainTimeWebService.asmx

后,将出现该 Web 服务的所有方法,如图 11-16 所示。

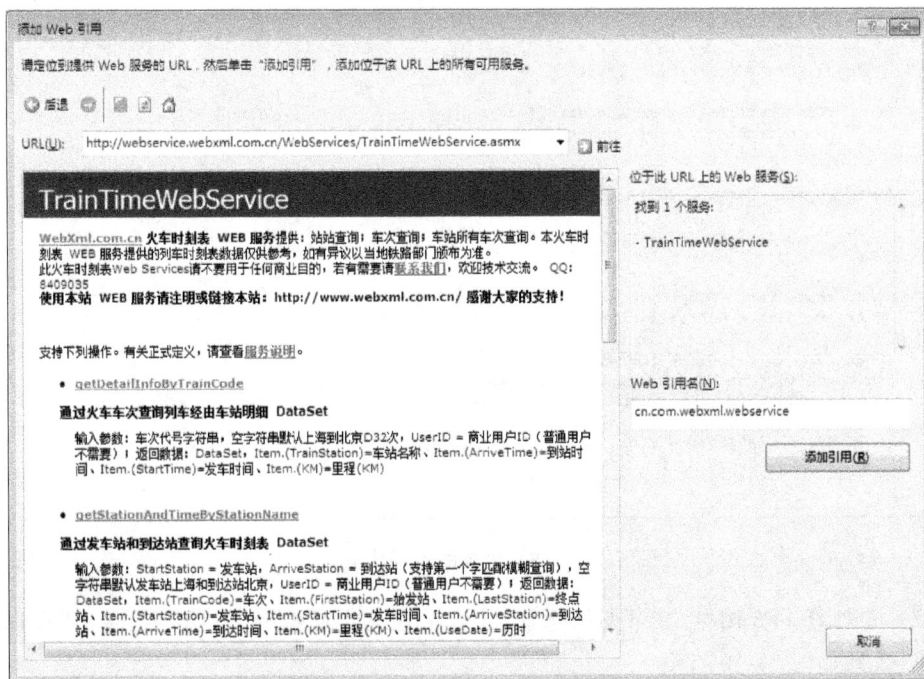

图 11-16　查看拟添加的 Web 服务

（4）将搜索到的 Web 服务在"Web 引用名"文本框内重命名为 TrainTime，并单击"添加引用"命令按钮。

（5）在网站中新建一个 Web 页面，文件名为默认的 sj11_2.aspx，选择分离代码模型。进入拆分模式，向窗体添加 2 个 DropDownList 控件、1 个 GridView 控件和 1 个 Button 命令按钮，如图 11-17 所示。

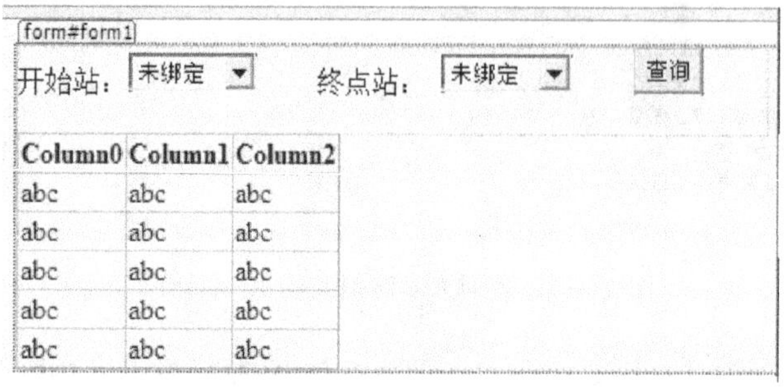

图 11-17　Web 窗体设计效果

（6）添加窗体 sj11_2.aspx 后台代码的 Page_Load()事件代码和 Button1 控件对象的单击事件代码，如图 11-18 所示。

```
1  using System; //必须
2  using System.Data;  //必须
3
4  public partial class sj11_2 : System.Web.UI.Page
5  {
6      protected void Page_Load(object sender, EventArgs e)
7      {
8          TrainTime.TrainTimeWebService ttService = new TrainTime.TrainTimeWebService();  //创建实例
9          string[] str = ttService.getStationName();    //调用Web服务-获得全部火车站点名称
10         for (int i = 0; i < str.Length; i++)
11         {
12             DropDownList1.Items.Add(str[i]);
13             DropDownList2.Items.Add(str[i]);    //始发站也是终点站
14         }
15     }
16     protected void Button1_Click(object sender, EventArgs e)
17     {
18         String StartStation, ArriveStation;   //变量声明
19         DataSet ds;
20
21         StartStation = DropDownList1.Text;   //变量赋值
22         ArriveStation = DropDownList2.Text;
23
24         TrainTime.TrainTimeWebService ttService;
25         ttService = new TrainTime.TrainTimeWebService();   //创建Web服务的实例
26         ds = ttService.getStationAndTimeByStationName(StartStation, ArriveStation, "");//调用
27
28         GridView1.DataSource = ds.Tables[0].DefaultView;   //指定数据源
29         GridView1.DataBind();   //绑定
30     }
31 }
```

图 11-18　窗体的事件代码

（7）按 Ctrl+F5 浏览，在开始站选择"北京"、在终点站选择"合肥"后，单击"查询"命令按钮，效果如图 11-19 所示。

TrainCode	FirstStation	LastStation	StartStation	StartTime	ArriveStation	ArriveTime	KM	UseDate
K1071	北京西	安庆	北京西	13:38:00	合肥	02:22:00	1076	12:44
K1071	北京西	安庆	北京西	13:38:00	合肥西	02:59:00	1095	13:21
K1109	北京西	芜湖	北京西	14:00:00	合肥	02:31:00	1076	12:31
K747	北京	合肥	北京	15:36:00	合肥	06:50:00	1109	15:14
T63	北京	合肥	北京	21:47:00	合肥	08:39:00	1109	10:52
Z73	北京	合肥	北京	21:29:00	合肥	06:59:00	1109	09:30

图 11-19　窗体页面的浏览效果

注意：图 11-18 中控件对象 Button1 的单击事件过程代码的另一种等价写法是使用 DataSet 对象，如图 11-20 所示。

```
protected void Button1_Click(object sender, EventArgs e)
{
    String StartStation, ArriveStation;
    DataSet ds;

    StartStation = DropDownList1.Text;
    ArriveStation = DropDownList2.Text;

    TrainTime.TrainTimeWebService ttService;
    ttService = new TrainTime.TrainTimeWebService();
    ds = ttService.getStationAndTimeByStationName(StartStation, ArriveStation, "");//调用

    GridView1.DataSource = ds.Tables[0].DefaultView;
    GridView1.DataBind();
}
```

图 11-20　使用 DataSet 对象和 GridView 控件输出 Web 数据

习 题 11

一、判断题

1. 在 VS 中新建一个 Web 服务时会自动生成一个扩展名为 .asmx 的文件。
2. 利用 Web 服务,只能实现数据重用而不能实现软件重用。
3. 在 ASP.NET 网站里可以创建 Web 服务。
4. 在网站里添加的每个 Web 引用,都对应一个与 Web 引用名称相同的文件夹。
5. 调用 Web 服务时,需要先创建 Web 服务的实例对象。
6. 一个 Web 服务的后台代码文件中只能定义一个方法。
7. 创建 Web 引用服务时产生的 .disco 文件中,包含有提供 Web 服务的 URL。

二、选择题

1. 添加某个 Web 服务后,一定会产生的专用文件夹是_____。
   A. App_Code   B. App_Theme
   C. App_Data   D. App_WebReferences
2. 建立与引用 Web 服务时,不会涉及的文件类型是_____。
   A. asmx   B. master   C. disco   D. wsdl
3. 创建 Web 服务,在其后台代码中必须使用的命名空间是_____。
   A. System. Web   B. System. Web. UI
   C. System. Web. Services   D. System. Services
4. 关于"添加 Web 引用"对话框中的说法中,正确的是_____。
   A. Web 服务 URL   B. 此解决方案中的 Web 服务
   C. 本地计算机上的 Web 服务   D. 都包含
5. 下列选项中,不属于 Web 服务的是_____。
   A. WSDL   B. SOAP
   C. DISCO 和 UDDI   D. HTTP

三、填空题

1. 在网站里添加已经存在的 Web 服务的方法是右键网站名称并选择_____。
2. 网站添加的所有 Web 引用都将存放在网站专用的_____文件夹里。
3. 网站中自定义的 Web 服务的后台代码文件存放在网站专用的_____文件夹里。
4. 创建 Web 服务的实例对象时,需要在 Web 服务名前缀_____,并用点分隔。
5. Web 服务所提供的应用程序的功能是通过标准的_____协议展示的。

实验 11　Web 服务的创建与使用

（访问 http：//www.wustwzx.com/Default.aspx）

一、实验目的

1. 掌握创建 Web 服务的方法；
2. 掌握在 ASP.NET 页面中调用 Web 服务的方法；
3. 掌握在 ASP.NET 页面中使用和显示 Web 数据的方法。

二、实验内容

1. Web 服务（两个整数的四则运算）的建立与使用。

   【效果演示】访问 http：//www.wustwzx.com/sj11_1.aspx，参见例 11.1。

   【实验步骤】

   (1) 新建网站，命名为 ch11；

   (2) 新建 Web 服务，命名为 sj11_1.asmx；

   (3) 打开 Web 服务的后台代码文件，编写实现两个整数的四则运算的方法 getTotal()；

   (4) 对网站添加 Web 服务，名称采用默认值 localhost；

   (5) 新建 Web 窗体，命名为 sj11_1.aspx，选择分离代码模型；

   (6) 打开窗体的后台代码文件，编写调用本地网站里 Web 服务的代码；

   (7) 按 Ctrl＋F5 进行浏览、测试。

   【知识要点】自定义 Web 服务、调用 Web 服务。

2. 调用火车时刻表的 Web 服务。

   【效果演示】访问 http：//www.wustwzx.com/sj11_2.aspx，参见例 11.2。

   【实验步骤】

   (1) 右击网站名称 ch11，在出现的快捷菜单中选择"添加 Web 服务"，在出现的对话框的 URL 文本框里输入调用火车 Web 服务的网址；

   (2) 将搜索到的 Web 服务命名为 TrainTimeWebservice；

   (3) 新建窗体文件，命名为 sj11_2.aspx，并选择分离代码模型；

   (4) 在窗体中依次添加用于选择"开始站"的 DropDownList 控件、用于选择"终点站"的 DropDownList 控件和执行查询的 Button 控件各一个；

   (5) 在窗体的后台代码的 Page_Load() 过程里，调用 Web 服务中的 getStationName() 方法为两个 DropDownList 控件对象添加列表项；

   (6) 根据用户选择，调用 getStationAndTimeByStationName() 方法，编写事件过程 Button1_Click()；

   (7) 按 Ctrl＋F5 进行浏览、测试。

【知识要点】

(1) 调用远程的 Web 服务；

(2) 显示使用 Web 服务获取的 XML 数据。

3. 调用气象 Web 服务。

【效果演示】访问 http://www.wustwzx.com/sj11_3.aspx(或 sj11_3a.aspx)

【实验步骤】

(1) 查看文件 sj11_3.aspx.cs 中获取 Web 服务并通过字符数组显示 XML 数据的代码；

(2) 查看文件 sj11_3a.aspx.cs 中使用 Cache 对象缓存数据的用法。

【知识要点】

(1) 气象 Web 服务：http://webservice.webxml.com.cn/WebServices/WeatherWebService.asmx；

(2) 使用字符数组处理 XML 数据；

(3) 使用 Cache 对象缓存数据。

三、实验小结

（由学生填写,重点写上机中遇到的问题）

第 12 章　网 站 导 航

在含有大量网页的网站中,要实现用户随意在网页之间进行切换的导航工作,传统的方式是通过在页面中添加超链接,其工作量是很大的,而且不易维护。VS 2008 工具箱的"导航"选项卡里,提供了若干用于网站导航的数据源控件及网站导航控件。利用这些控件,可以快速地进行网站导航的设计。本章主要内容如下:

- 掌握网站地图文件的作用;
- 掌握 SiteMapPath 控件的使用;
- 掌握 TreeView 和 Menu 控件的使用。

12.1　网站地图文件

网站地图用来描述网站中网页文件的层次结构,通常使用一个反映网站层次结构的 XML 格式文件。如果要使用 ASP. NET 的导航系统(表现为导航控件),就必须建立网站地图文件。

右键网站名称→添加新项→站点地图,则出现如图 12-1 所示的对话框。

图 12-1　在 VS 中新建站点地图文件

　　网站地图文件使用一对＜siteMap＞标记和若干对＜siteMapNode＞标记，并以.sitemap 作为扩展名。其中，＜sitemap＞和＜/sitemap＞称为根元素，它包含若干由＜sitemapNode＞和＜/sitemapNode＞表示的节点，并且节点是嵌套的。

　　Web.sitemap 文件默认的代码如图 12-2 所示，它描述了文档的结构和规范。

```
Web.sitemap  Default.aspx  起始页
  <?xml version="1.0" encoding="utf-8" ?>
  <siteMap xmlns="http://schemas.microsoft.com/AspNet/SiteMap-File-1.0" >
     <siteMapNode url="" title=""  description="">
        <siteMapNode url="" title=""  description="" />
        <siteMapNode url="" title=""  description="" />
     </siteMapNode>
  </siteMap>
```

图 12-2　站点地图文件默认的文本

注意：网站地图文件 Web.sitemap 应位于站点根文件夹下。

　　＜siteMapNode＞元素（节点）的常用属性如下：

- title：表示超链接的显示文本；
- description：描述超链接作用的提示文本；
- url：超链接本网站中的目标页地址；
- siteMapFile：引用另一个地图文件；
- securityTrimmingEnabled：是否让地图支持安全性；
- roles：表示哪些角色可以访问当前节点。

【例 12.1】　创建网站地图文件。

【设计方法】

　　（1）画出能反映网站所有页面层次关系的草图，然后新建一个网站，右击网站名称→添加新项→站点地图，在出现的对话框中单击"添加"命令按钮。

　　（2）编辑地图文件，其文件代码如图 12-3 所示。

```
Web.sitemap
  <?xml version="1.0" encoding="utf-8" ?>
  <siteMap>
    <siteMapNode title="Home" description="Home" url="~/default.aspx">
      <siteMapNode title="Products" description="Our products"
         url="~/Products.aspx">
        <siteMapNode title="Hardware" description="Hardware choices"
           url="~/Hardware.aspx" />
        <siteMapNode title="Software" description="Software choices"
           url="~/Software.aspx" />
      </siteMapNode>
      <siteMapNode title="Services" description="Services we offer"
         url="~/Services.aspx">
        <siteMapNode title="Training" description="Training classes"
           url="~/Training.aspx" />
        <siteMapNode title="Consulting" description="Consulting services"
           url="~/Consulting.aspx" />
        <siteMapNode title="Support" description="Supports plans"
           url="~/Support.aspx" />
      </siteMapNode>
    </siteMapNode>
  </siteMap>
```

图 12-3　网站地图文件

在上面的 Web.sitemap 文件中,为网站中的每个页面添加一个 siteMapNode 元素,并通过嵌入 siteMapNode 元素创建层次结构。最外层的＜siteMapNode＞表示根节点,对应于网站首页;Products 和 Services 是二级节点;三级节点"Hardware"和"Software"是二级节点"Products"的子节点。

　　注意:对于复杂的网站导航,将所有的导航信息都放在一个 Web.sitemap 中会显得比较杂乱。解决方法是嵌套网站地图文件。即将信息分散到多个.sitemap 文件中,再把分散的.sitemap 文件合并到一个.sitemap 文件中,并且在合并时要用到＜siteMapNode＞元素的 siteMapFile 属性。

12.2　使用 SiteMapPath 控件实现面包屑导航

　　网站的导航功能是给浏览该网站的用户起一个指示的作用,让用户能清楚了解自己当前处于网站的哪一层,并能快速在各层不同模块间进行切换。过去,做网站时需要手动地为每一个页面实现导航功能,这样做起来工作量太庞大,可维护性差,而且很容易出错。

　　VS 2008 提供了三个常用的导航控件:

- SiteMapPath 控件;
- TreeView 控件;
- Menu 控件。

导航控件的优点在于提供了可视化的操作界面和面向对象的思想。此外,数据源的多样化,可以进行动态生成导航内容,即是指开发人员不是把导航内容写"死",而是把导航内容放在 XML 文件、SiteMap 文件、数据库文件中。

　　在实际应用中,经常在每个网页上有一个固定位置用于显示当前页面在整个网站中的级别,如图 12-4 所示,当前的"研究生培养"页面是三级页面,可以通过导航链接至二级页面"教育教学",也可以链接至首页。

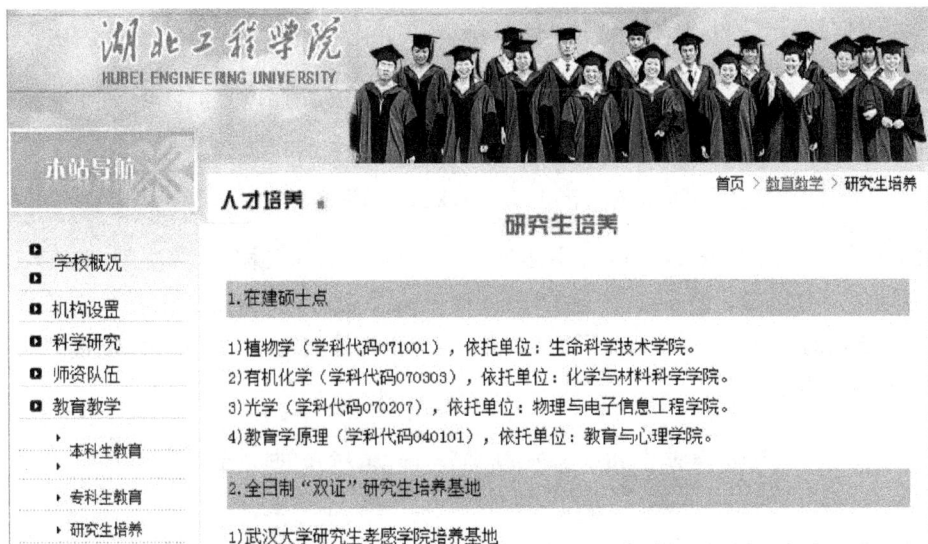

图 12-4　面包屑导航示例网站

SiteMapPath 控件的常用属性如下。

- PathDirection：获取或设置导航路径节点的呈现顺序，取值除了 CurrentToRoot 外，还可以是 RootToCurrent，在非主页中都必须使用；
- PathSeparator：获取或设置一个符号，用于站点导航路径的路径分隔符；
- ParentLevelsDisplayed：获取或设置相对于当前显示节点的父节点级别数。默认值为－1，此时节点的深度没有限制，这种设置可能导制节点列表非常长；
- PathSeparatorTemplate：获取或设置一个控件模板，用于站点导航路径的路径分隔符。

注意：

（1）SiteMapPath 控件与一般的数据控件不同，它自动绑定网站地图文件，这与下节介绍的两个控件不同；

（2）SiteMapPath 控件在设计窗口的显示与本页面是否在网站地图文件中登记相关，当已经登记时，显示真实的位置；否则，显示"根节点＞父节点＞当前节点"。

（3）所有的次级页面（非主页）中的 SiteMapPath 控件的 PathDirection 属性值应一致。

【例 12.2】 面包屑导航。

【设计方法】右键网站名称→添加新项→站点地图，命名为 Web.sitemap，文件内容如图 12-3 所示。然后，再在网站中新建或修改如下页面。

（1）在主页 Default.aspx 中放置一个 SiteMapPath 控件，显示站点根目录。此时，只显示主页位置信息，没有父节点信息。不过，主页上通常有导航菜单用于实现到其他页面的链接。

（2）在二级页面 Products.aspx 中再放置一个 SiteMapPath 控件，并使用 PathDirection 属性，设置属性值为 RootToCurrent（其实是默认值）。浏览 Products.aspx 页面时，SiteMapPath 控件对象表现为如图 12-5 所示的效果。其中，当前页面（节点）不会作为导航链接，并且只有一个可以链接到主页的链接（父节点）。

站点导航控件SiteMapPath测试Services.aspx页所在的位置：
你现在的位置是：Home > Services

图 12-5　Hardware.aspx 页面的浏览效果

（3）在三级页面 Hardware.aspx 中再放置一个 SiteMapPath 控件，并使用 PathDirection 属性，属性值为 RootToCurrent。浏览 Hardware.aspx 页面时，SiteMapPath 控件对象表现为如图 12-6 所示的效果。其中，当前页面（节点）不会作为导航链接，并且可以链接到所有父节点（两个超链接）。

站点导航控件SiteMapPath测试Hardware.aspx页所在的位置：
你当前的位置：Home > Products > Hardware

图 12-6　Hardware.aspx 页面的浏览效果

12.3　网站导航控件的使用

本节将分别介绍 VS 2008 提供的另外的两个导航控件,在此之前,需要介绍提供网站层次信息的数据源控件 SiteMapDataSource。

12.3.1　数据源控件 SiteMapDataSource

SiteMapDataSource 控件,在 VS 工具箱里的“数据”选项卡里,如图 12-7 所示。

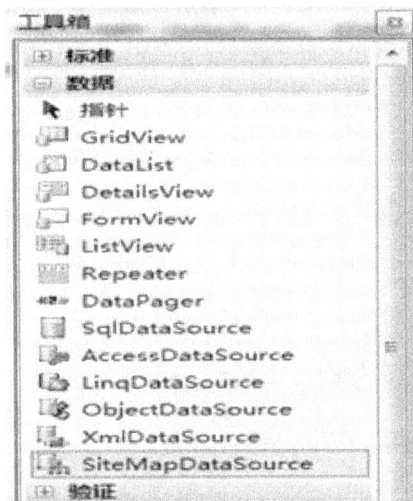

图 12-7　SiteMapDataSource 控件

将本控件拖至窗体中,则产生的代码如下:

　　＜asp：SiteMapDataSource ID=" SiteMapDataSource1 " runat=" server "/＞

该控件自动读取网站根文件夹下的 Web. sitemap 文件中的 XML 数据,本数据源将被其他的数据显示控件调用。

12.3.2　使用 TreeView 控件做折叠式树状菜单

TreeView 控件结合 SiteMapDataSource 控件,设计的导航页面有如下要点:

● SiteMapDataSource 控件自动绑定网站地图文件;

● 将 SiteMapDataSource 控件对象的 ID 属性赋值给 TreeView 控件对象的 DataSourceID 属性。

使用 TreeView 控件做折叠式树状导航菜单,其控件代码如图 12-8 所示。

```
<asp:SiteMapDataSource ID="SiteMapDataSource1" runat="server" />
<asp:TreeView ID="TreeView1" runat="server" DataSourceID="SiteMapDataSource1">
</asp:TreeView>
```

图 12-8　使用 Menu 控件的窗体页面

【例 12.3】　使用 TreeView 控件做折叠式树状导航菜单设计。

【设计方法】新建网站，右键网站名称→添加新项→站点地图，命名为 Web.sitemap，文件内容如图 12-9 所示。

```xml
<?xml version="1.0" encoding="utf-8" ?>
<siteMap>
    <siteMapNode url="Default.aspx" title="管理系统" description="">
        <siteMapNode url="Manage.aspx" title="商品管理" description="商品操作">
            <siteMapNode url="MerchandiseSale.aspx" title="出售与退还" description="" />
            <siteMapNode url="IntegralMerchandise.aspx" title="积分使用" description="" />
            <siteMapNode url="IntegralUseRule.aspx" title="积分规则" description="" />
        </siteMapNode>
        <siteMapNode url="ManageCard.aspx" title="卡类管理" description="会员卡操作">
            <siteMapNode url="CardAdd.aspx" title="添加卡类型" description="" />
            <siteMapNode url="CardUpdate.aspx" title="卡类型修改" description="" />
            <siteMapNode url="CardRoleUpdate.aspx" title="积分规则修改" description="" />
            <siteMapNode url="CardReset.aspx" title="积分规则获取" description="" />
        </siteMapNode>
        <siteMapNode url="ManageMember.aspx" title="会员信息管理" description="会员详细信息">
            <siteMapNode url="AddUserMember.aspx" title="会员信息添加" description="" />
            <siteMapNode url="MemberInfoSelect.aspx" title="会员信息查询" description="" />
            <siteMapNode url="MemberEdit.aspx" title="会员信息修改" description="" />
        </siteMapNode>
        <siteMapNode url="MangeScore.aspx" title="积分管理" description="积分操作">
            <siteMapNode url="IntegralInfo.aspx" title="积分查询" description="" />
            <siteMapNode url="HistotySelect.aspx" title="积分历史记录" description="" />
            <siteMapNode url="History.aspx" title="积分使用" description="" />
        </siteMapNode>
    </siteMapNode>
</siteMap>
```

图 12-9 网站地图文件 Web.sitemap

右键网站名称→添加新项→Web 窗体，命名为 sj12_3.aspx，并选择分离代码模型。分别向窗体添加一个 SiteMapDataSource 数据源控件和一个 TreeView 控件，并设置 TreeView 控件对象的 DataSourceID 的属性值为" SiteMapDataSource1 "，前台控件代码和设计视图如图 12-10 所示。

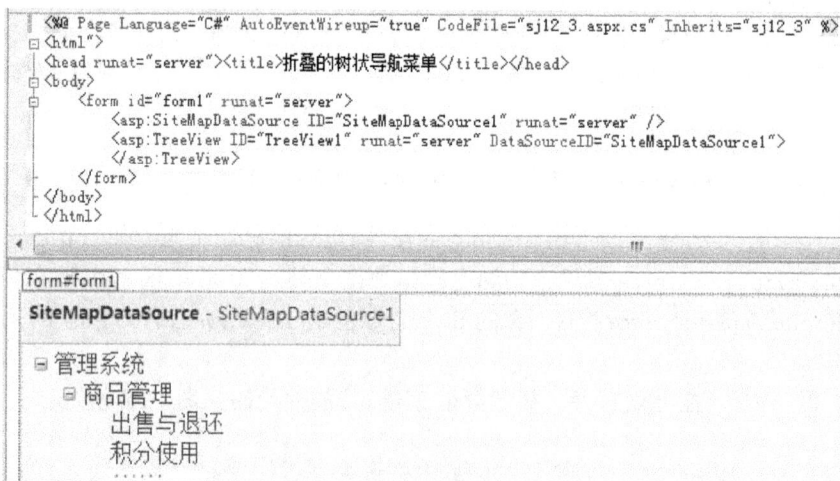

```aspx
<%@ Page Language="C#" AutoEventWireup="true" CodeFile="sj12_3.aspx.cs" Inherits="sj12_3" %>
<html>
<head runat="server"><title>折叠的树状导航菜单</title></head>
<body>
    <form id="form1" runat="server">
        <asp:SiteMapDataSource ID="SiteMapDataSource1" runat="server" />
        <asp:TreeView ID="TreeView1" runat="server" DataSourceID="SiteMapDataSource1">
        </asp:TreeView>
    </form>
</body>
</html>
```

form#form1

SiteMapDataSource - SiteMapDataSource1

```
管理系统
    商品管理
        出售与退还
        积分使用
```

图 12-10 页面的前台代码及设计视图

页面的浏览效果如图 12-11 所示。

注意：为了使不同的页面共享导航控件，通常将导航控件添加到母板（参见 13.2 节）中。

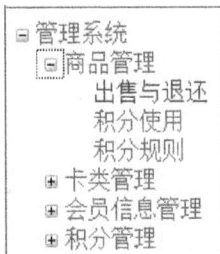

图 12-11 页面的浏览效果

12.3.3 使用 Menu 控件做水平弹出式菜单

Menu 控件结合 SiteMapDataSource 数据源控件,设计的导航页面有如下要点:

● SiteMapDataSource 控件自动绑定网站地图文件 Web. sitemap;

● 将 SiteMapDataSource 控件对象的 ID 属性赋值给 Menu 控件对象的 DataSourceID
属性;

● 被链接的窗体页面可以不存在,不必像 SiteMapPath 控件那样要求已经存在。

【例 12.4】 使用 Menu 控件做二维水平弹出式菜单。

【设计方法】预期的弹出式菜单的设计效果,如图 12-12 所示。

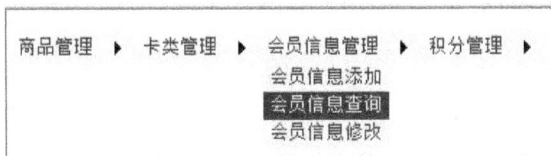

图 12-12 Web 窗体页面的浏览效果

【设计方法】在例 12.1 的基础上,右键网站名称→添加新项→Web 窗体,命名为
sj12_4.aspx,并选择分离代码模型。

(1) 分别向窗体添加一个 SiteMapDataSource 控件和一个 Menu 控件。

(2) 设置 Menu 控件对象的 DataSourceID 的属性值为" SiteMapDataSource1 ",设置
Orientation 属性值为" Horizontal ",设置 SiteMapDataSource1 的 ShowStartingNode 属性
为" False "。此时,页面的设计效果如图 12-13 所示。

图 12-13 Web 窗体页面的设计视图

(3) 在设计窗口中,单击控件对象 Menu1 的智能按钮→自动套用格式→彩色型。

(4) 页面的前台代码,如图 12-14 所示。

(5) 按 Ctrl+F5 浏览页面,测试浏览效果。

```
<%@ Page Language="C#" AutoEventWireup="true" CodeFile="sj12_4.aspx.cs" Inherits="sj12_4" %>
<html>
<head runat="server">
    <title>二维水平弹出式菜单</title>
</head>
<body>
    <form id="form1" runat="server">
    <div>
        <asp:SiteMapDataSource ID="SiteMapDataSource1" runat="server"
            ShowStartingNode="False" />
        <asp:Menu ID="Menu1" runat="server" BackColor="#FFFBD6"
            DataSourceID="SiteMapDataSource1" DynamicHorizontalOffset="2"
            Font-Names="Verdana" Font-Size="0.8em" ForeColor="#990000"
            Orientation="Horizontal" StaticSubMenuIndent="10px">
            <StaticSelectedStyle BackColor="#FFCC66" />
            <StaticMenuItemStyle HorizontalPadding="5px" VerticalPadding="2px" />
            <DynamicHoverStyle BackColor="#990000" ForeColor="White" />
            <DynamicMenuStyle BackColor="#FFFBD6" />
            <DynamicSelectedStyle BackColor="#FFCC66" />
            <DynamicMenuItemStyle HorizontalPadding="5px" VerticalPadding="2px" />
            <StaticHoverStyle BackColor="#990000" ForeColor="White" />
        </asp:Menu>
    </div>
    </form>
</body>
</html>
```

图 12-14　Web 窗体页面的前台代码

注意：Menu 控件通过 SiteMapDataSource 控件访问网站地图文件，也实现了网站导航功能，通常也应添加到母板（参见 13.2 节）中，以便每个页面不仅有内容，而且含有导航菜单。

习 题 12

一、判断题

1. 一个网站地图中只能有一个<siteMapNode>根元素。

2. 网站地图文件都是 XML 文件。

3. 为了实现网站的面包屑导航功能,应在所有页面中使用 SiteMapPath 控件。

4. 为了实现网站的面包屑导航功能,在节点定义中必须同时使用 url 和 title 属性。

5. SiteMapPath 控件在设计窗口的显示与本页面是否在网站地图文件中登记相关。

6. 利用 TreeView 和 Menu 控件做网站导航,必须使用其 DataSourceID 属性。

7. 使用网站地图文件和相关导航控件可以实现图形化的导航。

二、选择题

1. 下列控件中,不需要添加数据源控件的是_____。
   A. SiteMapPath   B. TreeView
   C. Menu   D. SiteMapDataSource

2. 下列关于网站地图文件的说法中,正确的是_____。
   A. 网站地图文件必须在网站根目录文件夹下
   B. 网站地图文件必须在 App_Data 子文件夹下
   C. 网站地图文件必须和引用的网页在同一文件夹下
   D. SiteMapPath 控件自动绑定位于网站根文件夹下 Web. sitemap 文件

3. 下列关于网站地图文件的说法中,不正确的是_____。
   A. 根标记名为<siteMap>
   B. 节点标记名为<siteMap Node>
   C. 节点标记可以嵌套
   D. 节点标记的三个属性 title、url 和 description 都必须指定其值

4. 利用 TreeView 和 Menu 控件做网站导航,需要先使用_____控件读取网站地图文件中的信息。
   A. Xml   B. XmlDataSource
   C. SiteMapPath   D. SiteMapDataSource

三、填空题

1. 网站地图文件的扩展名是_____。

2. 导航控件通过_____控件访问网站地图数据。

3. PathDirection 作为 SiteMapPath 的属性,其默认值是_____。

4. 站点地图文件中定义节点所使用的标记都必须包含在_____标记内。

5. 在窗体页面中,反映当前页在网站中的位置,是因为当前页在网站地图文件中的<siteMap>标记内使用_____标记进行了登记。

实验 12 网站地图与导航控件的使用

（访问 http://www.wustwzx.com/Default.aspx）

一、实验目的

1. 掌握网站地图文件的格式规范；
2. 掌握面包屑导航的实现原理与方法；
3. 掌握使用 TreeView 控件实现网站树状折叠式导航菜单的方法；
4. 掌握使用 Menu 控件实现网站水平导航菜单的方法。

二、实验内容

预备：下载本次实验的相关材料（含源代码）的压缩文档并解压至硬盘。

1. 查看网站地图文件的结构（参见例 12.1）。

   【操作步骤】

   （1）文件→新建→网站，浏览指向刚才解压的文件夹，选择打开现有网站；

   （2）双击网站文件窗口中的地图示例文件 Web.sitemap 查看其结构。

2. 使用 SiteMapPath 控件制作网站导航面包屑（参见例 12.2）。

   【操作步骤】

   （1）双击网站文件窗口中 Hardware.aspx 文件，在拆分模式下查看 SiteMapPath 控件的属性；

   （2）按 Ctrl＋F5 浏览并单击"Home"超链接，体会导航的含义；

   （3）通过主页中折叠式的导航菜单，链接至其他任何一级页面，体会主页的作用。

3. 使用 TreeView 控件制作树状折叠式菜单（参见例 12.3）。

   【操作步骤】

   （1）文件→新建→网站，浏览指向刚才解压的文件夹里的 sy12_34 子文件夹，选择打开现有网站；

   （2）双击网站文件窗口中的 sj12_3.aspx，在拆分模式下查看控件代码；

   （3）在 sy12_34 子文件夹里打开地图文件 Web.sitemap，查看其结构；

   （4）按 Ctrl＋F5 浏览。

4. 使用 Menu 控件制作水平弹出式菜单（参见例 12.4）。

   【操作步骤】

   （1）双击网站 sy12_34 的文件窗口中的 sj12_4.aspx，在拆分模式下查看控件代码与设计视图；

   （2）按 Ctrl＋F5 测试浏览效果；

   （3）设置 Menu 控件对象的 Orientation 属性，实现垂直菜单。

三、实验小结

（由学生填写，重点写上机中遇到的问题）

第 13 章 主题、母版、用户控件与第三方控件的使用

网站的主题,不是我们想象中网站内容的高度概括,而是指网站中 Web 控件对象和 HTML 元素外观定义的名称。通过更改主题,可以快速改变网站的外观;母版的作用是实现网站页面风格的统一;用户控件是一种复合控件,即通过添加现有的 Web 服务器控件和 HTML 标记而形成。

- 掌握网站主题的建立与使用;
- 掌握母版的建立与使用;
- 掌握用户控件的建立与使用;
- 了解第三方控件的使用方法。

13.1 主题

目前,大多数网站能根据情况变化进行换肤。例如,到了春节,网站中一般为喜庆、鲜艳的彩色;而到了哀悼日(例如 5.12),则以黑色居多。这种快速的换肤效果是通过应用主题实现的。

主题是定义页面、Web 控件和 HTML 元素(控件)外观的属性的集合,通过应用主题,来实现网站所有页面统一的外观。

13.1.1 网站主题的建立

网站主题的建立,分为建立主题文件夹、建立和编辑外观文件等过程。

右击网站名称,在其快捷菜单中选择"添加 ASP. NET 文件夹"→"主题",如图 13-1(a)所示,则会在网站根目录下自动生成一个名为"App_Themes"的文件夹,然后在 App_Themes 文件夹里再创建一个主题文件夹,如图 13-1(b)所示。右键 App_Themes 文件夹→添加 ASP. NET 文件夹→主题,还可以建立其他的主题。

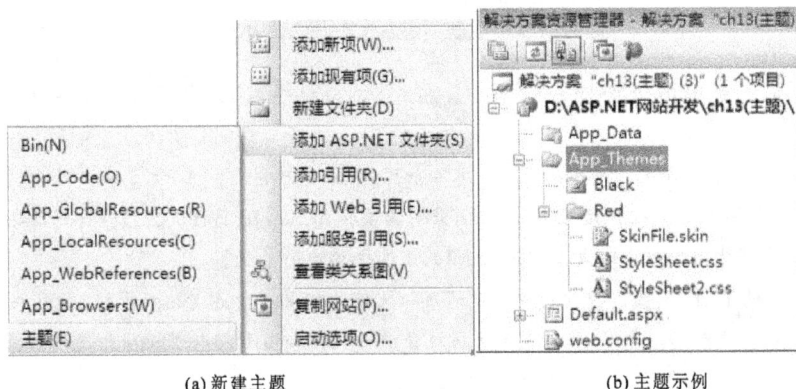

(a)新建主题   (b)主题示例

图 13-1 创建网站主题

右击主题文件夹,在弹出的快捷菜单中选择"添加新项"→"外观文件"模板,即建立一个扩展名为 .skin 的外观文件,在网站的 Black 主题里建立一个外观文件名为 SkinFile.skin 时模板文件的默认内容如图 13-2 所示。

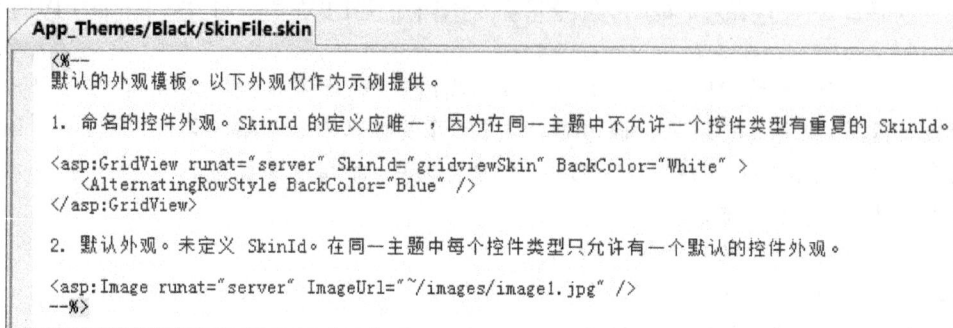

```
App_Themes/Black/SkinFile.skin

<%--
默认的外观模板。以下外观仅作为示例提供。

1. 命名的控件外观。SkinId 的定义应唯一,因为在同一主题中不允许一个控件类型有重复的 SkinId。

<asp:GridView runat="server" SkinId="gridviewSkin" BackColor="White" >
    <AlternatingRowStyle BackColor="Blue" />
</asp:GridView>

2. 默认外观。未定义 SkinId。在同一主题中每个控件类型只允许有一个默认的控件外观。

<asp:Image runat="server" ImageUrl="~/images/image1.jpg" />
--%>
```

图 13-2　创建 .skin 外观文件时的模板

外观文件就是重新定义不同控件的默认外观。当然,作用范围只是本网站的页面中的控件。例如对 Button 控件外观的定义如下:

＜asp:Button runat=" server " BackColor=" red " ForeColor=" black "/＞

网页文件除了大量的 Web 控件外,可能还包含有少量的 HTML 元素(控件)。对这些元素或控件的修饰,可将其 CSS 样式添加到主题。操作时,右击主题文件夹,在弹出的快捷菜单中选择"添加新项"→"样式表"模板,如图 13-3 所示。

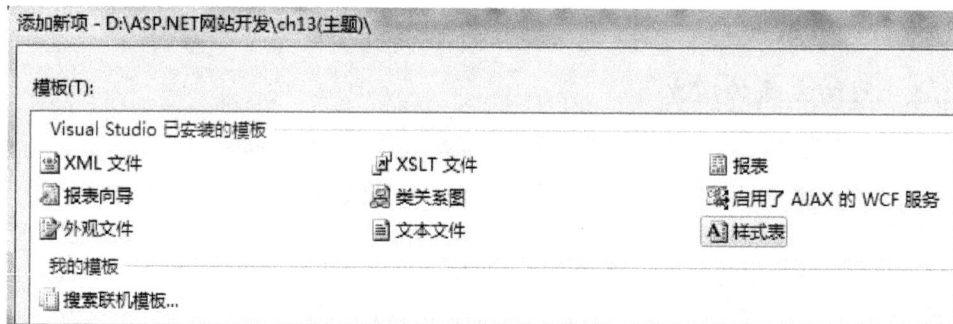

```
添加新项 - D:\ASP.NET网站开发\ch13(主题)\

模板(T):

Visual Studio 已安装的模板
  XML 文件           XSLT 文件          报表
  报表向导            类关系图           启用了 AJAX 的 WCF 服务
  外观文件            文本文件           样式表
我的模板
  搜索联机模板...
```

图 13-3　在主题中添加 CSS 样式表文件

在主题文件夹里可以添加 CSS 样式,因此,可以认为主题是 CSS 样式的扩展。

注意:

(1) 皮肤文件中关于 Web 控件的外观定义中不含 ID 属性,并且它们要位于＜%--和--%＞之外。

(2) 可以为同种类型的控件定义多种外观,此时需要使用 SkinId 属性。当控件使用 SkinId 后,则在 Web 窗体页面中创建控件对象时也要使用 SkinId,以选择相应的外观。

(3) 对于 Web 控件,不使用控件属性而使用皮肤文件的优势在于后者速度更快,因为浏览器可以加载缓存外部样式表的内容。此外,客户端无法通过查看源文件知道开发人员使用的具体样式,而控件属性通过客户端的 html 元素的 style 属性马上就能查看。

(4) 如果对网站应用了某个主题,同时页面又应用了另一个主题,则页面中指定的主题优先。

13.1.2　对网站应用主题

对网站应用主题属于应用程序级的主题应用,其方法是在网站配置文件 Web.config 中修改配置节＜system.web＞内的＜pages＞标记,其代码如下:

```
<configuration>
    <system.web>
        <pages theme 或 styleSheetTheme="主题名称"/>
    </system.web>
</configuration>
```

这样,可将主题应用于整个网站。显然,这种方式能快速修改网站所有页面的外观。

注意:如果页面中控件对象设置了属性并且与主题中定义的属性相同,如果希望主题中的属性不覆盖本地的属性,则应在页面指令中使用 StylesheetTheme 而不是 Theme。或者说,使用 Theme 属性应用的主题可能会覆盖控件对象的某些属性。

13.1.3　对单个网页应用主题

要对某个网页应用主题,应在该头部的页面指令中添加如下的属性:

＜%@ Page Theme 或 StylesheetTheme="主题名" Language="C#"… %＞

图 13-4 中开头的指令代码表示对 Default.aspx 页面应用 Red 主题。其中,主题文件夹内的多个.skin 文件定义了不同 Web 控件的外观,样式表文件 StyleSheet.css 定义了 body 的外观,它们都会自动作用于应用了 Red 主题的页面。

图 13-4　对页面中应用 Red 主题

在 VS 设计窗口中,控件对象应用主题的外观效果不会立即显现出来,但如果在配置文件 Web.config 的配置节＜system.web＞内的＜pages＞标记中通过使用 styleSheetTheme 属性应用主题,或者在网页的页面指令中通过使用 StylesheetTheme 属性引用主页,则主题效果会立刻在控件对象中反映出来。

注意:在不同的地方(如页面头部的 Page 指令内、网站配置文件 Web.config 的＜system.web＞配置节的＜pages＞标记内等)引用主题时,应用主题使用的属性名的字母大小写有严格的定义。为避免出错,应尽量使用 VS 的联机支持功能。

【例 13.1】　网站主题的建立与应用。

【设计方法】

（1）新建一个名为 ch13 的网站。

（2）在网站里新建一个名为 sj13_2.aspx 的窗体页，并选择单页代码模型。

（3）网站右键网站名称→添加 ASP.NET 文件夹→主题，此时在网站根目录下生成一个名为"App_Themes"的系统文件夹。

（4）右键"App_Themes"→ASP.NET 文件夹→主题，输入主题名称 Red，此时在 App_Themes 文件下生成一个名为 Red 的文件夹。

（5）在主题文件夹 Red 里建立一个名为 Red.skin 的皮肤文件，使用属性 ForeColor= "Red"定义 Label 控件的前景色。然后，在该主题文件夹下建立一个.css 样式文件，并建立如下的样式：

body { font-size:20px;}

（6）重复第（3）及第（4）步，建立一个名为 Black 的主题文件夹，并在该主题文件夹里建立一个名为 SkinFile.skin 的皮肤文件，其内定义 Label 控件的属性 ForeColor="Black"和 BackColor="Yellow"。

（7）新建一个名为 sj13_1.aspx 的窗体页，采用单页代码模型。

（8）向窗体添加一个 Label 控件，使用属性 ForeColor="Blue"。

（9）在窗体页头部的页面指令里添加属性项 Theme="Red"。按 Ctrl+F5 浏览时，应用主题的效果才会表现出来，并且覆盖了与控件对象相同的属性。

（10）修改页面指令中的属性 Theme="Red"为 StylesheetTheme="Red"，则主题效果在设计视图中会立即表现出来，且不覆盖与控件对象相同的属性。

（11）去掉页面中应用主题的属性（值），在网站配置文件 Web.config 的配置节 <system>内的<pages>标记中分别通过属性 theme 和 styleSheetTheme 应用主题 Red，观察其效果。

13.1.4 网站部分网页应用主题

要对某个网页应用主题，可以将这些页面与自己的 Web.config 文件放在一个文件夹中，或者要在根 Web.config 文件中创建一个<location>元素以指定文件夹。例如以下代码为子文件夹 sub1 设置了主题。

```
<configuration>
    <location path="sub1">
        <system.web>
            <pages theme="主题名"/>
        </system.web>
    </location>
</configuration>
```

注意：在配置文件里的"theme"必须严格小写，不同于在页面中使用"Theme"应用主题。

13.1.5 禁用主题

默认情况下，主题将重写页面和控件外观的本地设置。有时希望单独给某些控件或页预定义外观,而不希望主题重写,就可以利用禁用主题来实现。禁用主题可以通过设置属性 EnableTheming 的值为 false 来实现。页面禁用主题的代码如下:

<％@page EnableTheming="false"％>

控件禁用主题的示例代码如下:

<asp:Calendar id="Calendar1" runat="server" EnableTheming="false"/>

13.1.6 动态主题

上面介绍的是手工方式应用主题,如果根据一定的事件来应用主题,则称为主题的动态应用,因为 Page 对象的 Theme 属性只能在页面的 PreInit 事件发生过程中或者之前设置,所以必须在 Page_PreInit 事件处理程序中修改 Theme 属性值,以达到动态调用主题的目的。

```
protected void Page_PreInit(object sender,EventArgs e)
    {    Page.Theme="Theme2";}
```

【例 13.2】 动态应用主题。

【设计方法】新建窗体,命名为 sj13_2.aspx,并选择分离代码模型,向窗体添加一个 Label 控件。前台界面代码及设计效果如图 13-4 所示。

```
<%@ Page Language="C#" AutoEventWireup="true" CodeFile="sj13_2.aspx.cs" Inherits="sj13_2" %>
<html>
<head runat="server">
    <title>在页面中动态应用主题</title>
</head>
<body>
    <form id="form1" runat="server">
    <asp:Label ID="Label1" runat="server" Text="Label控件文本"></asp:Label>
    </form>
</body>
</html>
```

图 13-4 页面的前台代码及设计视图

我们希望根据当前的日期对当前页面动态应用网站中已经建立的主题,在如图 13-5 所示的代码中,如果日期为"5.12"则应用"Black"主题,反之应用"Red"主题。

```
using System;
public partial class sj13_2 : System.Web.UI.Page
{
    protected void Page_PreInit(object sender, EventArgs e)
    {
        string md = DateTime.Now.ToString();
        Response.Write(md.Substring(5,5));
        if (md.Substring(5, 1) == "5" && md.Substring(7, 2) == "12")
            Page.Theme = "Black";
        else
            Page.Theme = "Red";
    }
    protected void Page_Load(object sender, EventArgs e)
    {    }
}
```

图 13-5 页面的后台代码

【浏览方法】当日期不是"5.12"时,按 Ctrl＋F5 浏览时,标签文本前景色为红色,背景色为黄色;调整计算机的日期为"5.12",再按 F5 刷新,观察标签文本颜色和大小的变化,如图 13-6 所示。

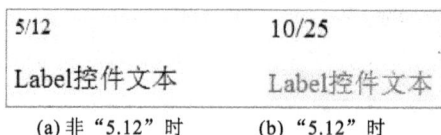

(a) 非 "5.12" 时　　　　(b) "5.12" 时

图 13-6　页面的浏览效果

13.2　母版

13.2.1　工作原理

母版页类似于 Word 中的模板和 Dreamweaver 中的模板页,允许在多个页面中共享相同的内容。比如网站的 LOGO、显示系统日期/时间的 JS 代码和用于网站导航的 Web 服务器控件代码等,可能需要在多个页面中重用,则可以将其放在母版页中。使用母版页可以简化维护,并能提供统一的外观。

母版页为网页定义了所需的外观和标准行为,在母版页的基础上再创建要包含显示内容的各个内容页。母版页可以包含一个或多个可替换内容的占位符控件 ContentPlaceHolder;内容页在页面头部的 Page 指令中通过使用 MasterPageFile 属性而引用母版页,主体部分包含有若干 Content 控件,并通过使用 ContentPlaceHolderID 属性与母版页中的 ContentPlaceHolder 控件联系起来。当用户请求某个内容页时,这个内容页将与母版页合并(即 Content 控件的内容合并到母版页中相应的 ContentPlaceHolder 控件中)输出。使用母版页的优点如下:

● 使用母版页可以集中处理网页的通用功能,若要修改所有网页的通用功能,只需要修改母版页即可;

● 使用母版页可以方便地创建一组控件和代码,并应用于一组相关的网页(它们有相同的与在母页中指定的页面标题);

● 通过允许控制占位符控件的呈现方式,母版页可以在细节上控制最终页的布局。

13.2.2　创建母版页

创建母版页与一般的窗体页是类似的。右键网站名称→添加新项,在出现的对话框中选择"母版页",如图 13-7 所示。

母版页文件的扩展名是 .master。母版页提供了统一布局的模板。创建母版页前,需要考虑哪些内容是不同页面共同拥有的,哪些内容是不同的。共同的内容,直接做到母版页里,它们的内容页在其他引用母版页中是不可编辑的;在母版页中通过使用 ContentPlaceHolder 控件,它们出现在引用母版的页中,其内容才是可编辑的。

注意:在上面创建母版的对话框中,有一个"选择母版页(S)"的复选框,这表明可以利用已有的母版再创建新的母版,即母版可以嵌套。

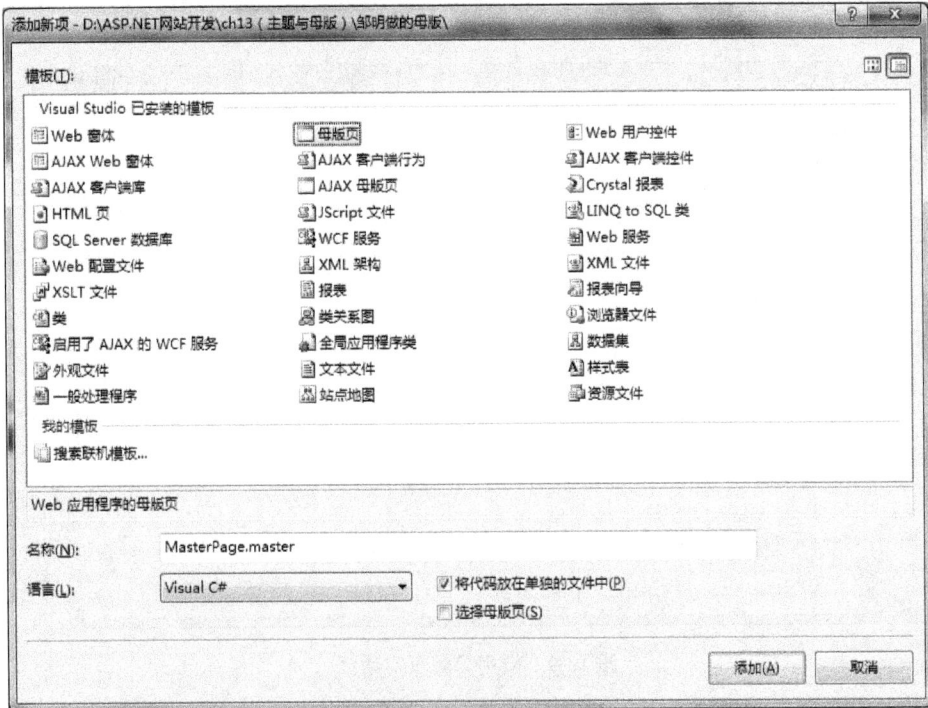

图 13-7 新建母版

13.2.3 创建内容页时引用母版

使用母版创建的 Web 窗体页称为内容页。为了引用母版,在新建窗体时,应勾选"选择母版页(S)",即新建的内容页绑定母版页,如图 13-8 所示。

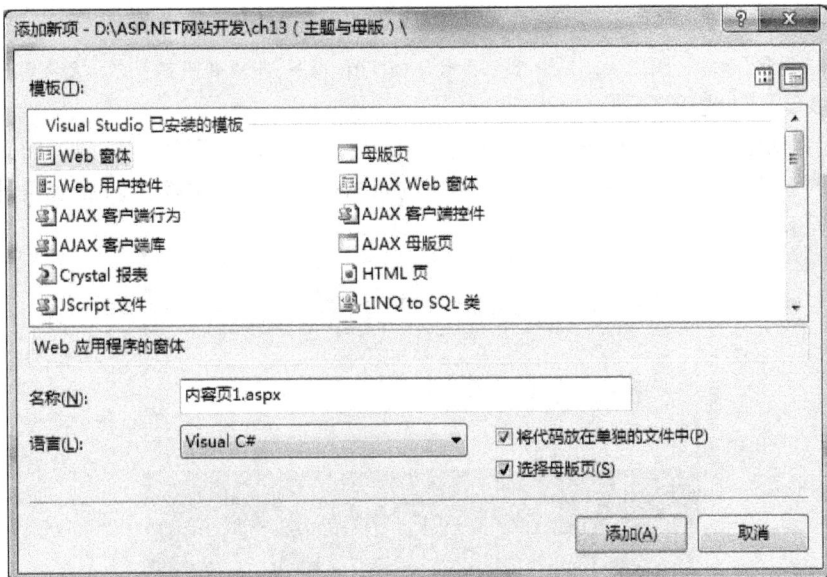

图 13-8 新建 Web 窗体时选择母版页

单击"添加"按钮,出现选择母版的对话框,如图 13-9 所示。

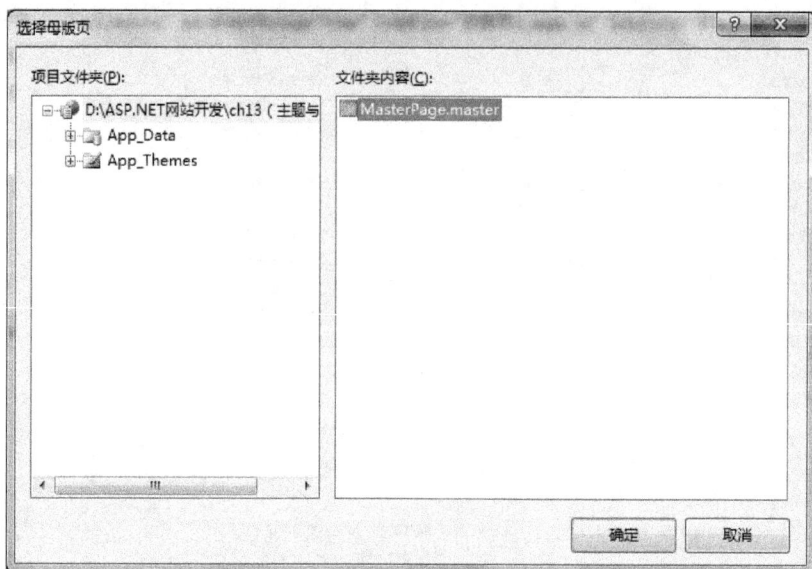

图 13-9　应用母版页对话框

单击"确定",在内容页中可以看到母版页中定义的信息,这些信息呈现灰色,不可更改,母版页占位符控件 ContentPlaceHolder 被替换成内容控件 Content 控件,并且只能在这些 Content 控件区域才可以编辑。

注意:

(1) 内容页没有任何<html>、<head>、<title>、<body>和<form>等基本标记,这是因为它们在母版中都有了,浏览时母版页会与内容页合并;

(2) 内容页会自动产生与母版中 ContentPlaceHolder 控件对象相适应的 Content 控件对象,而且数目相等;

(3) 内容页开头的<%@ Page %>中会多出一个 Title 属性,用以在内容页中指定页面标题。

【例 13.3】　母版的使用。

【设计方法】新建母版页,命名为 sj13_3. Master,并选择分离代码模型。向页面添加三行一列的表格,其中第一、三行内容是固定的,中间行使用占位控件。前台设计效果如图 13-10 所示。

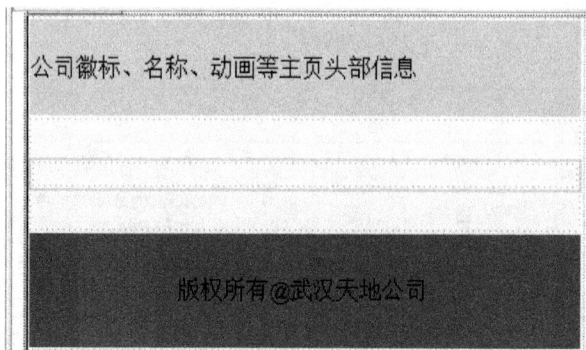

图 13-10　母版页的前台设计视图

母版页的前台控件代码如图 13-11 所示,其中@Master 指令替换了用于普通 Web 窗体页里的@Page 指令。

```
<%@ Master Language="C#" AutoEventWireup="true" CodeFile="MasterPage.master.cs" Inherits="MasterPage" %>
<html>
<head> <title>母版页</title> </head>
<body>
  <form id="form1" runat="server">
    <table border="0" style="height: 229px; width: 392px">
      <tr>
        <td bgcolor="#ffcc66">公司徽标、名称、动画等主页头部信息</td> </tr>
      <tr>
        <td><asp:ContentPlaceHolder ID="ContentPlaceHolder1" runat="server"></asp:ContentPlaceHolder> </td></tr>
      <tr>
        <td align="center" bgcolor="#993333">版权所有@武汉天地公司</td></tr>
    </table>
  </form>
</body>
</html>
```

图 13-11　母版页的前台控件代码

新建一内容页(Web 窗体),命名为 sj13_3.aspx,进入拆分模式,在设计窗口的 Content 控件区域随意编辑,然后按 Ctrl+F5 浏览。

13.3　Web 用户控件

13.3.1　Web 用户控件概述

在 ASP.NET 网页中,除了使用 Web 服务器控件外,还可以根据需要创建重复使用的自定义控件,这些控件称为 Web 用户控件。向 Web 用户控件添加现有的 Web 服务器控件和标记,并定义控件的属性和方法。用户控件在实际工程中常用于统一网页显示风格和代码的复用。

13.3.2　创建 Web 用户控件

创建 Web 用户控件与一般的窗体页是类似的。右击资源管理器中的"网站根目录",在弹出的快捷菜单中选择"添加新项"→"Web 用户控件",如图 13-12 所示。

单击"添加(A)"命令按钮,在创建的用户控件文件中,只有如下一条命令:

```
<%@ Control Language="C#" AutoEventWireup="true" CodeFile="WebUserControl.
    ascx.cs" Inherits="WebUserControl" %>
```

Web 用户控件具有如下特点:
- Web 用户控件文件的扩展名是.ascx;
- 传统的 Web 窗体页面中@Page 指令被@Control 指令取而代之;
- Web 用户控件是其他窗体设计的一部分,它本身没有<html>、<body>或 <form>等元素,因此,其内的对象只能通过使用 style 属性引入 CSS 样式;
- Web 用户控件文件如同窗体一样,也可以有后台代码文件;
- 在 VS 中编辑 Web 用户控件文件时,不能使用"Ctrl+F5"进行浏览。

注意:用户控件本来是 ASP.NET 网页的一部分,被封装在一个单独的文件中,以实现在网站中的多个页面对它的重复调用。

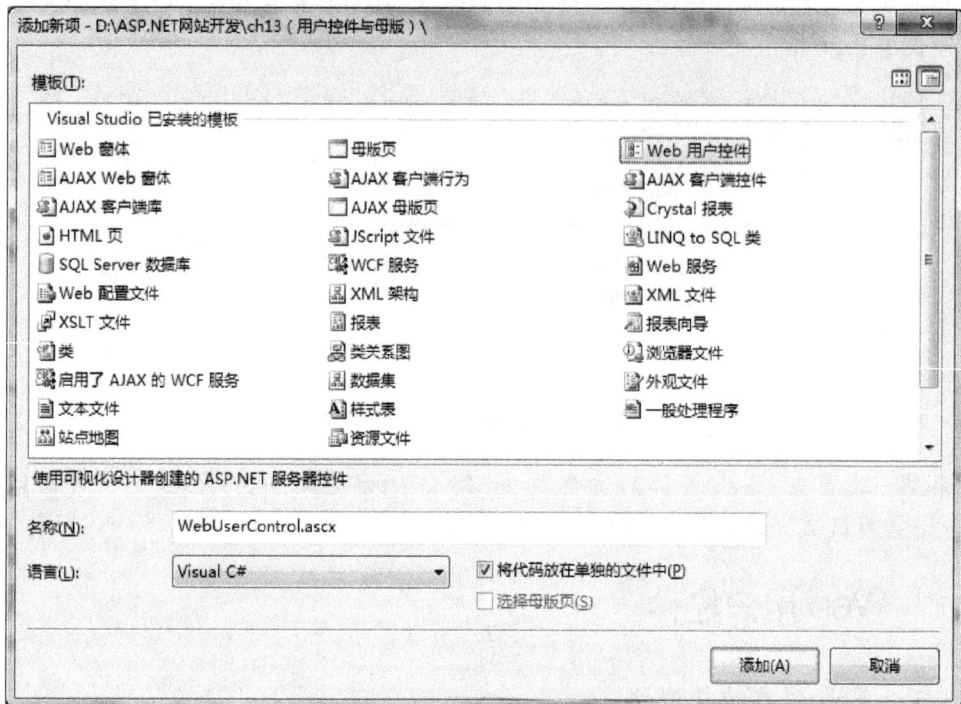

图 13-12　创建 Web 用户控件对话框

13.3.3　使用 Web 用户控件

如前所述,Web 用户控件只能包含在某个 Web 窗体中。在窗体中使用 Web 用户控件的方法是:在 ASP.NET 网页的"设计"模式下,通过"解决方案资源管理器"窗口将某个 Web 用户控件文件拖到 Web 窗体的设计窗口的某个位置。此时,将在代码窗口产生如下两条代码。

● 在文档头部创建一个 @ Register 指令,如:

<%@ Register Src=" Header.ascx " TagName=" SearchUserControl " TagPrefix=" uc1 "%>

● 在窗体内声明创建的 Web 用户控件对象,如:

<uc1:Header ID=" Header1 " runat=" server "/>

注意:

(1) 在引用了 Web 用户控件的窗体页面中的 @ Register 指令中,Src 属性指定 Web 用户控件的来源、TagPrefix 属性指定创建 Web 用户控件对象时所产生的控件代码的前缀;

(2) 在一个创建了 Web 用户控件的窗体中,选择 Web 控件对象并单击其右边的智能按钮,选择"编辑 UserControl",即可编辑该 Web 用户控件。

【例 13.4】　使用用户控件,设计电子商务网站的主页。

【设计方法】

(1) 新建用户控件,命名为 top.ascx,并选择分离代码模型,使用表格布局,前台设计视图如图 13-13 所示。

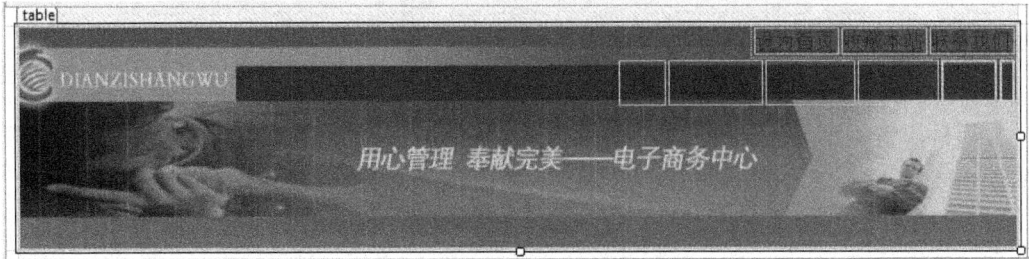

图 13-13　首页顶部前台设计视图

（2）新建用户控件，命名为 bottom.ascx，并选择分离代码模型，使用表格布局，前台设计视图如图 13-14 所示。

图 13-14　首页部前台设计视图

（3）新建用户控件，命名为 left.ascx（表示首页的左边），并选择分离代码模型，使用表格布局，前台设计视图如图 13-15 所示。

（4）新建 Web 窗体，命名为 sj13_4.aspx，并选择分离代码模型，使用表格布局，分别向窗体增加三个用户控件，在页面的中间主体部分增加 GridView 控件。前台设计视图如图 13-16 所示。

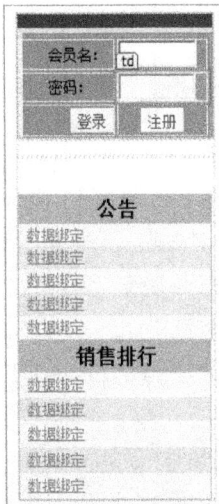

图 13-15　首页左侧前台
　　　　设计视图

图 13-16　首页前台设计视图

13.4　第三方控件的使用

项目开发程序员自己开发的控件是第一方控件；VS 平台提供的且存放在工具箱里的控件是第二方控件；由他人提供的控件就是第三方控件。第三方控件一般继承了.NET 中的某些基类，重写或者扩展了一些方法和属性，从而能实现某些新的功能，同时它们有较大的可定制性，可以根据使用者的需要设置不同的特性，从而完全适应特定项目的需求，比如一些日期控件、数据控件等。

查找第三方控件，可以到一些大的社区、源码站里找，一些技术博客也会发布个人开发的第三方控件。当然，最简单的寻找方法是利用搜索引擎。

引用第三方控件到网站的方法是：右击网站名称→添加引用，在出现的"添加引用"对话框中选择"浏览"，再指定第三方的位置即可，如图 13-17 所示。

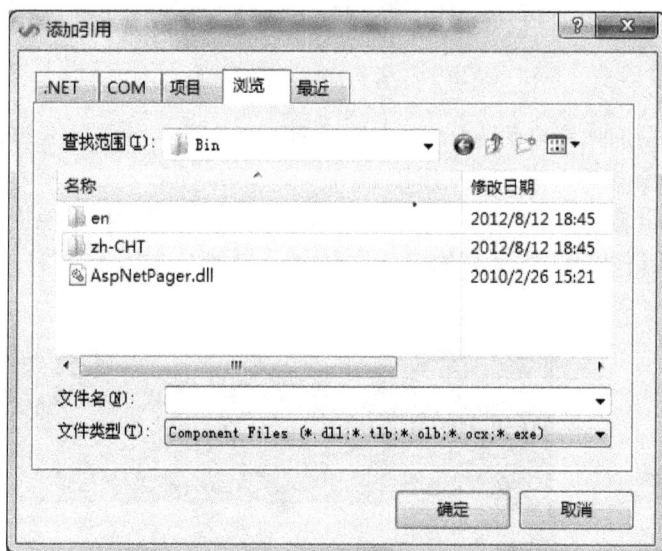

图 13-17　通过添加引用方式引用第三方控件

将第三方控件添加到 VS 工具箱的方法是：点击工具栏上右边的工具箱，在工具箱上空白处右键→选择项，将出现"选择工具箱项"对话框。选择".NET Framework 组件"选项卡，点击"浏览"按钮，找到要添加的第三方控件（.dll 文件）→打开→确定，如图 13-18 所示。

经过上述步骤后，在工具箱中就存在指定的第三方控件，使用方法与 ASP.NET 控件一样。

从工具箱向窗体拖曳第三方控件时，会自动在页面头部产生如下的注册指令：

<%@ Register Assembly="AspNetPager" Namespace="Wuqi.Webdiyer"
　　　　　　　　TagPrefix="webdiyer"%>

其中，相关属性值（如命名空间）是由开发者提供的。

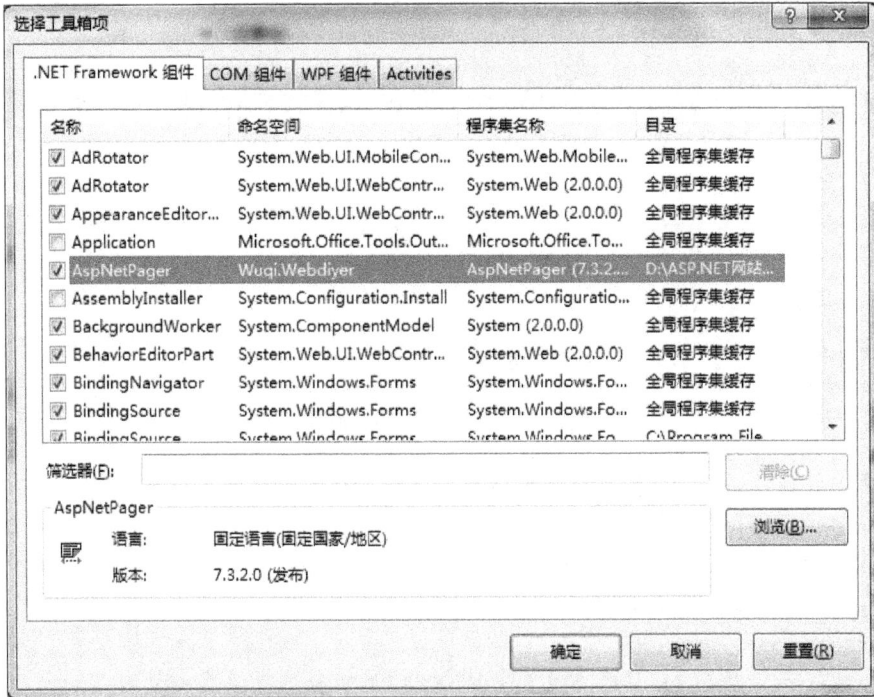

图 13-18　将第三方控件 AspNetPager 添加到 VS 的工具箱

注意：

（1）网站引用第三方控件时，其 .dll 文件保存在网站的 Bin 文件夹里。

（2）使用第三方控件，通常会有版权问题或者要遵循某个开发协议，甚至有 Bug（错误），出现了 Bug 由于没有源代码所以无法排除。第三方控件很少提供文档，一般是提供技术支持来收一定的费用。

【例 13.5】　第三方控件 AspNetPager 的使用。

【设计方法】新建一窗体，命名为 sj13_5.aspx，并选择分离代码模型。向窗体添加 1 个 GridView 控件、1 个 Label 控件和 1 个第三方提供的 AspNetPager 控件，再在 AspNetPager1 控件对象的属性窗口中设置相关属性和事件，页面的前台代码如图 13-19 所示。

```
<%@ Page Language="C#" AutoEventWireup="true" CodeFile="sj13_5.aspx.cs" Inherits="sj13_5"%>
<%@ Register Assembly="AspNetPager" Namespace="Wuqi.Webdiyer" TagPrefix="webdiyer" %>
<html>
<head id="Head1" runat="server">
    <title>使用第三方提供的分页控件AspNetPager·访问SQL Server自带的数据库Northwind</title>
</head>
<body> <form id="form1" runat="server">
    <asp:GridView ID="GridView1" runat="server" BackColor="#DEBA84" BorderColor="#DEBA84"
        BorderStyle="None" BorderWidth="1px" CellPadding="1" CellSpacing="1" Height="151px"  Width="753px">
        <RowStyle BackColor="#FFF7E7" ForeColor="#8C4510" />
        <FooterStyle BackColor="#F7DFB5" ForeColor="#8C4510" />
        <PagerStyle ForeColor="#8C4510" HorizontalAlign="Center" />
        <SelectedRowStyle BackColor="#738A9C" Font-Bold="True" ForeColor="White" />
        <HeaderStyle BackColor="#A55129" Font-Bold="True" ForeColor="White" /> </asp:GridView>

    <asp:Label ID="Label1" runat="server" Text="Label" Width="600px"></asp:Label>   <br />

    <webdiyer:AspNetPager ID="AspNetPager1" runat="server"
        OnPageChanging="AspNetPager1_PageChanging1" FirstPageText="首页"  LastPageText="末页"
        NextPageText="下页" PrevPageText="前页" NumericButtonCount="20" PageSize="8">
                    </webdiyer:AspNetPager>
</form></body></html>
```

图 13-19　页面的前台控件代码

页面的设计视图，如图 13-20 所示。

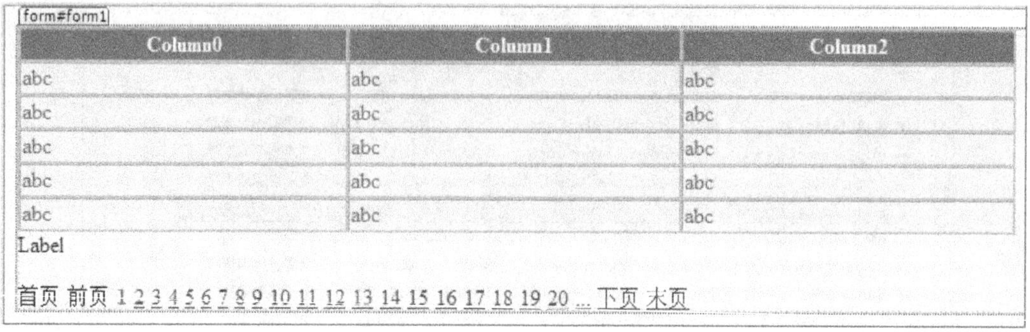

图 13-20　页面的设计视图

页面的后台代码，如以下代码所示。

```
using System;
using System.Data;
using System.Web.UI.WebControls;
using System.Data.SqlClient;
public partial class sj13_5:System.Web.UI.Page
{
    PagedDataSource pds=new PagedDataSource();
    DataSet ds=new DataSet();
    protected void Page_Load(object sender,EventArgs e)
    {
        if(!Page.IsPostBack){
            string strConn="server=(local);Database=Northwind;Integrated
Security=true;";
            SqlConnection myConnection=new SqlConnection(strConn);
            string strsql="SELECT OrderID,CustomerID,ShipCountry from Northwind..
Orders";
            SqlCommand myCommand=new SqlCommand(strsql,myConnection);
            myCommand.CommandType=CommandType.Text;
            SqlDataAdapter myda=new SqlDataAdapter();
            myda.SelectCommand=myCommand;
            DataSet ds=new DataSet();
            myda.Fill(ds,"Orders");
            this.AspNetPager1.RecordCount=ds.Tables["Orders"].Rows.Count;
            BindData();        }    }
    void BindData()
    {
        string strConn="server=(local);Database=Northwind;Integrated Security=
true;";
```

```
        SqlConnection myConnection=new SqlConnection(strConn);
        string strsql="SELECT OrderID,CustomerID,ShipCountry FROM Northwind..Orders
order by OrderID";
        SqlCommand myCommand=new SqlCommand(strsql,myConnection);
        myCommand.CommandType=CommandType.Text;
        SqlDataAdapter myda=new SqlDataAdapter();
        myda.SelectCommand=myCommand;
        DataSet ds=new DataSet();

myda.Fill(ds,AspNetPager1.PageSize*(AspNetPager1.CurrentPageIndex-1),
AspNetPager1.PageSize,"Orders");
        GridView1.DataSource=ds.Tables["Orders"];
        GridView1.DataBind();
        //动态设置用户自定义文本内容,页面导航
        Label1.Text="记录总数;<font color=\"blue\"><b>"+
AspNetPager1.RecordCount.ToString()+"</b></font>";
        Label1.Text+="总页数;<font color=\"blue\"><b>"+
AspNetPager1.PageCount.ToString()+"</b></font>";
        Label1.Text+="当前页;<font color=\"red\"><b>"+
AspNetPager1.CurrentPageIndex.ToString()+"</b></font><b>";
    }
    protected void AspNetPager1_PageChanging1(object src,
    Wuqi.Webdiyer.PageChangingEventArgs e)
      {
            AspNetPager1.CurrentPageIndex=e.NewPageIndex;//获取选择的页号
            BindData();
      }
  }
```

页面的浏览效果如图 13-21 所示。

OrderID	CustomerID	ShipCountry
10368	ERNSH	Austria
10369	SPLIR	USA
10370	CHOPS	Switzerland
10371	LAMAI	France
10372	QUEEN	Brazil
10373	HUNGO	Ireland
10374	WOLZA	Poland
10375	HUNGC	USA

记录总数:830 总页数:104 当前页:16

首页 前页 1 2 3 4 5 6 7 8 9 10 11 12 13 14 15 16 17 18 19 20 … 下页 末页　16　go

图 13-21　页面的浏览效果

* 13.5 自定义控件

使用 VS 的菜单：文件→新建→项目→Web，选择"ASP.NET 服务器控件"，设置好项目名称以及项目位置，单击"确定"按钮，如图 13-22 所示。

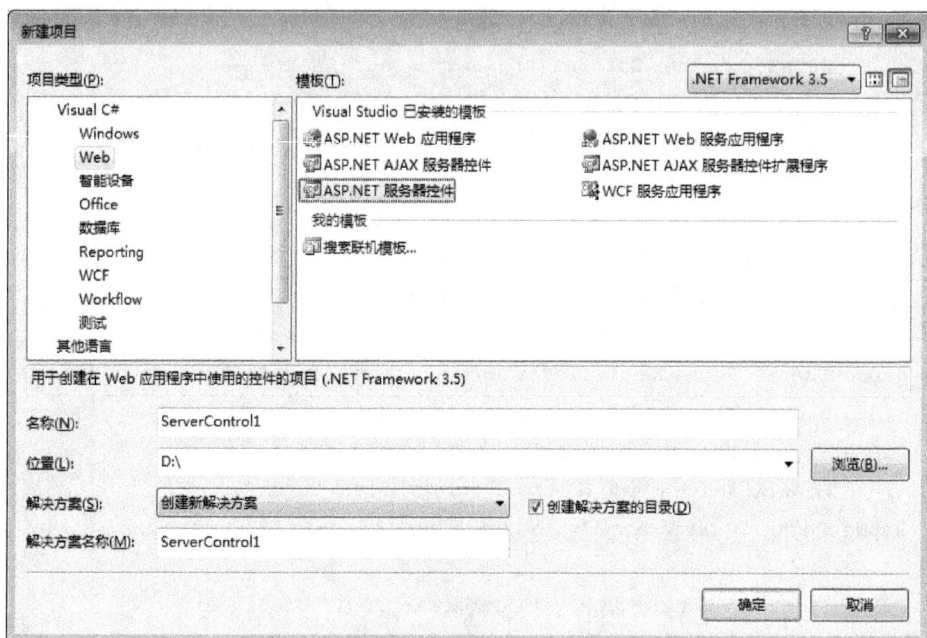

图 13-22 新建 ASP.NET 服务器控件对话框

注意：单击确定后，将自动建立一个作为 Web 项目的文件夹 D：\ServerControl1，并在该文件夹里自动建立一个文件 ServerControl1.cs。

下面以自定义一个文本框，说明自定义控件的使用方法。

（1）打开项目中的文件 ServerControl1.cs，将"public class ServerControl1：WebControl"改为"public class ServerControl1：TextBox"。

（2）将"public string Text"改为"public override string Text"。

（3）右键项目名称，选择"生成解决方案"即生成解决方案。如果解决方案生成后没有什么错误的话，将会在 Debug 文件夹里生成 ServerControl1.dll 文件，如图 13-23 所示。

图 13-23 项目生成的程序集文件所在的位置

（4）单击"工具"→"选择工具箱"，在将弹出的"选择工具箱项"对话框里，选择".NET FrameWork 组件"选项卡，单击"浏览"按钮，找到 ServerControl1.dll 文件并选中，单击"打开"按钮，即可将 ServerControl1 控件添加到".NET FrameWork 组件"选项卡列表，如图 13-24 所示。

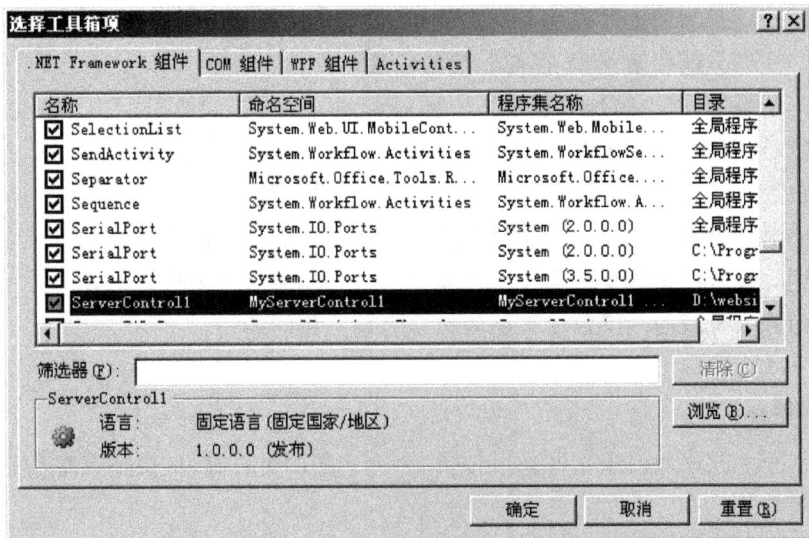

图 13-24　选择工具箱项对话框

单击"确定"按钮，即可将 ServerControl1 控件添加到工具箱，如图 13-25 所示。

新建一个 Web 窗体并选择拆分模式，将工具箱里的 ServerControl1 控件拖拽至窗体中。此时，可以看到页面上方已加入控件的引用指令：

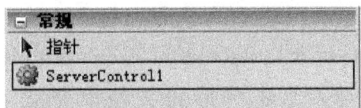

图 13-25　工具箱里的自定义控件

<%@ Register assembly="ServerControl1" namespace="ServerControl1" tagprefix="cc1" %>

ServerControl1 产生的控件代码如下：

<cc1:ServerControl1 ID="ServerControl11" runat="server"></cc1:ServerControl1>

注意：由于只是继承了 TextBox 类，所以 ServerControl1 控件和 TextBox 控件的功能完全相同。

自定义控件和用户控件，有如下的区别：

（1）自定义控件采用大多数程序可以使用的配件形式（.dll 文件），而用户控件采用源码形式部署（.ascx 文件）。

（2）自定义控件是用.NET 编程语言通过编写一个从 System.Web.UI.Control 类中直接或间接派生的托管类而创建的，没有对创建自定义控件提供设计器支持；用户控件类是间接地从 System.Web.UI.Control 派生而来，有设计器支持，易于设计和调试。

（3）自定义控件可以支持设计属性、方法等，并可以添加到工具箱使用；用户控件并不能在属性窗口中显示属性和事件，也不能放到工具箱中。

（4）在使用过程中，自定义控件需添加对应的.dll 文件的引用，而用户控件则需将对应的.ascx 文件添加至网站中，类似于一个 Web 页面。

习 题 13

一、判断题

1. 网站主题是网站主要内容的高度概括。

2. 网站主题只能控制 Web 控件对象的外观。

3. 同一主题中,每个控件只能定义一种外观。

4. 占位符控件 ContentPlaceHolder 可以出现在所有 Web 窗体中。

5. 用户控件文件也有外观,可以像窗体文件一样浏览。

6. Web 用户控件中的对象只能通过使用 style 属性来应用样式。

7. 引用了母版的窗体页面包含了创建母版时各控件对象的代码。

8. 引用同一母版的一组窗体页面的标题名称是相同的。

二、选择题

1. 为某个主题添加外观文件,应指向_____文件夹右键,从快捷菜单中选择"添加新项"。

   A. 网站根文件夹 B. App_Theme

   C. App_Data D. 主题文件夹

2. 母版页文件的扩展名是_____。

   A. . aspx B. . master C. . cs D. . skin

3. 当从网站的文件面板首次向窗体拖一个用户控件时,会在页面中生成一条 Register 页面指令,并通过_____属性引入 Web 用户控件文件名。

   A. TagName B. Src C. TagPrefix D. Href

4. 能快速完成网站中窗体页面设计而且便于修改的技术是_____。

   A. 主题 B. 母版

   C. Web 用户控件 D. B 和 C

5. 添加第三方控件到网站后,其程序集文件保存在网站的_____文件夹。

   A. App_Code B. App_Data C. Bin D. App_Theme

6. 下列文件中,不包含＜html＞、＜body＞或＜form＞等元素的是_____。

   A. Web 用户控件和自定义控件 B. Web 窗体

   C. 母版 D. 静态网页

三、填空题

1. 网站的主题文件夹必须放在网站专用的_____文件夹里。

2. 占位符控件出现在_____页。

3. 如果对同一 Web 控件定义多种外观,则必须使用_____属性。

4. 母版页至少应包含一个_____控件。

5. 应用了母版页的内容页中的_____控件是自动生成的。

6. 把第三方控件加载到 VS 工具箱内的方法是单击工具箱,在空白处右键后选择_____属性。

7. 网站引用的第三方控件存放在网站专用的_____文件夹里。

实验 13　主题、母版、用户控件与第三方控件的使用

（访问 http://www.wustwzx.com/Default.aspx）

一、实验目的

1. 掌握主题的建立与使用方法；

2. 掌握母版本的建立与使用方法；

3. 掌握用户控件的建立与使用方法；

4. 掌握第三方控件的使用方法。

二、实验内容

1. 网站主题的建立与应用。

【设计方法】参见例 13.1。

【知识要点】

(1) 对页面应用主题时，属性 Theme 与 StylesheetTheme 的区别；

(2) 页面应用主题和网站应用主题的设置方法。

2. 动态应用主题。

【设计方法】参见例 13.2。

【知识要点】在 Page_PreInit() 过程中对页面动态应用主题。

【浏览方法】当日期不是"5.12"时，sj13_2.aspx 页面的浏览效果是：文本的前景色为红色、背景色为黄色。调整本机上的日期为"5.12"并按 F5 刷新页面，则浏览效果是：文本的前景色为黑色、字号也变小了。

3. 母版的使用。

【设计方法】参见例 13.3。

【浏览效果】访问 http://www.wustwzx.com/sj13_3.aspx。

【知识要点】占位控件与内容控件、应用母版。

4. Web 用户控件的使用——创建电子商务网站首页。

【设计方法】参见例 13.4。

【浏览效果】访问 http://www.wustwzx.com/sj13_4.aspx。

5. 第三方控件的使用——多功能分页控件的使用。

【设计方法】参见例 13.5。

【浏览方法】在本机上浏览。

【知识要点】在网站里引用第三方控件并添加到 VS 工具箱里。

三、实验小结

（由学生填写，重点写上机中遇到的问题）

第 14 章　Web 环境下的文件与目录操作

对于网站开发者,离不开文件与目录的上传,这可以使用专业的上传软件(如 CuteFTP)。网站文件上传与目录的维护工作,一般属于系统管理员(不一定是服务器管理员)的工作。此外,随着网络硬盘的流行,在 Web 环境下直接操作服务里的文件与目录显得很有必要。ASP.NET 提供了通过 Web 方式操作文件与目录的相关类,本章介绍这些相关类的使用,学习要点如下:

- 掌握 System.IO 命名空间提供的主要类库;
- 掌握 DirectoryInfo 类使用;
- 掌握使用 FileUpLoad 控件实现文件上传的方法;
- 掌握文件读写相关类的使用。

14.1　文件与目录特性

我们知道,目录由若干文件组成,而且目录下面可以再有子目录。下面分别介绍 ASP.NET 提供的与目录和文件相关的类。使用目录和文件操作,在后台代码中一般要引入命名空间 System.IO。

14.1.1　DirectoryInfo 类与目录信息

利用 DirectoryInfo 类提供的一组方法,可以实现创建和删除文件夹,复制、移动、重命名文件夹,遍历文件夹和设置或获取文件夹信息等操作。

使用 DirectoryInfo 类前,必须先建立该类的实例,然后才能调用它的方法。下面是创建实例的两种用法:

```
DirectoryInfo dtInfo1=new DirectoryInfo(@"c:\temp\sub1");//方式一
DirectoryInfo dtInfo2=new DirectoryInfo(Server.MapPath("相对路径"));//方式二
```

注意:ASP.NET 提供的 Directory 类也具有 DirectoryInfo 类的相关方法,但 Directory 的方法都是静态的,也就是说,这些方法可直接调用,不需要创建其实例。

DirectoryInfo 类提供的两个主要方法是:

- GetFiles():返回指定文件夹中所有文件的集合;
- GetDirectories():获取指定文件夹中所有子文件夹名称的集合。

14.1.2　File 类的基本用法:文件存在性判定、文件删除等

File 类与 Directory 类相似,其方法也是静态的。File 类的常用方法是:

- Exists():文件存在判定;
- Delete():删除文件。

例如,下面代码段(用于 if 条件语句中)用于判定文件是否存在。

$$File.\ Exists(@"\ c_:\backslash temp\backslash sub1\ ")$$

14.1.3 FileInfo 类与文件信息

FileInfo 类用于典型的操作有复制、移动、重命名、创建、打开、删除和追加文件等。通过 Directory. GetFiles()方法可以获得一组实例,格式如下:

FileInfo[] files=dir. GetFiles();//dir 为 DirectoryInfo 的实例

14.1.4 Path 类

路径是提供文件或目录位置的字符串,分为绝对路径和相对路径两种,经常使用它的两种静态方法是:

- Combine():合并两个路径字符串。
- GetFullPath():返回指定路径字符串的绝对路径。

【例 14.1】 显示当前目录及其父目录路径。

【设计方法】新建一个名为"路径.aspx"的窗体文件,并选择分离代码模型。窗体中包含有标签 Label1 和 Label2,分别用于显示当前目录及其父目录,前台代码及设计效果如图 14-1 所示。

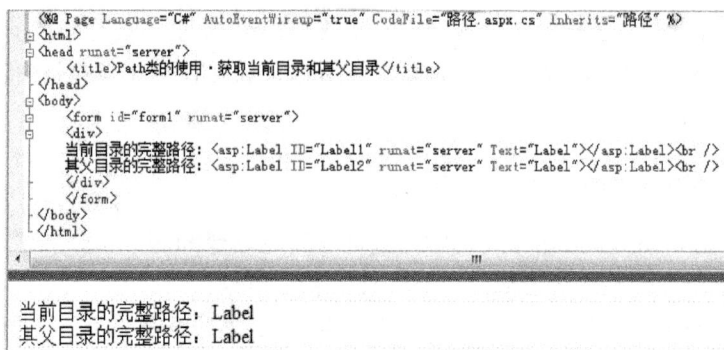

```
<%@ Page Language="C#" AutoEventWireup="true" CodeFile="路径.aspx.cs" Inherits="路径" %>
<html>
<head runat="server">
    <title>Path类的使用 · 获取当前目录和其父目录</title>
</head>
<body>
    <form id="form1" runat="server">
    <div>
    当前目录的完整路径: <asp:Label ID="Label1" runat="server" Text="Label"></asp:Label><br />
    其父目录的完整路径: <asp:Label ID="Label2" runat="server" Text="Label"></asp:Label><br />
    </div>
    </form>
</body>
</html>
```

当前目录的完整路径: Label
其父目录的完整路径: Label

图 14-1 窗体页面的前台代码及设计效果

在后台代码中,应用了 Path 类的 Combine()方法和 GetFullPath()方法,分别进行路径字符串合并和获取绝对路径。后台代码如图 14-2 所示。

```
1   using System;
2   using System.IO; //必须
3   public partial class 目录 : System.Web.UI.Page
4   {
5       protected void Page_Load(object sender, EventArgs e)
6       {
7           string path= Server.MapPath(".").ToString();   //显示当前目录
8           Label1.Text=path;
9
10          path = Path.Combine(path, "..");   //显示父目录
11          Label2.Text =Path.GetFullPath(path);
12          //Label2.Text =path;//错误
13          //Label2.Text =Server.MapPath(path);//错误
14      }
15  }
```

图 14-2 窗体的后台代码

【例 14.2】　显示当前文件夹下的目录与文件的相关信息。

【设计方法】新建一个窗体,命名为 sj14_1.aspx,并选择分离代码模型。窗体中包含有一个命令按钮 Button1、一个用于显示当前目录的标签 Label1、一个用于显示当前目录子目录的 GridView1、一个用于显示当前目录下的文件的 GridView2,设计效果如图 14-3 所示。

图 14-3　窗体页面的前台设计效果

因为 GridView2 与 GridView1 中列表项的 SelectedIndexChanged 事件关联,事件响应方法对应于后台代码中的 DropDownList1_SelectedIndexChanged() 事件过程。命令按钮的单击事件过程 Button1_Click() 的功能是返回到上一级目录。页面的前台界面代码如图 14-4 所示。

```
<%@ Page Language="C#" AutoEventWireup="true" CodeFile="sj14_1.aspx.cs" Inherits="_Default" %>
<html>
<head runat="server">
    <title>显示服务器当前盘目录</title>
</head>
<body>
    <form id="form1" runat="server">
        <asp:Button ID="Button1" runat="server" OnClick="Button1_Click" Text="上一级目录" />    
        当前目录: <asp:Label ID="Label1" runat="server"
        <asp:GridView ID="GridView1" runat="server" AutoGenerateColumns="False" DataKeyNames="FullName" Font-Size="10pt" GridLines="None"
            OnSelectedIndexChanged="GridView1_SelectedIndexChanged">
            <Columns>
                <asp:TemplateField> <HeaderStyle Width="20px" /> <ItemTemplate><img src=sy_img/folder.gif /></ItemTemplate> </asp:TemplateField>
                <asp:ButtonField CommandName="Select" DataTextField="Name" HeaderText="名称">
                    <HeaderStyle HorizontalAlign="Left" Width="200px" /></asp:ButtonField>
                <asp:BoundField HeaderText="大小"><HeaderStyle HorizontalAlign="Left" Width="50px" /></asp:BoundField>
                <asp:BoundField DataField="LastWriteTime" HeaderText="最后修改时间"><HeaderStyle HorizontalAlign="Left" /></asp:BoundField>
            </Columns>
        </asp:GridView>

        <asp:GridView ID="GridView2" runat="server" AutoGenerateColumns="False" GridLines="None">
            <Columns>
                <asp:TemplateField>
                <ItemTemplate><img src=sy_img/file.gif /></ItemTemplate> </asp:TemplateField>
                <asp:BoundField dataField="Name"><HeaderStyle Width="200px" /></asp:BoundField>
                <asp:BoundField DataField="Length"><HeaderStyle Width="50px" /></asp:BoundField>
                <asp:BoundField DataField="LastWriteTime" ><HeaderStyle Width="100px" /></asp:BoundField>
            </Columns>
        </asp:GridView>
    </form>
</body>
</html>
```

图 14-4　窗体页面的前台控件代码

【浏览效果】浏览效果如图 14-5 所示。单击当前文件夹里的某个子目录,则会将该子目录作为当前文件夹,并显示该子目录里的文件与次级子目录,也可以返回上一级目录。

图 14-5　显示当前目录及其每个文件的相关信息

后台代码中,Server. MapPath(". ")是映射当前目录的物理路径,Path. Combine

(path,"..")则是使用 Path 类的静态方法 Combine()将父目录与当前目录合并。后台代码如图 14-6 所示。

```
using System;//必须
using System.IO; //必须

public partial class _Default : System.Web.UI.Page
{   protected void Page_Load(object sender, EventArgs e)      {
        if (!Page.IsPostBack)
            this.ShowDirContents(Server.MapPath("."));}   // "." 表示当前目录
    private void ShowDirContents(string path)       //path是实参
    {
        Label1.Text =path;   //显示当前路径
        DirectoryInfo dir = new DirectoryInfo(path);//创建DirectoryInfo类的实例

        FileInfo[] files = dir.GetFiles();  //调用类的方法：DirectoryInfo.GetFiles()获取目录文件
        DirectoryInfo[] dirs = dir.GetDirectories();  //调用类的方法：DirectoryInfo.GetDirectories()获取子目录

        GridView1.DataSource = dirs;   //指定控件的数据源
        GridView2.DataSource = files;  //指定控件的数据源
        Page.DataBind();   //绑定数据源

        GridView2.SelectedIndex = -1;
        ViewState["CurrentPath"] = path;   //状态设置
    }

    protected void Button1_Click(object sender, EventArgs e)   //返回上一次目录
    {
        string path = ViewState["CurrentPath"].ToString();
        path = Path.Combine(path, "..");  //Path类，".." 表示父目录
        path = Path.GetFullPath(path);   //获取完整路径
        ShowDirContents(path);  //重新显示（回传）
    }

    protected void GridView1_SelectedIndexChanged(object sender, EventArgs e)
    {
        string dir = GridView1.DataKeys[GridView1.SelectedIndex].Value.ToString();//获取被选目录
        ShowDirContents(dir);   //刷新目录列表和文件列表
    }
}
```

图 14-6　窗体页面 sj14_1.aspx 文件的后台代码

14.2　使用 FileUpload 控件实现文件上传

14.2.1　关于 FileUpload 组件

在 Web 应用程序中经常需要上传文件，如在线投稿网站开发。VS 工具箱标准选项里的 FileUpload 控件为用户提供了一种将文件上传到 Web 服务器的简便方法。控件 FileUpload 在 Web 页面上显示为一个不能直接输入的文本框和一个"浏览"按钮，其控件代码如下：

<asp：FileUpload ID="FileUpload1" runat="server"/>

注意：FileUpload 控件在外观上只表现为一个文本框和一个浏览命令按钮，如图 14-7 所示。

14.2.2　FileUpload 组件的后台代码

要完成文件上传，必须在窗体中添加一个与 FileUpload 控件配合的 Button 命令按钮，并写命令按钮的事件代码。后台代码必须包含对控件对象主要属性 PostedFile 属性的访问，以获取使用 FileUpload 控件上传的文件。

控件的另一个属性 HasFile 表示是否浏览选择了文件并置于控件的文件框内。

注意：

（1）如果要实现网站文件和文件夹的批量上传，应使用专业的上传软件，如 CuteFTP 等；

（2）在上传文件时还可以限制文件的大小，在保存上传的文件之前检查其属性等；

（3）如果上传的目标位置存在要上传的文件，一般应有与用户确认是否覆盖的消息框。

【例 14.3】 文件上传。

【设计方法】新建一个窗体，命名为 sj14_2.aspx，并采用分离代码模型。先向窗体拖一个 FileUpLoad 控件，然后再向窗体添加一个 Button 按钮，设置 Button 控件对象的显示文本为"上传"，前台界面代码及设计效果如图 14-7 所示。

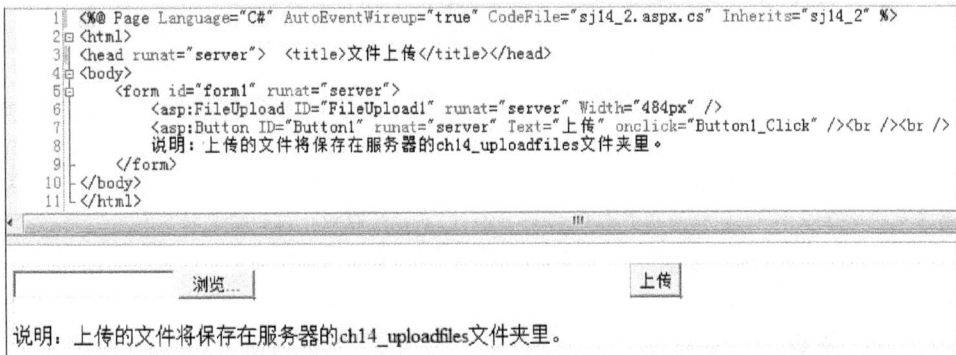

```
1  <%@ Page Language="C#" AutoEventWireup="true" CodeFile="sj14_2.aspx.cs" Inherits="sj14_2" %>
2  <html>
3  <head runat="server">  <title>文件上传</title></head>
4  <body>
5      <form id="form1" runat="server">
6          <asp:FileUpload ID="FileUpload1" runat="server" Width="484px" />
7          <asp:Button ID="Button1" runat="server" Text=上传 onclick="Button1_Click" /><br /><br />
8          说明：上传的文件将保存在服务器的ch14_uploadfiles文件夹里。
9      </form>
10 </body>
11 </html>
```

浏览...　　　　　　　　　　　　　　上传

说明：上传的文件将保存在服务器的ch14_uploadfiles文件夹里。

图 14-7　窗体页面的前台代码及其设计效果

后台代码主要是定义命令按钮的单击事件过程，当未选择文件而单击命令按钮时，将给出"请选择要上传的文件！"提示信息。如果目标位置已经存在要上传的文件，则给出"是否覆盖"的消息框，根据用户确认再进行相应的处理。如果目标位置不存在或确认了覆盖，则上传后给出"上传成功，谢谢！"的消息框。后台代码如图 14-8 所示。

```
using System;//必须
using System.IO;//必须
using System.Windows.Forms;  //本命名空间需要添加引用程序集：System.Windows.Forms.dll
public partial class sj14_2 : System.Web.UI.Page
{
    protected void Page_Load(object sender, EventArgs e)
    { }
    protected void  Button1_Click(object sender, EventArgs e)
    {
    //判断FileUpload控件是否包含文件
    if (!FileUpload1.HasFile)    //HasFile属性检查是否通过浏览方式（非输入方式）选定了某个文件
    {
        Response.Write("<Script>window.alert('请先选择要上传的文件！');</Script>");
        return;  //必须
    }
    if (File.Exists(MapPath(@".\ch14_uploadfiles\" + FileUpload1.FileName)))   //必须转换为物理路径，忽略大小写，File类的静态方法
    {
        if (MessageBox.Show("目标文件已存在,是否覆盖?", "确认", MessageBoxButtons.YesNo, MessageBoxIcon.Question) == DialogResult.Yes)
        {
            FileUpload1.SaveAs(Server.MapPath(@".\ch14_uploadfiles\" + FileUpload1.FileName));  //SaveAs方法
            Response.Write("<Script>window.alert('上传成功，谢谢！');</Script>");
        }
    }
    else
    {
        FileUpload1.SaveAs(Server.MapPath(@".\ch14_uploadfiles\" + FileUpload1.FileName));  //SaveAs方法
        Response.Write("<Script>window.alert('上传成功，谢谢！');</Script>");
    }
    }
}
```

图 14-8　文件上传的后台代码

当目标位置已经存在要上传的文件时，消息对话框的效果如图 14-9 所示。

图 14-9　文件上传页面当目标文件存在时的浏览效果

注意：本例在本机的 VS 环境中浏览是没有问题的，但发布到 IIS 环境或者上传到服务器，运行则存在问题，其原因是由于本机上使引用了程序集 System.Windows.Forms.dll，而服务器未必引用了该程序集。在实际项目开发时，用户确认一般使用客户端脚本方式，此时，需要在窗体中再定义一个确认是否覆盖的命令按钮 Buttton2，并在页面的 Page_Load() 事件过程中使用如下代码：

Button2. Attributes[" onclick "]=" javascript：return confirm('你确实要修改吗？')";

14.3　文件读写操作

读写文件是 Web 应用程序中的一个重要内容。在保存程序的数据、动态生成网页或修改应用程序的配置信息等方面都需要读写文件。例如，在线编审稿件、将浏览页面的 GridView 数据源写入 Excel 文件、根据数据库信息生成静态网页文件等。

14.3.1　文件读写的相关类

在.NET Framework 中，采用基于 Stream 类和 Reader/Writer 类读写 I/O 数据的通用模型，使得文件读写操作非常简单。流（Stream）是字节序列的抽象概念，例如文件、输入/输出设备、内部进程通信管道或者 TCP/IP 套接字。Stream 是所有流的抽象基类，通过 Stream 的派生类来完成不同数据流的操作，如图 14-10 所示。

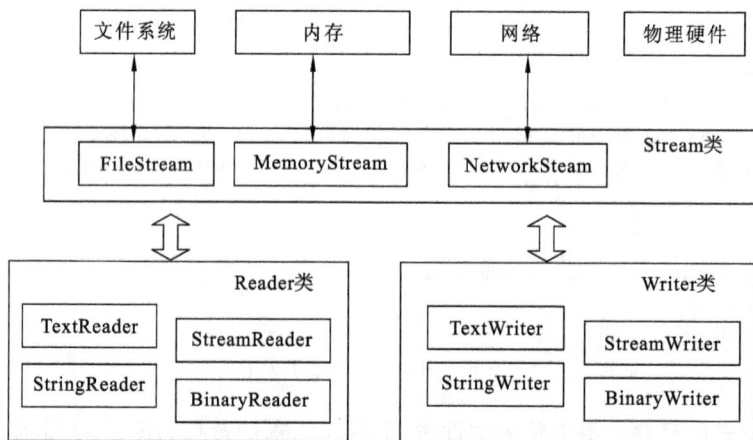

图 14-10　读写 I/O 数据的通用模型

图 14-10 的中间部分表示有多种形式的流。流是 01 序列,不管是磁盘文件、内存数据,还是网络数据,在高层都分文本流,二进制流。

TextReader 为 StreamReader 和 StringReader 的抽象基类,它们分别从流和字符串中读取字符。使用这些派生类可打开一个文本文件以读取指定范围的字符,或基于现有的流创建一个读取器。TextReader 既然是抽象类,就不能创建它们的实例对象,而要使用高一级非抽象类创建对象。

使用 StreamReader 类实现一个 TextReader,其主要方法如下:

- Read()方法:以一种特定的编码从字节流中读取一个字符;
- ReadLine()方法:以一种特定的编码从字节流中读取一行字符;
- Peek()方法:返回下一个字符。如果没有可用的,则返回 -1(或 null);
- Close()方法:关闭与 StreamReader 实例相关的文件。

除非另外指定,StreamReader 的默认编码为 UTF-8,如果指定为其他的编码方式,显示中文信息时就会出现乱码。

同样地,TextWriter,StreamWriter 及 StringWriter 之间有类似的关系。

注意:System. IO 命名空间包含允许对数据流和文件进行同步和异步读取及写入的类型。

14.3.2　应用实例一:在线审稿

【例 14.4】　在线审稿。

【设计方法】新建一个窗体,命名为 sj14_3. aspx,并选择分离代码模型。窗体中主要使用一个下拉列表框获取指定文件夹里的文件名(获取代码在 Page_Load()中)、一个用于显示和编辑文件的文本框和一个用于保存文件的命令按钮,设计效果如图 14-11 所示。

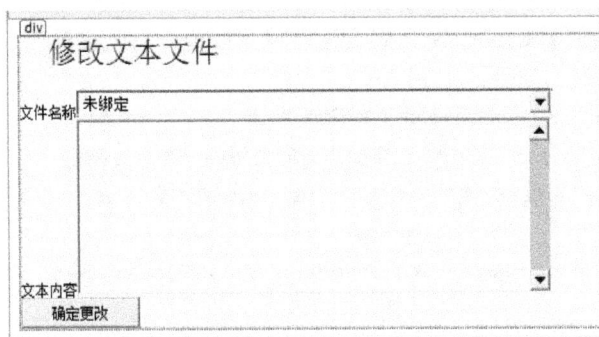

图 14-11　窗体页面 sj14_3. aspx 的设计效果

因为文本框 TextBox1 与下拉列表 DropDownList1 通过 SelectedIndexChanged 事件关联(见下拉列表属性窗口中的事件),事件响应方法对应于后台代码中的 DropDownList1_SelectedIndexChanged()方法。命令按钮的单击事件过程 Button1_Click()完成将文本框的内容写入到对应的文件。页面的前台界面代码,如图 14-12 所示。

【浏览效果】从下拉列表框选中欲编辑的文件后,在文本框中显示该文件的内容,单击"确定更改"命令按钮后,将重新保存文件。其中下拉列表里显示的文件名是从指定目录下自动获取的。浏览效果如图 14-13 所示。

```
<%@ Page Language="C#" AutoEventWireup="true" CodeFile="sj14_3.aspx.cs" Inherits="_读写文本文件" %>
<html>
<head runat="server">
    <title>使用StreamReader类和StreamWriter类读写文本文件</title>
</head>
<body>
    <form id="form1" runat="server">
    <div>
             
        <asp:Label ID="Label1" runat="server" Text="修改文本文件" style="font-size: large"></asp:Label>
        <br /> <br />
        <asp:Label ID="Label2" runat="server" Font-Size="9pt" Text="文件名称"></asp:Label>
        <asp:DropDownList ID="DropDownList1" runat="server" AutoPostBack="True"  Width="400px" Height="18px"
            OnSelectedIndexChanged="DropDownList1_SelectedIndexChanged"></asp:DropDownList> <br />
        <asp:Label ID="Label3" runat="server" Font-Size="9pt" Text="文本内容"></asp:Label>
        <asp:TextBox ID="TextBox1" runat="server" Height="144px" TextMode="MultiLine" Width="400px"></asp:TextBox>
        <br />
        <asp:Button ID="Button1" runat="server" Font-Size="9pt" OnClick="Button1_Click" Text="确定更改"  Width="100px" />
    </div>
    </form>
</body>
</html>
```

图 14-12　窗体页面 sj14_3.aspx 文件的前台界面代码

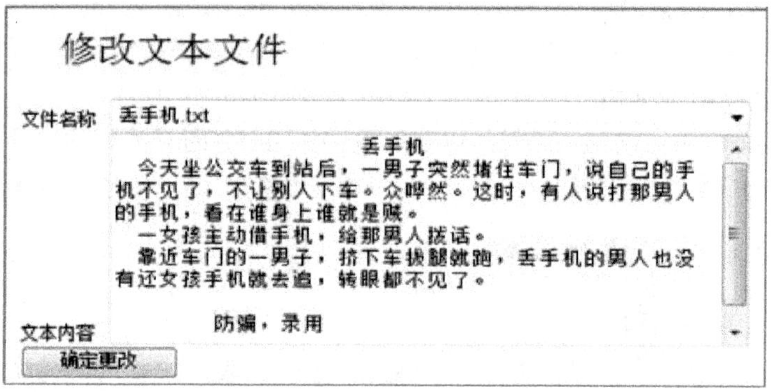

图 14-13　页面 sj14_3.aspx 的浏览效果

后台代码中,使用 StreamReader 类的 ReadLine()方法读取文件内容至文本框是关键代码。除此之外,还有使用 Stream. Write()方法将文本框内容写入文件。后台代码如下。

```
using System;   //当然必须
using System.IO;   //必须,提供文件读写类
using System.Data;   //必须,包含数据访问使用的一些主要类型
public partial class _读写文本文件:System.Web.UI.Page
{
    protected void Page_Load(object sender,EventArgs e)
    {
        if(!IsPostBack)
        {
            DirectoryInfo dir=new DirectoryInfo(Server.MapPath("ch14_files"));
            FileInfo[]files=dir.GetFiles();   //获取指定目录下的文件
            foreach(FileInfo fn in files)   //文件信息的第一项是文件名(含扩展名)
                DropDownList1.Items.Add(fn.ToString());   //增加列表项
            StreamReader sr=new StreamReader(Server.MapPath("ch14_files/")+
DropDownList1.SelectedValue.ToString());
            while (sr.Peek()!=-1)   //StreamReader 类的 Peek()方法:返回下一个可
用的字符,但不使用它。
```

```
        {
                string str=sr.ReadLine()+"\n";   //StreamReader 类的 ReadLine()
方法:从当前流中读取一行字符并将数据作为字符串返回。
                TextBox1.Text+=str;   //刷新多行文本框
        }
        sr.Close();   //关闭文件
    }
}
    protected void DropDownList1_SelectedIndexChanged(object sender,EventArgs e)
    {
        TextBox1.Text="";   //文本框清空,准备读文本文件
        //创建 StreamReader 类的实例;第一参数为物理路径的文件名;第二参数省略或者
指定字符编码 UTF-8(当有中文字符时,否则乱码!)
        StreamReader sr=new StreamReader(Server.MapPath("ch14_files/")+
DropDownList1.SelectedValue.ToString());
        //StreamReader sr=new StreamReader(Server.MapPath("sy14_files/")+
DropDownList1.SelectedValue.ToString(),System.Text.Encoding.UTF8);
        //StreamReader sr=File.OpenText(Server.MapPath("sy14_files/")+
DropDownList1.SelectedValue.ToString());//也 OK,但没有第二参数
        while (sr.Peek()!=-1)   //StreamReader 类的 Peek()方法:返回下一个可用的
字符,但不使用它。
        {
                string str=sr.ReadLine()+"\n";//StreamReader 类的 ReadLine()方法:
从当前流中读取一行字符并将数据作为字符串返回。
                TextBox1.Text+=str;   //刷新多行文本框
        }
        sr.Close();   //关闭文件
    }
    protected void Button1_Click(object sender,EventArgs e)
    {
        StreamWriter fw=new StreamWriter(Server.MapPath("ch14_files/")+
DropDownList1.SelectedValue.ToString());
        fw.Write(TextBox1.Text);   //写文件
        fw.Close();   //关闭文件
    }
}
```

注意:读取文件内容可以使用不同的类与方法,例如下面两条代码等效。

　　　　File StreamReader sr＝new StreamReader(Server. MapPath("文件名");

　　　　StreamReader sr＝File. OpenText(Server. MapPath("文件名");

14.3.3　应用实例二:导出 GridView 控件的数据源为 Excel 表

实际应用系统开发中,经常需要将查询得到的二维表信息(一般是 GridView 等控件

的数据源)导出为 Excel 表(文件)。

数据导出为 Excel 文件的实现原理:利用 Excel 组件将 GridView 控件内容生成 Excel 临时文件,并存放在服务器上,然后用 Response 方法将生成的 Excel 文件下载到客户端然后再将生成的临时文件删除。相关知识点如下。

1. Control. RenderControl()方法

命名空间 System. Web. UI 中 Control 类的 RenderControl()方法的功能是输出服务器控件内容,并存储有关此控件的跟踪信息(如果已启用跟踪)。例如:RenderControl (HtmlTextWriter)能将服务器控件的内容输出到所提供的 HtmlTextWriter 对象中;如果已启用跟踪功能,则存储有关控件的跟踪信息。

2. HtmlTextWriter 类

命名空间 System. Web. UI 中的 HtmlTextWriter 类,将标记字符和文本写入到 ASP. NET 服务器控件输出流。此类提供了 ASP. NET 服务器控件在向客户端呈现标记时所使用的格式设置功能。

注意:HTMLTextWrite 类所在的命名空间是 System. Data,而不是 System. IO。

3. 添加引用程序集 Office. dll

右击网站,选择"添加引用(R)",在出现的"添加引用"对话框中,选择". NET"选项,再选择组件名称"Office"即可添加引用程序集 Office. dll,如图 14-14 所示。

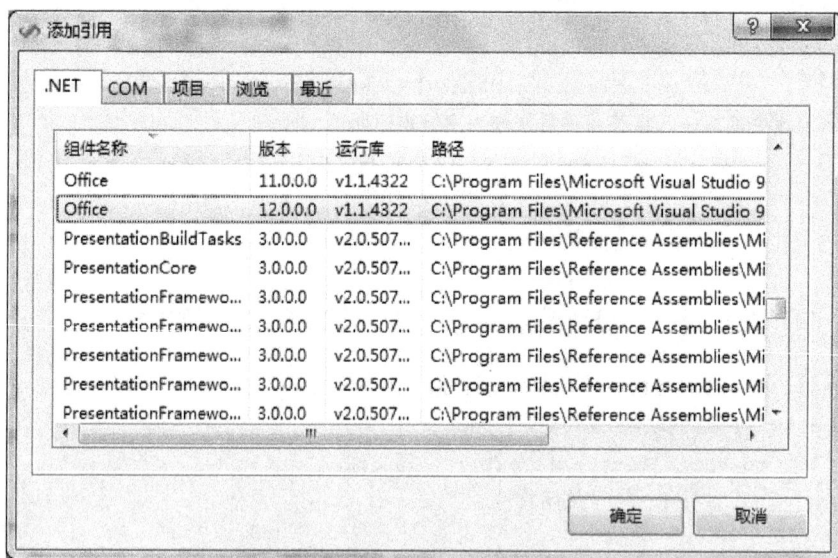

图 14-14 添加引用 Office 程序集

注意:为实现导出 GridView 控件的数据源为 Excel 表,需要手工添加服务器上 ASP. NET 的系统文件夹 Framework 里的程序集 Office. dll。

添加上述引用后,此时在网站配置文件中的三级节点<assemblies>内会增加一条关于引用 Office 的项,如图 14-15 所示。

```
<compilation debug="true">
    <assemblies>
        <add assembly="System.Windows.Forms, Version=2.0.0.0, Culture=neutral,PublicKeyToken=B77A5C561934E089"/>
        <add assembly="office, Version=11.0.0.0, Culture=neutral, PublicKeyToken=71E9BCE111E9429C"/>
        <add assembly="System.Core, Version=3.5.0.0, Culture=neutral, PublicKeyToken=B77A5C561934E089"/>
        <add assembly="System.Web.Extensions, Version=3.5.0.0,Culture=neutral, PublicKeyToken=31BF3856AD364E35"/>
        <add assembly="System.Xml.Linq, Version=3.5.0.0, Culture=neutral, PublicKeyToken=B77A5C561934E089"/>
        <add assembly="System.Data.DataSetExtensions, Version=3.5.0.0,Culture=neutral,PublicKeyToken=B77A5C561934E089"/>
    </assemblies>
</compilation>
```

图 14-15　网站配置文件中引用 Office 程序集

【例 14.5】　导出 GridView 控件的数据源为 Excel 表。

【设计方法】新建一个窗体,命名为 sj14_4.aspx,并选择分离代码模型。窗体中包含一个用于导出数据的命令按钮和一个用于显示数据的 GridView 控件,前台设计效果、前台界面代码和后台代码分别如图 14-16、图 14-17 和代码所示。

图 14-16　窗体页面 sj14-4 的前台界面设计效果

```
<%@ Page Language="C#" EnableEventValidation = "false" AutoEventWireup="true" CodeFile="sj14_4.aspx.cs" Inherits="Default2" %>
<html>
<head id="Head1" runat="server">     <title>ASP.NET环境中与Excel表的导入与导出</title>     </head>
<body>
  <form id="form1" runat="server">
    <asp:Button ID="Button1" runat="server" BackColor="#FF5050"  onclick="Button_Click1" Text="导出数据" />
    <asp:GridView ID="GridView1" runat="server"  AutoGenerateColumns="False"  AllowPaging="True" CellPadding="1"  Width="690px"
        OnPageIndexChanging="Gridview1_PageIndexChanging" PageSize="2" >
      <FooterStyle BackColor="White" ForeColor="#000066" />
      <RowStyle ForeColor="#000066" />
      <Columns>
        <asp:TemplateField HeaderText="准考证号"  >
          <ItemTemplate>
            <asp:Label runat="server" ID="name" Text='<%#DataBinder.Eval(Container.DataItem,"准考证号")%>' >
              </asp:Label></ItemTemplate></asp:TemplateField>
        <asp:TemplateField HeaderText="姓名">
          <ItemTemplate>
            <asp:Label runat="server" ID="na" Text='<%#DataBinder.Eval(Container.DataItem,"姓名")%>'>
              </asp:Label> </ItemTemplate> </asp:TemplateField>
        <asp:TemplateField HeaderText="成绩">
          <ItemTemplate>
            <asp:Label runat="server" ID="na" Text='<%#DataBinder.Eval(Container.DataItem,"成绩")%>'>
              </asp:Label></ItemTemplate></asp:TemplateField></Columns>
        <PagerSettings FirstPageText="首页" LastPageText="尾页" NextPageText="下一页" PreviousPageText="上一页"
            Mode="NextPreviousFirstLast" />
    </asp:GridView>
</form> </body> </html>
```

图 14-17　窗体页面 sj14_4.aspx 的前台代码

后台代码中调用的 Export()方法实现把 GridView1 中的数据导出到 Excel 文件中,其代码如下:

```
public partial class Default2:System.Web.UI.Page
{
    protected void Page_Load(object sender,EventArgs e)
    {SetDataSource();}
    protected void SetDataSource()
```

```
    {
        string conStr=
"Server=114.113.226.134;Database=wustwzx;uid=wustwzx;password=wustwzx";
        SqlConnection myConn=new SqlConnection(conStr);   //创建连接
        myConn.Open();   //打开连接
        SqlDataAdapter da=new SqlDataAdapter("select* from ks",myConn);
        DataSet ds=new DataSet();   //创建数据集
        da.Fill(ds);   //填充
        GridView1.DataSource=ds;   //设置数据源
        GridView1.DataBind();   //GridView 数据绑定
    }
    protected void Gridview1_PageIndexChanging(object sender,GridViewPageEventArgs e)
    {
        GridView1.PageIndex=e.NewPageIndex;   //翻页
        GridView1.DataBind();
    }
    protected void Button1_Click1(object sender,EventArgs e)
    {
        Export("application/ms-excel","自命名文件名.xls");
    }
    public override void VerifyRenderingInServerForm(Control control)
    {
        //此事件过程不可去!
    }
    private void Export(string FileType,string FileName)   //把 GridView1 中的
数据导出到 Excel 文件中
    {
    Response.Charset="GB2312";
    Response.ContentEncoding=System.Text.Encoding.UTF7;
    Response.AppendHeader("Content-Disposition","attachment;filename="+
HttpUtility.UrlEncode(FileName,Encoding.UTF8).ToString());
    Response.ContentType=FileType;
    this.EnableViewState=false;
    StringWriter tw=new StringWriter();   //字符串写类
    HtmlTextWriter hell=new HtmlTextWriter(tw);//HtmlTextWriter 类
    GridView1.AllowPaging=false;
    SetDataSource();
    GridView1.RenderControl(hell);   //不刷新页面只刷新 GridView
    Response.Write(tw.ToString());   //返回客户端
    Response.End();
    GridView1.AllowPaging=true;
    }
}
```

【浏览效果】按 Ctrl+F5，单击"导出数据"命令按钮后，将出现用于保存 GridView 控件的数据源为 Excel 表的下载对话框，浏览效果如图 14-18 所示。

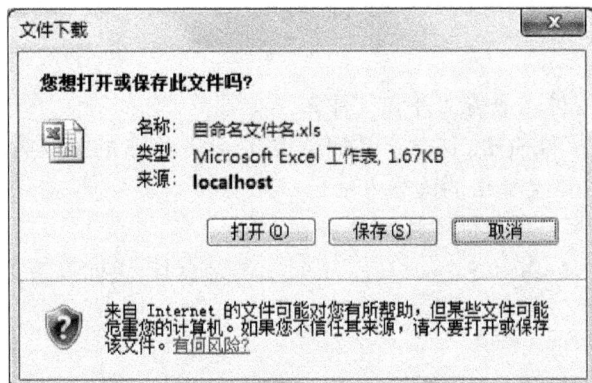

图 14-18　导出数据时的下载对话框

习　题　14

一、判断题

1. FileUpload 控件能上传文件和文件夹。

2. StreamReader 和 Stringreader 是抽象类 TextReader 的派生类。

3. Exists()是 File 类提供的静态方法。

4. File 和 Path 类所提供的方法都是静态方法。

5. 创建 SreamReader 和 StreamWriter 的实例对象时,文件名是必选参数。

二、选择题

1. 在 VS 中,FileUpload 控件位于工具箱中的_____选项里。
   A. 标准　　　　　　B. 数据　　　　　　C. 验证　　　　　　D. 导航

2. 下列提供静态方法的类是_____。
   A. StreamReader　　B. StringReader　　C. File　　　　　　D. BinaryReader

3. 设 path 是 DirectoryInfo 的一个实例,获取 path 对应目录下的所有文件信息应使用方法_____。
   A. GetFiles()　　　　　　　　　　B. GetFile()
   C. GetDirectorys()　　　　　　　　D. GetDirectory()

4. HtmlTextWriter 类所属的命名空间是_____。
   A. System. Tex　　　　　　　　　　B. System. IO
   C. System. Web. UI　　　　　　　　D. System. Data. SqlClient

5. 导出 GridView 控件的数据源为 Excel 文件,不需要的命名空间是_____。
   A. Microsoft. Office. Core　　　　　B. System. Text
   C. System. IO　　　　　　　　　　D. System. Linq

三、填空题

1. ASP. NET 提供的目录和文件操作的相关类对应的命名空间是_____。

2. StreamWriter 和 StringWriter 的抽象基础是_____页。

3. 使用 FileUpLoad 控件上传文件时,一般还应配合_____控件使用。

4. 使用 FileUpLoad 控件上传文件,在后台代码里一定会访问该控件的_____属性。

5. 窗体中 FileUpLoad 控件表现为一个文本框和一个_____。

实验 14　Web 方式的服务器文件与目录操作、使用控件上传文件

（访问 http://www.wustwzx.com/Default.aspx）

一、实验目的

1. 掌握服务器文件与文件操作的相关类；
2. 掌握使用 FileUpLoad 控件实现文件上传的方法；
3. 掌握文件读写类的使用；
4. 掌握导出 GridView 数据源为 Excel 表的方法。

二、实验内容

1. 浏览网站服务器硬盘文件夹下的目录及其文件。

【效果演示】访问 http://www.wustwzx.com/sj14_1.aspx，可以查看当前目录下的文件与文件夹，单击某个文件夹或返回上一次目录的命令按钮，可以浏览不同的目录。

【知识要点】参见例 14.2。

（1）DirectoryInfo 类的 GetFiles()方法；

（2）DirectoryInfo 类的 GetDirectories()方法；

（3）文件与目录信息作为 GridView 控件的数据源；

（4）GridView 控件的 SelectedIndexChanged 事件。

2. 使用 FileUpLoad 控件上传文件。

【设计方法】参见例 14.3。

【操作方法】访问 http://www.wustwzx.com/sj14_2a.aspx，通过浏览方式选择一个要上传的文件，单击"上传"命令按钮后，再访问 http://www.wustwzx.com/sj14_1.aspx，浏览目标文件夹 ch14_uploadfiles 里的文件，可以找到刚才上传的文件。

【知识要点】

（1）FileUpLoad 组件的 HasFile 属性和 PostedFile 属性；

（2）FileUpLoad 组件的 saveAs()方法。

3. 文件读写——在线审稿。

【效果演示】访问 http://www.wustwzx.com/sj14_3.aspx。

【知识要点】参见例 14.4。

（1）DirectoryInfo 类的 GetFiles()获得的信息添加作为 DropDownList 控件的列表项；

（2）StreamReader 类的 ReadLine()方法；

（3）StreamReader 类的 Write()方法。

4. 导出 GridView 数据源为 Excel 表。

【设计方法】参见例 14.5。

【知识要点】

（1）HtmlTextWriter 类；

（2）添加引用程序集 Office.dll。

三、实验小结

（由学生填写,重点写上机中遇到的问题）

第15章 Ajax 技术与 ASP.NET

Ajax 技术实现了服务器与客户端的异步传输，这样减少了屏幕刷新，改善了用户体验。本章介绍 Ajax 技术在 ASP.NET 中的应用，同时介绍了 VS 2008 提供的 Ajax 相关控件的使用。本章学习要点如下：

- Ajax 技术的作用；
- Ajax 技术在 ASP.NET 中的应用；
- VS 2008 提供的 Ajax 相关控件的使用；
- ASP.NET 控件包的使用。

15.1 Ajax 技术在 ASP.NET 中的应用

Ajax 的工作原理相当于在用户和服务器之间添加了一个中间层，实现用户操作与服务器响应异步化。在 1.3.6 小节中，我们介绍了 Ajax 技术在 ASP 中的应用，在 ASP.NET 中，也可以通过创建 XMLHttpRequest 对象实现中间层。

【例 15.1】 实时显示客户端和服务器端的日期与时间。

【设计方法】右键网站名称→添加新项→HTML 页，文件命名为 sj15_1.html，在页面的主体部分定义两个分别显示客户端和服务器端的标志位 ClientTime 和 ServerTime，代码如下：

```
<body onLoad="timeStart()">
        <!--显示客户端日期与时间位置-->
    客户端日期与时间:<span id="ClientTime" style="color: blue;"></span><p/>
    <!--显示服务端日期与时间位置-->
    <div id="ServerTime" style="color:blue;"></div>
</body>
```

页面加载时调用 timeStart() 方法，位于客户端脚本＜script＞和＜/script＞内，调用 JavaScript 的内置对象 Date 获取客户端的日期与时间，代码如下：

```
var clienttime=new Date()   //获取客户端时间
document.getElementById("ClientTime").innerHTML=clienttime.toLocaleString();
```

为了显示服务器端的日期与时间，先需要定义创建 XMLHttprequest 对象的方法，创建方法与使用的操作系统相关，代码如下：

```
var xmlHttp;
function createXMLHttpRequest()
  {
    //创建核心对象的实例
    if(window.ActiveXObject)   //使用 IE 浏览器时
```

```
        xmlHttp=new ActiveXObject("Microsoft.XMLHTTP");
    else if(window.XMLHttpRequest)   //使用其他浏览器(如 Firefox 等)时
        xmlHttp=new XMLHttpRequest();   //Ajax 的核心对象
}
```

要显示服务器端的日期与时间,还要先建立显示服务器端日期与时间的窗体页面,命名页面名称为 sj15_1.aspx,采用分离代码模型,在其后台代码的 Page_Load()事件过程里输入如下代码:

```
protected void Page_Load(object sender,EventArgs e)
{
        Response.Write("服务器端日期与时间:"+DateTime.Now.ToString());
}
```

下面就是显示服务器端日期与时间的客户端脚本代码:

```
//调用在客户端脚本中自定义的方法
createXMLHttpRequest();
//服务器端显示时间的代码
var url="sj15_1.aspx";
//以 POST 方式向服务器发送,不能用 GET 代替
xmlHttp.open("POST",url,true);
//设置回调函数
xmlHttp.onreadystatechange=startCallback;
xmlHttp.send(null);
```

其中,XMLHttprequest 对象的 open()方法用于建立与服务器之间通信连接,参数 url 是服务器页面,通信过程还需要建立回调函数 startCallback(),其代码定义如下:

```
function startCallback()
{
    //http 状态,检查服务器接收是否完成
    if(xmlHttp.readyState==4){
        if(xmlHttp.status==200)
        {
            //局部刷新
            document.getElementById("ServerTime").innerHTML=xmlHttp.responseText;
            //Window 对象的定时器方法,单位是毫秒
            setTimeout("timeStart()",1000);
            xmlHttp=null;
        }
    }
}
```

作者上传上述页面至自己的教学网站,访问 http://www.wustwzx.com/sj15_1.html,其浏览效果如图 15-1 所示。

客户端日期与时间:2012年10月25日 22:54:08
服务器端日期与时间:2012-10-24 22:54:09

图 15-1   实时时间显示截图

注意：

（1）一般地，不同的计算机的时间可能存在一定的差异，秒级更有可能。图 15-1 表明客户机与服务器时间就相差 1 秒；

（2）如果在本地计算机的 IIS 服务器中浏览，则客户端日期与时间与服务器端相同。

将上述代码组装到文件 sj15_1.html，其完整的代码如图 15-2 所示。

```html
<html>
<head>
<title>同时实时显示服务端和客户端的日期/时间</title>

<script>
var xmlHttp;
function createXMLHttpRequest()
 {  //创建核心对象的实例
  if(window.ActiveXObject)  //使用Windows系统时
      xmlHttp=new ActiveXObject("Microsoft.XMLHTTP");
  else if(window.XMLHttpRequest)  //非Windows系统时
        xmlHttp=new XMLHttpRequest();  //Ajax的核心对象
 }

function timeStart(){  //页面加载时触发本方法
  var clienttime=new Date()  //获取客户端时间
  document.getElementById("ClientTime").innerHTML=clienttime.toLocaleString();

  createXMLHttpRequest();
  var url="sj15_1.aspx";  //服务器端显示时间的代码
  xmlHttp.open("POST",url,true);  //以POST方式向服务器发送，不能用GET代替
  xmlHttp.onreadystatechange=startCallback;  //回调函数名
  xmlHttp.send(null);
}

function startCallback(){  //http状态，检查服务器接收是否完成
  if(xmlHttp.readyState==4){
      if (xmlHttp.status == 200)
      {
         //局部刷新
         document.getElementById("ServerTime").innerHTML =xmlHttp.responseText;
         //Window对象的定时器方法
         setTimeout("timeStart()",1000);
         xmlHttp=null;
       }
  }
}
</script>

</head>

<body onLoad="timeStart()">
    <!--显示客户端日期与时间位置-->
    客户端日期与时间: <span id="ClientTime" style="color: blue;"></span><p />
    <!--显示服务端日期与时间位置-->
    <div id="ServerTime" style="color: blue;"></div>
</body>

</html>
```

图 15-2　页面 sj15_1.html 代码

15.2　VS2008 提供的 Ajax 控件的使用

15.2.1　ASP.NET Ajax 控件及作用

在 VS 2008 中，开发实现服务器端与客户端的异步传输功能的页面，需要使用一组相关控件(不只是一个控件!)，如图 15-3 所示，它们位于工具栏的"AJAX Extensions"选项里。

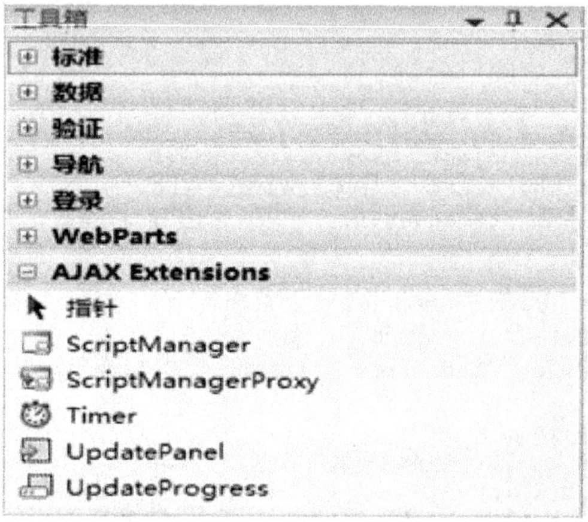

图 15-3　VS 2008 工具箱内的 Ajax 控件

1. ScriptManager 控件

ScriptManager 控件是 ASP.NET Ajax 核心控件，管理一个页面上的所有 ASP.NET Ajax 资源，用来处理页面上的所有 ASP.NET Ajax 组件以及局部的页面更新，生成相关的客户端脚本。所有需要支持 ASP.NET Ajax 的 ASP.NET 页面上有且只能有一个 ScriptManager 控件，ScriptManager 控件的 EnablePartialRendering 属性的默认值为 True。页上使用 ScriptManager 控件，以启用下列 ASP.NET 的 AJAX 功能。

● Microsoft Ajax Library 的客户端脚本功能和要发送到浏览器的任何自定义脚本。

● 单独刷新页面上的区域而无需整个页面的回发。ASP.NET UpdatePanel，UpdateProgress 和 Timer 控件需要 ScriptManager 控件的支持。

● Web 服务的 JavaScript 代理类，允许使用客户端脚本来访问 Web 服务和 ASP.NET 页中特别标记的方法。它通过将 Web 服务和页方法作为强类型对象公开来达到此目的。

● JavaScript 类，用于访问 ASP.NET 身份验证、配置文件和角色应用程序服务。

注意：上节介绍的 Ajax 技术是通过 XMLHttpRequest 对象实现，本节介绍的方法则是通过 ASP.NET 的 ScriptManager 控件实现。两者方法不同，但效果一样。

2. UpdatePanel 控件

UpdatePanel 控件用于刷新 Web 窗体页中的选定部分，而不是使用同步回发来刷新整个页面。UpdatePanel 控件控制页面的局部更新功能依赖于 ScriptManager 控件的 EnablePartialRendering 属性，如果这个属性设置为 false 局部更新会失去作用。

UpdatePanel 控件＜ContentTemplate＞部分通常包含有更新的控件（如 Label 等）和定时器控件。

UpdatePanel 控件的＜Triggers＞的部分可以包含 AsyncPostBackTrigger 和 PostBackTrigger。PostBackTrigger 控件会回送完整的页面，而 AsyncPostBackTrigger 控件只执行异步页面回送。

3. Timer 控件

Timer 控件按定义的时间间隔执行回发。可以使用 Timer 控件来发送整个页，或将其与 UpdatePanel 控件一起使用以按定义的时间间隔执行部分页更新。

Timer 控件的 Interval 属性用于设定时间间隔。

4. UpdateProgress 控件

UpdateProgress 控件提供有关 UpdatePanel 控件中的部分页更新的状态信息。

注意：若要使用 UpdatePanel，UpdateProgress 和 Timer 控件，则需要 ScriptManager 控件。

15.2.2 ASP.NET Ajax 应用示例

页面的局部刷新是 ASP.NET Ajax 技术的最基本的用法，下面介绍两个使用 ASP.NET Ajax 的示例。

【例 15.2】 使用 ASP.NET Ajax 实时显示服务端时间。

【设计方法】右键网站名称→添加新项→Web 窗体，文件命名为 sj15_2.aspx，选择拆分模式。依次向页面添加 ScriptManager 控件、UpdatePanel 控件、Timer 控件和 Label 控件各一个，页面的前台代码及设计效果如图 15-4 所示。

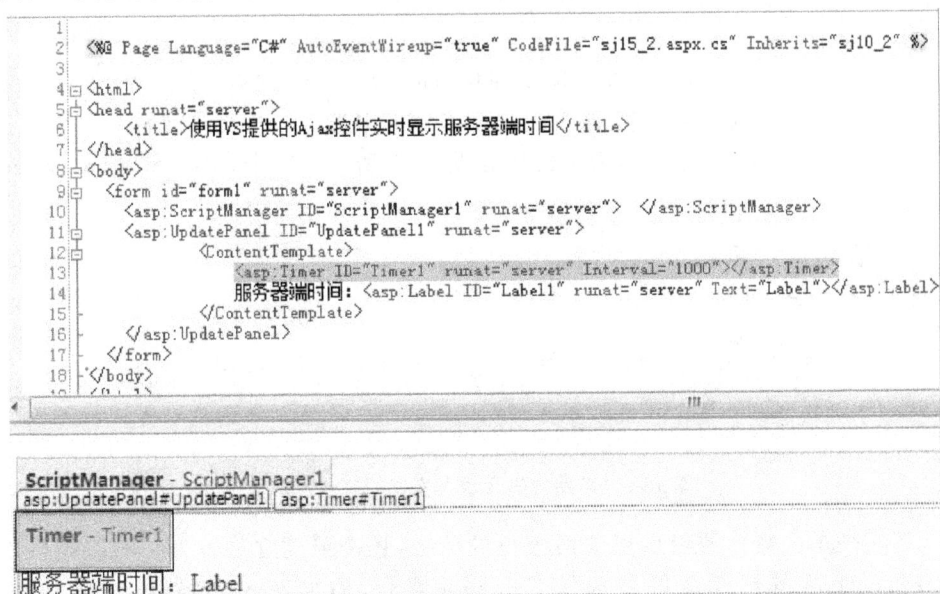

图 15-4 页面的前台代码及设计效果

注意：Label 控件和 Timer 控件需要放在＜ContentTemplate＞标记内，否则，创建时会报错。

页面的后台代码及浏览效果，分别如图 15-5、图 15-6 所示。

```
using System;
public partial class sj10_2 : System.Web.UI.Page
{
    protected void Page_Load(object sender, EventArgs e)
    {
        Label1.Text="<font color='Red' size='5'>"+DateTime.Now.ToLongTimeString()+"</font>";
    }
}
```

图 15-5 页面的后台代码

服务器端时间: 14:12:51

图 15-6 页面的浏览效果

【例 15.3】 简易聊天室的创建。

【设计方法】右键网站名称→添加新项→Web 窗体，文件命名为 sj15_3.aspx，选择拆分模式。依次向页面添加 ScriptManager 控件、UpdatePanel 控件、用于输入聊天信息的 TextBox 控件、用于选择颜色的 DropDownList 控件和 Button 控件各一个，设计效果如图 15-7 所示。

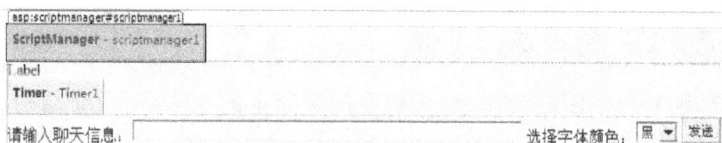

图 15-7 页面设计视图初步

在控件对象 UpdatePanel1 的代码内输入＜ContentTemplate＞标记，并在＜ContentTemplate＞标记内分别增加一个用于显示消息的 Label 控件和一个定时器控件 Timer，设置 Timer1 的 Interval 属性值为 100(毫秒)。

注意：Label 控件和 Timer 控件如果不将放在＜ContentTemplate＞标记内，则创建时会报错。即更新面板控件、＜ContentTemplate＞标记、Label 控件和 Timer 控件三者之间形成包含关系。

当有新用户进入聊天室(或者某个用户退出后再次进入)时，所有前台页面中会显示该用户 IP 和进入的时刻，相应的后台代码如图 15-8 所示。其中，Msg 是 Application 全局变量。

```
protected void Page_Load(object sender, EventArgs e)
{
    if (!IsPostBack) //新人加入
    {
        string temp = "";
        temp+=Application["Msg"] + "<br><font color=red size=4>" +Request.UserHostAddress;
        temp+="进入聊天室</font>[<font size=2>" + DateTime.Now.ToString() + "</font>]";
        Application.Set("Msg", temp); //更新Application变量Msg
    }
}
```

图 15-8 新用户进入聊天室友的后台代码

为了实现单击命令按钮后更新面板里的信息，还需要建立触发器。右键控件对象 UpdatePanel1，在其属性窗口中选择 Triggers 集合，添加 AsyncPostTrigger，设定其 ControlID 属性值为 Button1，操作如图 15-9 所示。

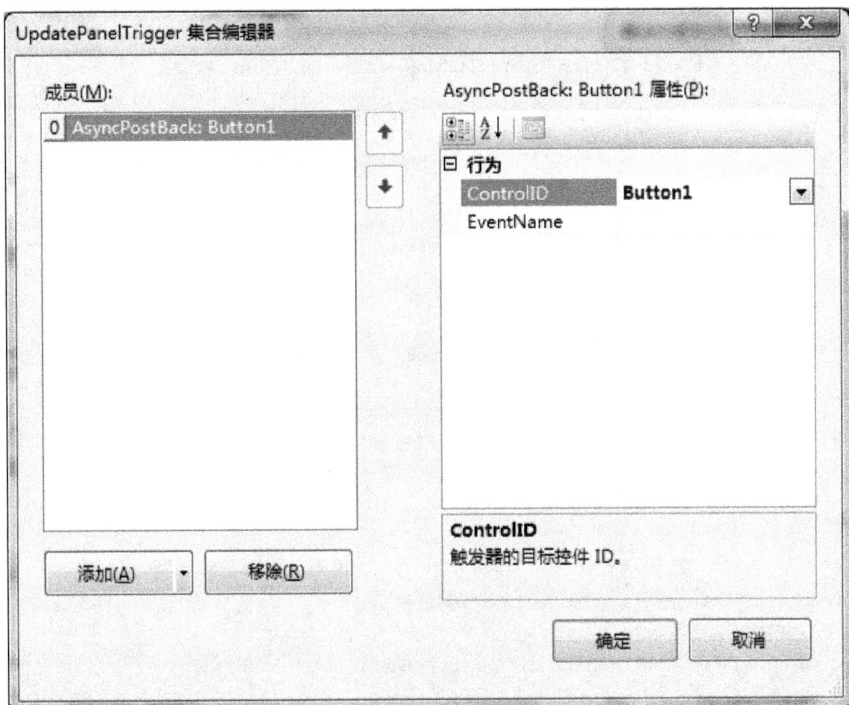

图 15-9　设定更新面板控件的触发器

这样，便完成了前台的界面设计，页面的设计视图如图 15-10 所示。

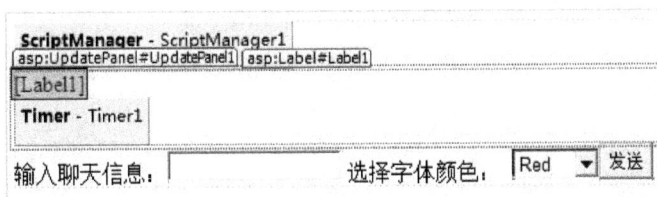

图 15-10　页面前台设计视图

聊天室里有人发言时也会导致所有页面的局部刷新，其后台处理代码如图 15-11、图
15-12 所示。

```
protected void Button1_Click(object sender, EventArgs e)
{
    //有人发言
    string temp=Application["Msg"] + "<br><font color=" + DropDownList1.Text + " size=4>";
    temp+=Request.UserHostName + "说: " + TextBox1.Text;
    temp+="</font> [<font size=2>" + DateTime.Now.ToString() + "</font>]";
    Application.Set("Msg", temp);
}
```

图 15-11　有人发言时的后台处理代码

页面前台的控件代码，如图 15-13 所示。

```
protected void Timer1_Tick(object sender, EventArgs e)
{
    try    //定时局部刷新（更新面板）
    {
        Label1.Text = Application["Msg"].ToString();
    }
    catch (Exception ex)
    {
        Response.Write(ex.Message);
    }
}
```

图 15-12　更新面板的定时器方法代码

```
<%@ Page Language="C#" AutoEventWireup="true" CodeFile="sj10_3.aspx.cs" Inherits="sj10_3" %>
<html>
<head runat="server">
    <title>简易聊天室的创建</title>
</head>
<body>
<form id="form1" runat="server">

    <asp:scriptmanager runat="server" ID="scriptmanager1">
    </asp:scriptmanager>

    <asp:UpdatePanel ID="UpdatePanel1" runat="server">
        <ContentTemplate>
            <asp:Label ID="Label1" runat="server" Text="Label"></asp:Label>
            <asp:Timer ID="Timer1" runat="server" ontick="Timer1_Tick" Interval="100">
            </asp:Timer>
        </ContentTemplate>

        <Triggers>
            <asp:AsyncPostBackTrigger ControlID="Button1" />
        </Triggers>
    </asp:UpdatePanel>

    请输入聊天信息：<asp:TextBox ID="TextBox1" runat="server" Width="400px"></asp:TextBox>
     选择字体颜色：<asp:DropDownList ID="DropDownList1" runat="server">
        <asp:ListItem Value="Black">黑</asp:ListItem>
        <asp:ListItem Value="Green">绿</asp:ListItem>
        <asp:ListItem Value="Yellow">黄</asp:ListItem>
    </asp:DropDownList>
     <asp:Button ID="Button1" runat="server" Text="发送" onclick="Button1_Click" />
</form>
</body>
</html>
```

图 15-13　页面前台的控件代码

多人进入聊天室时,页面的浏览效果如图 15-14 所示。

183.94.25.133进入聊天室[2012-9-18 9:04:40]
180.153.206.15进入聊天室[2012-9-18 9:20:11]
183.94.25.133说：常用asp.net做开发 [2012-9-18 10:09:09]
221.235.52.230进入聊天室[2012-9-18 10:28:01]

图 15-14　多人进入聊天室时的页面浏览效果

注意:本例对于分布在具有不同 IP 地址的人群有意义,因为对于处于共享上网的人群其 IP 地址是相同的。实际上,聊天室一般使用昵称,进入前需要先注册。

15.3　AjaxToolKit 控件包的使用

AjaxToolKit 控件包是 Ajax extension 和普通服务器控件的二次封装,这个控件包可以在 http://ajaxcontroltoolkit.codeplex.com/releases/view/94873 下载。下载完成以后,在包里可以找到一个 AjaxControlToolkit.dll 文件,把它放进自己网站的 Bin 文件夹里,然后在需要引用的页面开头加上 Register 指令即可。引用页面开头部分的 Register 指令格式(参见 13.4 节)如下:

<%@ Register Assembly="ajaxControlToolkit" Namespace="ajaxControlToolkit" TagPrefix="ajaxToolkit" %>

当然,像使用第三方控件一样,如果将控件包添加到 VS 的工具栏里,就可以查看各种控件的名称了。ajaxToolkit 控件包里面包含几十个效果相当漂亮的控件,可以划分为文本框特效、菜单特效、面板特效、图像与动画等多种类型,ajaxToolkit 控件截图(部分)如图 15-15 所示。

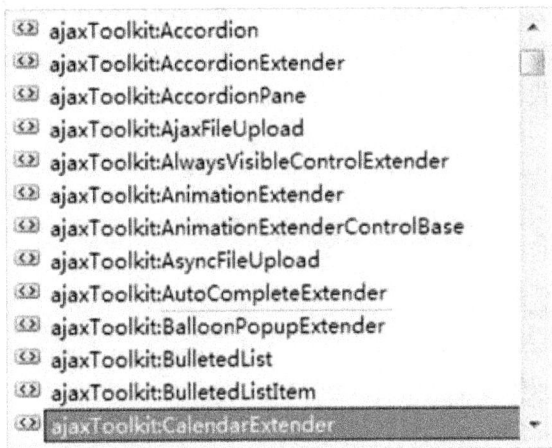

图 15-15　ajaxToolkit 控件截图(部分)

AutoCompleteExtender 扩展控件的主要属性与方法如下。

- TargetControlID 属性:这是必须指定的属性,它指出扩展控件寄宿到哪个控件身上;
- ServicePath:指出要使用的服务的路径,这里指的是 Web 服务 asmx 文件的路径,而不是相应的后台代码 cs 文件;
- ServiceMethod:返回数据的函数,填入目标函数名即可;
- MinimumPrefixLength:最少需要录入的长度,指定为 1,则只要敲入一个字符,就会立即弹出下拉列表;
- CompletionInterval:用户录入后多长时间程序去调用服务来获取数据,单位是毫秒。

【例 15.4】　Ajax 控件包中的 AutoCompleteExtender 控件的使用。

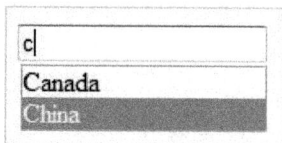

c

| Canada |
| China |

图 15-16　页面的浏览效果

【浏览效果】当用户在文本框里输入某个字母后,则在文本框下面自动产生一个列表框并显示所有该字母打头的国名,以供作为文本框输入的选择,如图 15-16 所示。

【设计方法】右键网站名称→添加新项→Web 窗体,文件命名为 sj15_4.aspx,选择拆分模式。

（1）访问 http://ajaxcontroltoolkit.codeplex.com/releases/view/94873,下载 Ajax 控件包（版本 3.5）,解压后将文件 AjaxControlToolkit.dll 复制到网站根目录的 Bin 文件夹里。

（2）在页面 sj15_4.aspx 的头部添加如下的指令:

<%@ Register Assembly="ajaxControlToolkit" Namespace="ajaxControlToolkit" TagPrefix="ajaxToolkit" %>

（3）向窗体 sj15_4.aspx 添加控件 ScriptManager。

（4）向窗体 sj15_4.aspx 添加 TextBox 控件。

（5）新建 Web 服务,命名为 sj15_4.asmx,在相应的后台代码文件 sj15_4.cs（存放在网站 App_Code 文件夹里）中建立获得国家名称的方法 GetCountriesList()。

Web 服务的后台代码,如图 15-17 所示。

```
[WebMethod]
public string[] GetCountriesList(string prefixText)  //返回国名
{
    string[] cntName = null;
    string conStr= "Data Source=114.113.226.134;Initial Catalog=wustwzx;uid=wustwzx;password=wustwzx";
    SqlConnection sqlCon = new SqlConnection(conStr);
    sqlCon.Open();

    SqlCommand sqlComd = sqlCon.CreateCommand();
    sqlComd.CommandType = CommandType.Text;
    sqlComd.CommandText ="SELECT E_Name FROM Countries WHERE E_Name LIKE @prefixText";
    sqlComd.Parameters.Add(new SqlParameter("@prefixText", string.Format("{0}%", prefixText)));

    SqlDataAdapter sqlAdpt = new SqlDataAdapter();
    sqlAdpt.SelectCommand = sqlComd;

    DataTable table = new DataTable();
    sqlAdpt.Fill(table);
    cntName = new string[table.Rows.Count];
    int i = 0;
    foreach (DataRow rdr in table.Rows)
    {
        cntName[i] = rdr["E_Name"].ToString().Trim();
        ++i;
    }
    return cntName;
}
```

图 15-17　Web 服务的后台代码

（6）向窗体 sj15_4.aspx 添加 AutoCompleteExtender 控件,并设置如下相关属性:

```
<ajaxToolkit:AutoCompleteExtender runat="server" ID="AutoCompleteExtender1"
        CompletionInterval="100"
        TargetControlID="TextBox1" ServicePath="sj15_4.asmx"
        ServiceMethod="GetCountriesList" MinimumPrefixLength="1"/>
```

习　题　15

一、判断题

1. 在使用了 Ajax 技术的 Web 页面中,服务器与客户端通过第三方异步通讯。

2. 定时器控件 Timer 必须位于<ContentTemplate>标记内。

3. 定时器控件 Timer 的 Interval 属性的默认值为 60 秒。

4. 在 VS 2008 中,默认安装了 Ajax Control Tool Kit。

5. 使用了 Ajax 技术的页面中,引入了 ScriptManager 控件后才能调用 Web 服务所提供的方法。

二、选择题

1. 下列方法或属性中,不由 XMLHttpRequest 对象提供的是_____。

    A. open()　　　　　B. send()　　　　　C. readyStart　　　　D. readyState

2. 在设计窗口中,双击定时器控件对象,则自动打开_____事件过程。

    A. Tick　　　　　　B. Click　　　　　　C. OnTick　　　　　D. OnClick

3. 下列选项中,不是 ASP.NET 的 Web 服务器控件的是_____。

    A. ScriptManager　　　　　　　　B. Timer

    C. UpdatePanel　　　　　　　　　D. XMLHttpRequest

4. 群聊消息在每个成员的 Web 页面中的显示,是通过使用_____对象实现的。

    A. AsyncPostBack　　　　　　　　B. Triggers

    C. Application　　　　　　　　　　D. Sesssion

5. 右键工具箱并选择_____以将 Ajax 控件包添加至工具箱并作为一个新的选项。

    A. 选择项　　　　　　　　　　　　B. 添加选项卡

    C. 重置工具箱　　　　　　　　　　D. 重命名选项卡

三、填空题

1. 对象 XMLHttpRequest 的_____属性存有处理服务器响应的函数。

2. 通过 XMLHttpRequest 对象的_____属性来获取从服务器返回的数据。

3. 使用 VS 2008 Ajax 控件开发具有局部刷新的页面,需要将 ScriptManager 控件的_____属性设置为 True。

4. 在 ASP.NET Ajax 中,设置刷新的时间间隔是通过设置 Timer 对象的_____属性实现的。

5. 使用 VS 提供的 Ajax 控件设计含有局部刷新的页面时必须使用的控件是 ScriptManager 和_____。

6. 定时器控件 Timer 设置时间间隔的单位是_____。

实验 15　Ajax 技术在 ASP.NET 网站开发中的应用

（访问 http://www.wustwzx.com/Default.aspx）

一、实验目的

1. 掌握 Ajax 技术在 ASP.NET 中的应用；
2. 掌握 VS 2008 提供的 Ajax 控件的使用；
3. 掌握 Ajax 控件包的使用。

二、实验内容

1. 实时显示客户端与服务器的日期与时间。

　　【效果演示】访问 http://www.wustwzx.com/sj15_1.html，参见例 15.1。

　　【知识要点】

　　（1）XMLHttpRequest 的 open()方法与 readState 属性；

　　（2）浏览器对象 Window 的相关方法；

　　（3）JavaScript 内置对象 Date 的相关方法。

2. 使用 ASP.NET 的 Ajax 控件实时显示服务器端的时间。

　　【效果演示】访问 http://www.wustwzx.com/sj15_2.aspx，参见例 15.2。

　　【知识要点】

　　（1）ScriptManager 控件的作用；

　　（2）UpdatePanel 的作用；

　　（3）Timer 控件的作用。

3. 创建一个简易的聊天室。

　　【效果演示】访问 http://www.wustwzx.com/sj15_3.aspx，参见例 15.3。

　　【知识要点】

　　（1）所有上线信息和聊天信息放在一个 Application 变量 Msg 里；

　　（2）发表留言时，更新 Msg；

　　（3）所有客户端的定时器定时刷新。

4. Ajax 控件包中的 AutoCompleteExtender 控件的使用。

　　【效果演示】访问 http://www.wustwzx.com/sj15_4.aspx，参见例 15.4。

　　【预备操作】访问 http://ajaxcontroltoolkit.codeplex.com/releases/view/94873，下载 Ajax Control Toolkit，解压后找到 AjaxControlToolkit.dll 文件并复制到网站的 Bin 文件夹里，最后在窗体页面的开头通过 @Register 指令引用该控件包（程序集）。

　　【知识要点】AutoCompleteExtender 控件的主要属性如下：

　　（1）CompletionInterval；

　　（2）TargetControlID；

（3）ServicePath；

（4）ServiceMethod；

（5）MinimumPrefixLength。

三、实验小结
（由学生填写,重点写上机中遇到的问题）

第 16 章 综合实例——鲜花网站

开发一个完整的网站,除了要运用前面各章所学的知识外,还会产生许多原来没有遇到的问题。例如,当 Web 用户控件与引用它的窗体文件不在同一位置时,就会出现文件找不到的路径问题。本章通过鲜花网站的设计,介绍了网站开发的一般步骤,其主要内容如下:

- 网站总体设计的含义;
- 掌握公用类、Web 用户控件、第三方控件等在网站设计中的应用;
- 掌握使用 OLE DB 方式连接和操作 Access 数据库的方法;
- 掌握用于访问数据库的类,特别是将查询结果绑定到数据显示控件的设计方法;
- 掌握在页面调用时将数据绑定控件中的某个字段值传递给目标页面的设计方法。

16.1 系统总体设计

16.1.1 确定系统功能项并编写网站地图文件

鲜花网站的主要功能是为浏览者提供鲜花信息,为会员用户提供网络购物的平台,包括鲜花(分类)信息、会员注册、订单提交、订单查询等。此外,鲜花网站还提供站内新闻、用于收集用户反馈信息的留言簿功能等。

鲜花网站的用户分为一般游客、会员用户和管理员三种。一般游客不能直接购买鲜花,会员用户在购买鲜花前需要登录,一般游客经过会员注册后可以成为会员用户。

鲜花网站,与其他大多数网站一样,其功能可分为前台和后台两个部分。会员注册、会员登录、鲜花信息查询、购物车、订单查询、留言簿、网站新闻等属于前台;鲜花信息管理、网站新闻文件上传、订单状态管理和查看用户留言等属于后台。

当会员用户选择鲜花商品放入购物车并提交订单后,公司管理员会根据订单及付款情况进行配送、设置订单状态,用户签收后由公司管理员再次设置订单状态。由于下订单到最后签收需要一定的时间,因此订单状态可以分为未处理、已备货、已发货、已签收共4 种。

在进行需求分析和业务流程分析的基础上,确定网站的主页结构和各级页面,然后建立网站地图文件,以实现网站的面包屑导航功能。网站主要页面的层次结构与网站地图文件,如图 16-1 所示。

```
⊟ 网站首页          <?xml version="1.0" encoding="utf-8" ?>
  ⊟ 鲜花           <siteMap>
      鲜花详情        <siteMapNode url="Default.aspx" title="网站首页" description="主页">
      鲜花分类          <siteMapNode url="Flowers.aspx" title="鲜花" description="鲜花种类、特性、价格等">
    站内新闻             <siteMapNode url="Flowers_Details.aspx" title="鲜花详情" description="" />
    留言簿              <siteMapNode url="Flowers_Class.aspx" title="鲜花分类" description="" />
    会员注册           </siteMapNode>
  ⊟ 我的购物车         <siteMapNode url="News.aspx" title="站内新闻" description="" />
      订单生成          <siteMapNode url="LeaveMessage.aspx" title="留言簿" description="发表、查看留言" />
      订单查询          <siteMapNode url="MemberRegister.aspx" title="会员注册" description=""/>
    关于我们           <siteMapNode url="MyCar.aspx" title="我的购物车" description="">
                      <siteMapNode url="OrderOK.aspx" title="订单生成" description="" />
                      <siteMapNode url="OrderState.aspx" title="订单查询" description="" />
                    </siteMapNode>
                    <siteMapNode url="AboutUs.aspx" title="关于我们" description="" />
                  </siteMapNode>
                </siteMap>
```

图 16-1　鲜花网站主页

16.1.2　构建开发环境

1. 网站开发环境

网站开发环境：Microsoft Visual Studio 2008 集成开发环境。

网站开发语言：ASP. NET＋C♯。

网站后台数据库：Access。

注意：学生申请的免费空间，一般不支持服务器型数据库（如 SQL Server）。所以，为了便于他人访问，选择了文件型数据库（如 Access）。

开发环境运行平台：Windows XP/Win 7/Windows Server 2003。

2. 服务器端

操作系统：Windows 2003 Server。

Web 服务器：IIS 5.0。

数据库服务器：SQL Server 2000 或以上版本。

浏览器：IE 6.0。

网站服务器运行环境：Microsoft. NET Framework SDK v2.0。

3. 客户端

浏览器：IE 6.0。

分辨率：最佳效果 1024×768 像素。

16.1.3　数据库及其表间关系设计

一个成功的管理系统，是由 50％的业务＋50％的软件所组成，而 50％的成功软件又是由 25％的数据库＋25％的程序所组成，数据库的设计是应用程序设计的基础环节和依据。

注意：在数据库应用程序完成后再修改数据库的结构，会导致大量后台代码的修改。因此，在数据库应用程序编写前，使用 E-R 图分析法仔细确定数据库中的各表结构、表的主键及表间关系。

本鲜花网站采用名称为 BuyFlowers.mdb 的 Access 数据库，该库包含 10 张数据表。下面分别给出数据库中各个数据表的结构。

☑　tUser_Register：会员信息表，UserName 为主键，表结构如图 16-2 所示。

tUser_Register : 表

字段名称	数据类型	说明
UserName	文本	用户名
TrueName	文本	用户真名
UserPassword	文本	用户密码
UserSex	文本	用户性别
guding	文本	联系电话
Phonenumber	文本	移动电话
QQ	文本	用户QQ
age	数字	年龄

图 16-2　会员信息表数据结构

☑ tNews:网站新闻表,其表结构如图 16-3 所示。

News : 表

字段名称	数据类型	说明
u_title	文本	标题
upFileName	文本	文件名
Id	自动编号	文档编号
u_time	日期/时间	上传时间

图 16-3　网站新闻表数据结构

☑ tFlower_Details:鲜花信息表,其表结构如图 16-4 所示。

tFlower_Details : 表

字段名称	数据类型	说明
bh	文本	花卉编号
flower_id	数字	花卉一级分类代码
ft_id	数字	花卉二级分类代码
name	文本	花卉名称
material	文本	
package	文本	
market_price	数字	市场价
price	数字	会员价
flower_language	文本	
remarks	备注	
zp	文本	照片文件
count	数字	

图 16-4　鲜花信息表数据结构

☑ tFlower_Type:鲜花一级分类表,其表结构如图 16-5 所示。

tFlower_Type : 表

字段名称	数据类型	说明
flower_id	数字	一级类别代码
type_name	文本	一级分类名称

图 16-5　网站新闻表数据结构

☑ tft_Type:鲜花二级分类表,其表结构如图 16-6 所示。

tft_Type : 表

字段名称	数据类型	说明
ft_id	数字	二级分类代码
flower_id	数字	一级分类代码
ft_name	文本	二级分类名称

图 16-6　网站新闻表数据结构

☑ tLeaveMessage：留言簿表，其表结构如图 16-7 所示。

tLeaveMessage：表

字段名称	数据类型	说明
fid	自动编号	
Mtype	文本	留言类型
Mname	文本	留言人姓名
Mphone	文本	
QQ	文本	
Mtitle	文本	留言主题
Mtext	备注	留言内容

图 16-7　留言簿表数据结构

☑ tShoppingCar：购物车信息表，其表结构如图 16-8 所示。

tShoppingCar：表

字段名称	数据类型	说明
fid	自动编号	
UserName	文本	会员名称
bh	文本	花卉编号
sl	数字	花卉数量

图 16-8　购物车表数据结构

注意：此购物车具有公共特性，即所有会员添加拟购的商品都在一个大的购物车里，这与通常在超市的购物车不同。通过使用会员登录时会员名称的 Session 值对该表中 UserName 字段过滤，可以显示登录会员的购物车(商品)。

☑ tOrder：订单表，OrderID 是主键，表结构如图 16-9 所示。

tOrder：表

字段名称	数据类型	说明
OrderID	文本	订单编号
UserName	文本	订货人
OrderTime	日期/时间	订购日期
ArriveTime	日期/时间	送达时间
OrderState	是/否	送达状态
RecievName	文本	接收人姓名
RecievTel	文本	接收人电话
RecievAddr	文本	接收人地址

图 16-9　订单表数据结构

☑ tOrder_Details：订单明细表，其表结构如图 16-10 所示。

tOrder_Details：表

字段名称	数据类型	说明
OrderID	文本	订单编号
bh	文本	商品编号
sl	数字	数量

图 16-10　订单明细表数据结构

☑ tGetMoney：银行汇款表，其表结构如图 16-11 所示。

图 16-11　银行汇款表数据结构

　　在上面的这些表中，除了网站新闻表、留言簿表、银行汇款表外，其他表间存在关系。例如，订单表与订单明细表存在一对多关系，并且需要使用级联删除，因为一旦删除已经签收的订单，则订单明细也应删除。数据库的表间关系如图 16-12 所示。

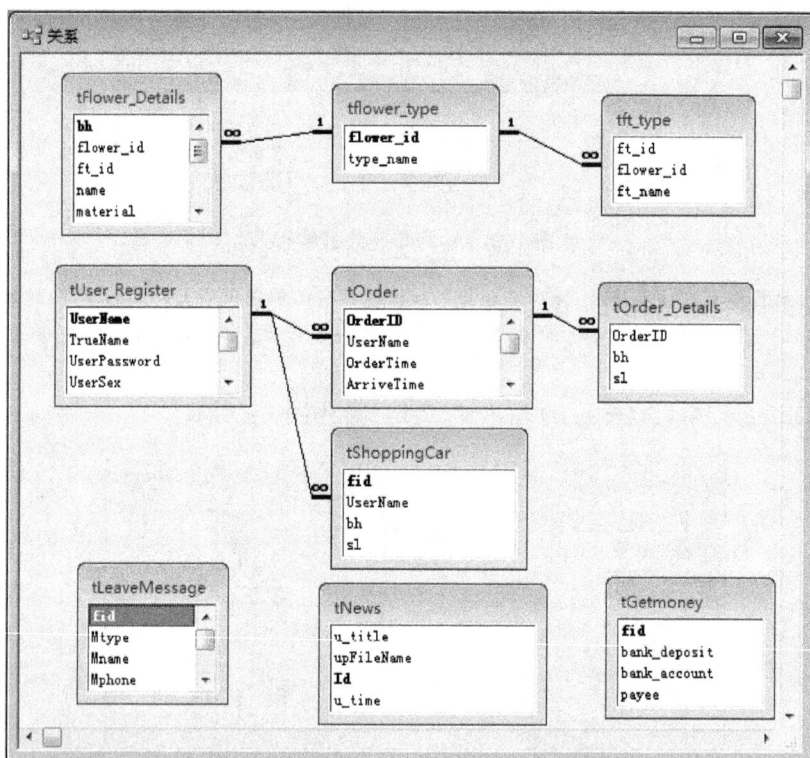

图 16-12　数据库 BuyFlowers.mdb 的表间关系

16.1.4　编写网站配置文件 Web.config 和 Global.asax

1. 在 Web.config 中存放连接数据库的连接字符串

　　编辑网站的 Web.config 文件，在配置节＜connectionStrings＞或＜appSettings＞内指定连接数据库的字符串，参见 9.5.1 小节。

2. 在 Global.asax 中存放用于统计在线人数的代码

　　为了实现网站的在线人数统计功能，需要在 Global.asax 文件中定义网站启动的开始事件过程(涉及 Application 对象),定义新用户上线和下线的事件过程(同时涉及 Session 对象和 Application 对象),参见例 7.4。

16.1.5 设计公共类

在不同的页面中,可能存在大量相同的代码段。开发项目中以类的形式来组织、封装一些常用的方法和事件,不仅可以提高代码的重用率,也大大方便了代码的管理。

设计公共类就是设计通用模块,以实现代码复用,公用类的设计方法参见例 9.7。

16.1.6 网站文件与目录组织结构

合理的网站文件组织结构,是为了便于程序设计和后期维护,一般地,除了网站前台窗体页面外,其他文件(如素材文件、数据库文件、自定义类文件、引用的第三方控件、Web 服务等)应分类存放在根目录的某个文件夹里,鲜花网站的文件结构如下。

- ☑ \App_Data:存放 Access 数据库的文件夹;
- ☑ \App_Code:存放公共类的程序文件夹;
- ☑ \App_WebReferences:建立 Web 引用的文件夹;
- ☑ \images:网站开发需要的图片素材文件夹;
- ☑ \flower_images:鲜花图片文件夹;
- ☑ \element1:供 Flash 文件调用的图片文件夹;
- ☑ \ascx:存放供网站根目录下窗体页面调用的 Web 用户控件,如主页头部控件 Header.ascx、底部控件 Footer.ascx 等;
- ☑ \upload:存放网站新闻页面的文件夹,用于后台管理页面中;
- ☑ \admin:管理员后台登录与管理页面所在的文件夹。

- ☑ \Default.aspx:网站主页文件;
- ☑ \e01.swf:存放播放图片新闻的 Flash 的文件,它会调用 element1 文件夹里的图片文件;
- ☑ \Flowers.aspx:鲜花浏览页面,含购物(花)车设计;
- ☑ \News.aspx:站内新闻页面,分页显示新闻及浏览;
- ☑ \RightNews:新闻公告页面,显示最近上传的 7 条新闻供浏览;
- ☑ \LeaveMessage.aspx:用户留言页面;
- ☑ \AboutUs.aspx:关于我们页面;
- ☑ \Mycar.aspx:购物车页面。

- ☑ \admin\adminLogin.aspx:管理员登录页面;
- ☑ \admin\ManaMenu.aspx:管理员登录后的菜单页面,采用页内框架结构;
- ☑ \admin\SeeMessage.aspx:管理员查看用户留言页面;
- ☑ \admin\OrderMena.aspx:管理员使用的订单状态管理页面;

☑ \admin\UpNews.aspx：管理员使用的上传网站新闻页面；

☑ \admin\UpFlower.aspx：管理员使用的增加鲜花商品页面。

注意：

（1）将网站页面的头部和底部等 Web 用户控件放置网站根目录下的 ascx 目录下，与放置网站根目录下是有区别的。出现路径问题时的解决办法是在相关链接中使用 Request.ApplicationPath 获取网站根目录的路径，参见 6.2 节。

（2）管理员登录链接出现在底部控件 Footer.ascx 里，并不出现在头部控件 Header 的导航条里。

（3）有些页面不能单独正常浏览，只能被链接，如 UpFile.aspx 等。

16.2　主页及其 Web 用户控件设计

主页由头部、主体和底部三个部分组成，采用表格布局，其浏览效果如图 16-13 所示。

图 16-13　鲜花网站的主页浏览效果

注意：

(1) 主页中的头部和底部通常做成 Web 用户控件，以方便其他页面调用；

(2) 推荐商品是可以修改的，由管理员在后台代码中修改。

16.2.1　头部控件设计

将系统的主要功能体现在头部控件的网站导航菜单里，一般地，导航菜单的第一项是首页，最后一项是联系我们，中间是功能页面。

头部控件除了导航菜单外，通常还有公司 Logo、系统时间显示及问候语、突出网站特色或者公司理念的具有动感的 gif 或 Flash 动画等，鲜花网站的头部控件效果如图 16-14 所示。

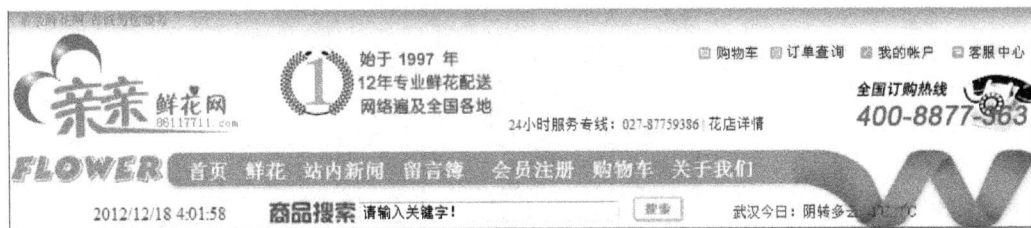

图 16-14　Header.ascx 设计效果

1. 使用来源于中国气象局提供的实时天气的 Web 服务

访问 http://webservice.webxml.com.cn/WebServices/WeatherWebService.asmx，调用方法 getWeatherbyCityName("城市名称")，可获取该城市的气象信息，其结果是一个字符串数组。调用远程 Web 服务的设计方法，参见 11.4.2 小节。鲜花网站在头部控件 Header.ascx 的后台代码中，对气象信息进行了截取，其浏览效果如图 16-15 所示。

图 16-15　获取气象 Web 服务并在页面中显示

2. 日期与时间的实时显示

在鲜花网站的头部控件 Header.ascx 的左侧，实时显示了服务器的日期/时间，是使用 VS 2008 提供的 Ajax 控件实现的，主要使用了其中的 ScriptManager 控件、UpdatePanel 控件和 Timer 控件，参见例 15.2。

16.2.2　底控件设计

在鲜花网站底部里，显示了版权信息，提供了管理员入口和显示在线人数等功能，其设计视图如图 16-16 所示。

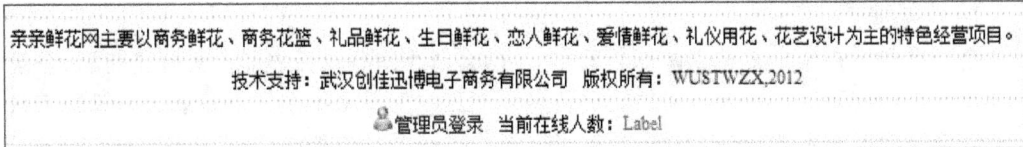

图 16-16　Web 用户控件 Footer.ascx 的设计视图

注意：

（1）管理员登录页面 AdminLogin.aspx 位于网站根目录的 admin 文件夹里；

（2）网站在线人数统计，参见例 7.4。

16.2.3 主体设计

主页除了头部和底部外，其主体部分也是网站设计的的重要内容。鲜花网站主页的主体部分包含了用户登录、图片新闻、热点新闻、推荐商品和精品展示等，其浏览效果如图 16-17 所示。

图 16-17 鲜花网站主页的主体部分的浏览效果

主体部分的设计也是采用表格布局，分为三个部分，下面分别介绍。

主页主体的第一部分主要包含用户登录、图片新闻和一般的新闻公告。

1. 会员登录

会员登录链接位于主页主体部分的左上方，会员用户登录后才能购买鲜花商品，登录用的用户名和密码存放在数据库的会员信息表 tUser_Register 中。未登录的一般游客只能查看鲜花商品而不能购买，当然，游客可以留言或查看站内新闻。

用户登录成功后不会产生页面跳转，用户登录页面的设计方法参见例 5.7。

2. 图片新闻

一组相关图片交替显示，是一个使用 Flash 软件制作的 .swf 文件，如图 16-17 中间所示，共有 5 幅循环显示的图片。这种图片新闻，还可以使用 Dreamweaver 的"插入→媒体→图像查看器"菜单制作，或使用客户端的 JavaScript 脚本实现（参考 http://www.wustwzx.com/webdesign/sj08-3.html）。

3. 新闻中心

新闻中心显示最新上传的 7 个新闻页面，单击 More 按钮会链接到 News.aspx 页面，即可以查看网站的全部新闻页面。

注意：新闻中心使用了 Web 用户控件 RightNews.aspx，该文件存放在网站根目录的 ascx 文件夹里，其后台代码文件读取了数据库中的表 tNews，该表中 u_time 字段是"日期/时间"类型，只显示年月日而不显示时分秒，需要使用如下方式：

$$<\%\# DataBinder.Eval(Container.DataItem,"u\_time","\{0:d\}")\%>$$

此外，在线 QQ 提供了非常便捷的联系方式，即使不是好友，也能在线联系。设计在线 QQ 的代码如下：

```
<a href=" http://wpasig.qq.com/msgrd?v=1&uin=707348355"
target="_blank"><img border="0"
SRC=http://wpa.qq.com/pa?p=1:707348355:4 alt="点击我哟">352414929</a>
```

主页主体的第二部分是推荐商品，其实现方法是使用 DataList 控件显示数据库中的 tFlowers_Details 表中的某些记录。

主页主体的第三部分是精品展示，其实现方法是：将一组图片放在一个层里，使用 JavaScript 脚本和定时器方法实现一组图片的循环滚动。

16.3 功能页面设计

16.3.1 母版页设计

鲜花网站的功能页面，一般都包含了头部、面包屑导航条和底部，因此可以做一个模板页供每个功能页面调用。位于网站根目录下的模板页 MasterPage.master 的设计视图，如图 16-18 所示。

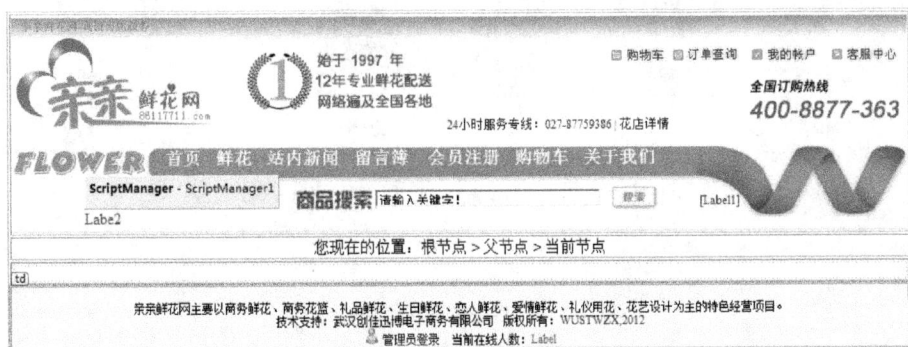

图 16-18 鲜花网站的母板页

注意:在面包屑导航控件与底部控件之间的是占位控件,用来显示页面的主体内容。

16.3.2 前台主要功能页面设计

1. 鲜花显示页面 Flowers. aspx,Flowers. aspx_Details. aspx 和 Flowers_Class. aspx

鲜花页面 Flowers. aspx 使用数据绑定控件 DataList 控件创建了重复列的显示(每行显示 4 条记录),并使用 PagedDataSource 类对鲜花表 tFlower_Details 进行了分页显示,鲜花页面的浏览效果如图 16-19 所示。

图 16-19 鲜花页面浏览效果

注意:在鲜花页面右边有一个实现分类显示的 Web 用户控件,它调用分类显示页面。

单击 Flower.aspx 页面右边分类中的某个超链接后,将调用 Flowers_Class.aspx 页面,用以实现对鲜花的分类显示。Flowers_Class.aspx 页面也是使用 DataList 控件显示鲜花表 tFlower_Details,但分页是使用第三方控件 AspNetPager 实现的,能快速显示指定的某个页,该分页控件的使用方法,参见例 13.5,鲜花分类页面的浏览效果如图 16-20 所示。

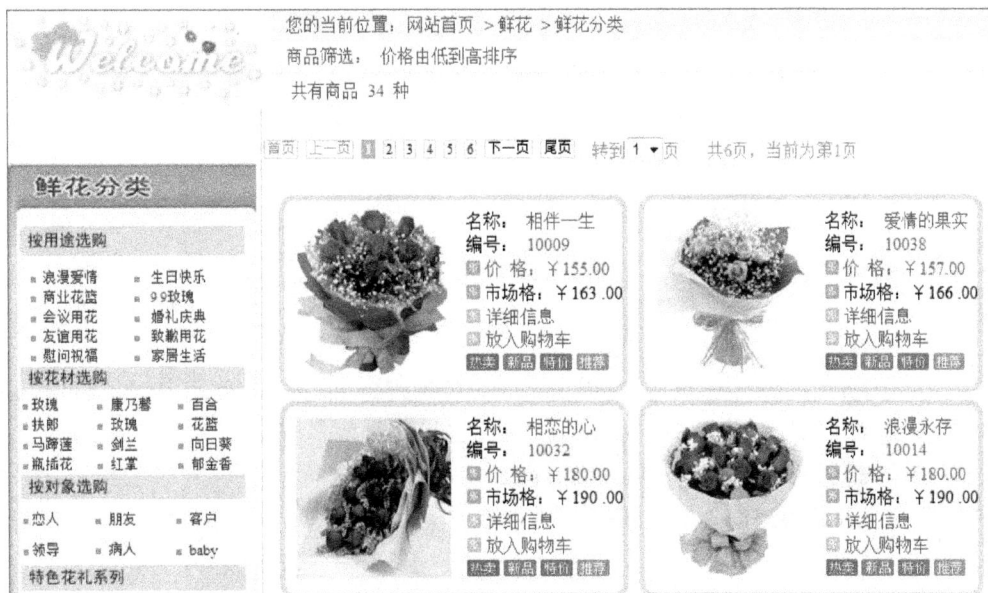

图 16-20　鲜花分类显示页面(主体)浏览效果

在 Flowers.aspx 页面单击"详情"链接或在或 Flowers_Class.aspx 页面中单击"详细信息"文字链接,会链接到 Flowers_Details.aspx 页面,用以显示某种鲜花的详细信息,鲜花详细信息页面的浏览效果如图 16-21 所示。

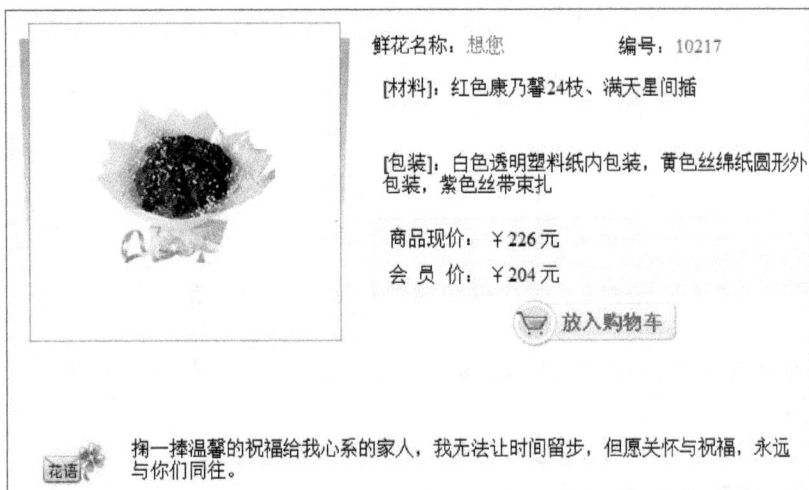

图 16-21　鲜花详细信息页面(主体)浏览效果

注意：

（1）鲜花页面调用时，传递了产品编号 bh 字段值，目标页面使用 Request. QueryString[]接收；

（2）每一个鲜花页面中都可以将商品放入购物车（前提是会员已经登录）。

2. 站内新闻页面 News. aspx

站内新闻页面分页显示了存放在 upload 文件夹里的所有新闻页面，通过链接查看新闻页面的内容，站内新闻页面的浏览效果如图 16-22 所示。

图 16-22　站内新闻页面的浏览效果

站内新闻页面的设计要点是：使用 Repeater 控件绑定 News 表，使用 PagedDataSource 类对 Repeater 的数据源分页。

3. 会员注册页面 Member_Register. aspx

会员注册页面的浏览效果，如图 16-23 所示。

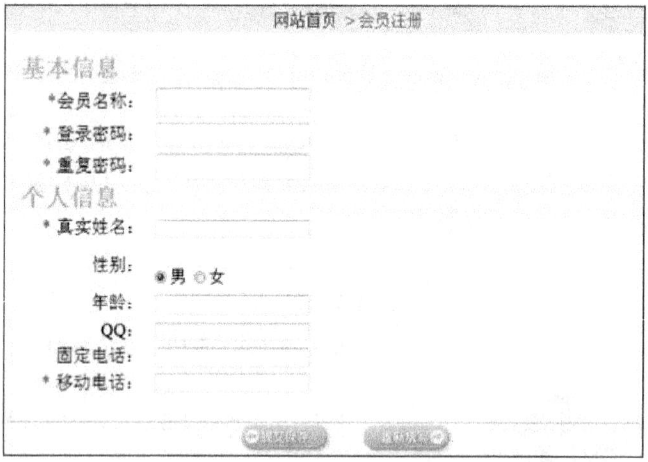

图 16-23　会员注册页面浏览效果

会员注册页面与一般的注册页面要访问数据库中的会员信息表 tUser_Register，其设计关键点如下：

● 会员名称字段是必填的，使用 RequiredFieldValidator 控件实现，并在后台代码中保证唯一性；

● 使用 CompareValidator 控件判断两次输入密码是否一致。

4. 留言簿页面 LeaveMessage. aspx

设计留言簿页面的目的是收集用户意见和建议，其信息存放在表 tLeaveMessage 中，只有管理才能查看留言簿。留言簿页面的浏览效果,如图 16-24 所示。

图 16-24 留言簿页面(主体)浏览效果

留言簿页面的设计要点是:设计用于接收用户信息的表单,在提交按钮的后台代码中使用参数式查询向表 tLeaveMessage 增加一条记录。

5.购物车页面 MyCar.aspx

会员登录后才能显示其购物车,其设计的关键如下:

● 在后台代码中,从购物车表 tShoppingCar 里筛选本会员选购的鲜花商品并与表 tFlower_Details 连接查询,其结果(虚拟表)作为 GridView 控件的数据源;

● 在 GridView 控件中使用模板列,并且内嵌用于会员确定商品数量的文本框控件;

● 在模板内增加删除按钮。

购物车页面的浏览效果,如图 16-25 所示。

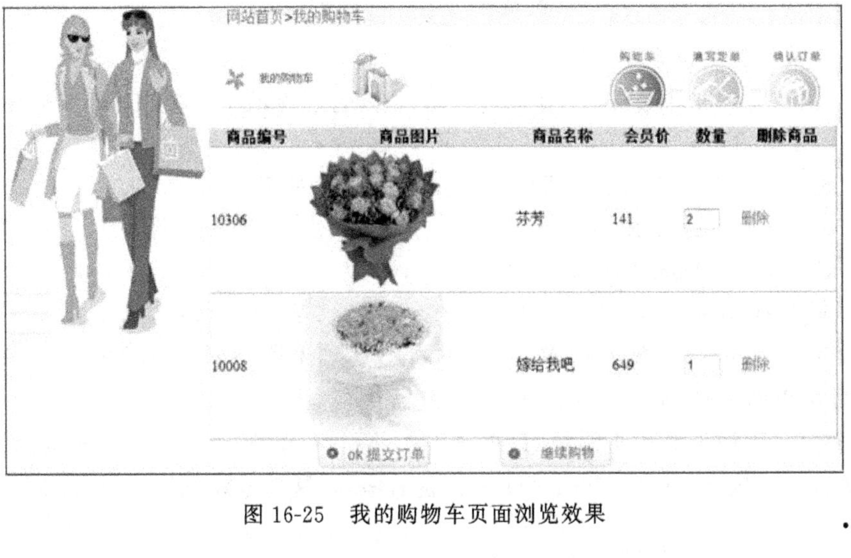

图 16-25 我的购物车页面浏览效果

注意：在"提交订单"按钮的后台代码中，先将订单编号和会员名写入订单表 tOrder 中，再将订单编号、订购商品的编号和数量写入订单明细表 tOrder_Details 里，最后删除购物车中该会员添加的相关商品记录。

6. 订单生成页面 OrderOK. aspx

在购物车页面中，单击页面头部中"提交订单"按钮，将调用订单生成页面 OrderOK. aspx，该页面显示会员的订单信息、付款金额、填写接收人的相关信息和付款的银行账号。订单生成页面的浏览效果，如图 16-26 所示。

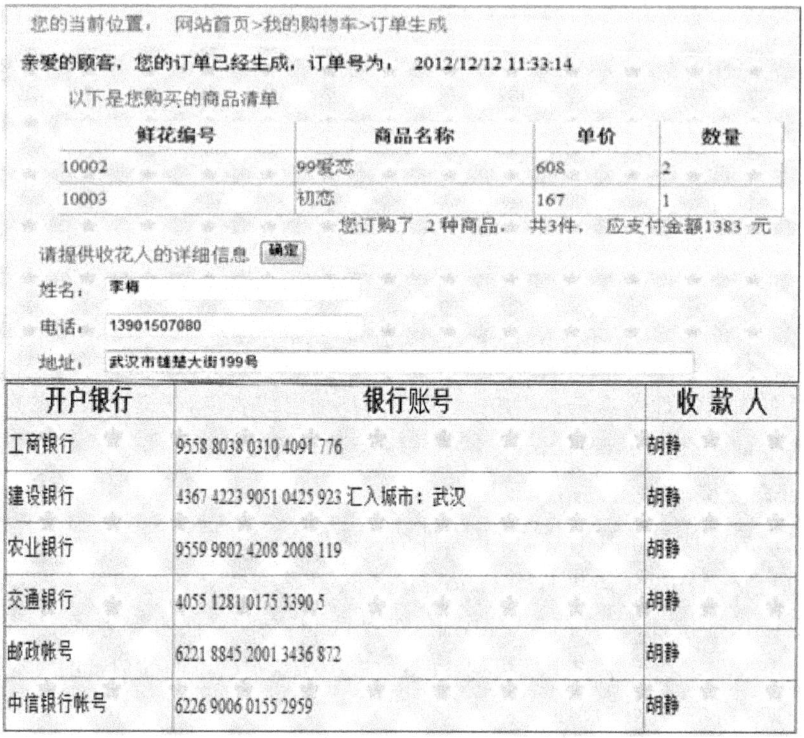

您的当前位置： 网站首页>我的购物车>订单生成

亲爱的顾客，您的订单已经生成，订单号为：2012/12/12 11:33:14

以下是您购买的商品清单

鲜花编号	商品名称	单价	数量
10002	99爱恋	608	2
10003	初恋	167	1

您订购了 2 种商品，共3件，应支付金额1383 元

请提供收花人的详细信息 确定

姓名： 李梅
电话： 13901507080
地址： 武汉市雄楚大街199号

开户银行	银行账号	收 款 人
工商银行	9558 8038 0310 4091 776	胡静
建设银行	4367 4223 9051 0425 923 汇入城市：武汉	胡静
农业银行	9559 9802 4208 2008 119	胡静
交通银行	4055 1281 0175 3390 5	胡静
邮政帐号	6221 8845 2001 3436 872	胡静
中信银行帐号	6226 9006 0155 2959	胡静

图 16-26　订单生成页面

订单生成页面的设计要点如下：

（1）多表（tOrder_Details 和 tFlower_Details）的连接查询作为 GridView 控件的数据源；

（2）通过如下方式获取数据源指定记录、指定字段的值

　　　　(int)dt. Rows[i]["sl"]；　//拆箱：对象类型→值类型

（3）对数据表 tOrder 的更新查询。

注意：在 OrderOK. aspx 页面的后台中，除了将收花人信息写入对应的订单表外，还要初始化订单状态（未处理），公司在收到订购人的汇款后，再由管理员修改订单状态，以便会员查询。

7. 订单查询页面 OrderState. aspx

会员登录后，单击页面头部中"订单查询"，将链接到 OrderState. aspx 页面，显示会员的订单状态信息，该页面访问数据库中的表 tOrder，其浏览效果如图 16-27 所示。

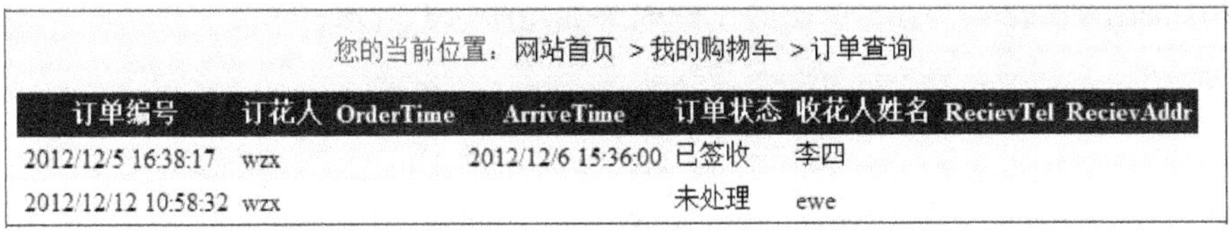

您的当前位置：网站首页 ＞我的购物车 ＞订单查询

订单编号	订花人	OrderTime	ArriveTime	订单状态	收花人姓名	RecievTel	RecievAddr
2012/12/5 16:38:17	wzx		2012/12/6 15:36:00	已签收	李四		
2012/12/12 10:58:32	wzx			未处理	ewe		

图 16-27　订单查询页面的浏览效果

16.3.3　后台功能页面设计

后台管理主要有站内新闻文件上传页面、订单管理页面、查看留言簿页面和商品信息管理等页面，它们位于网站根目录的 admin 文件夹里，管理员登录后才能使用这些功能。

管理员登录成功后，将调用后台管理页面 ManaMenu. aspx，该页面采用页内框架。

1. 管理员登录页面 AdminLogin. aspx

单击任意一个前台页面底部中的“管理员登录”链接，输入账号和密码（都是 admin）后，即可使用管理员菜单，登录页面效果如图 16-28 所示。

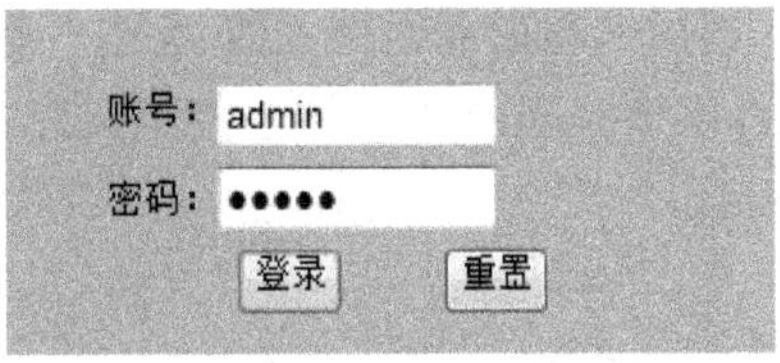

图 16-28　管理员登录界面

2. 查看用户留言 SeeMessage. aspx

管理员单击“查看用户留言”超链接后，可以查看用户留言，页面的浏览效果如图16-29 所示。

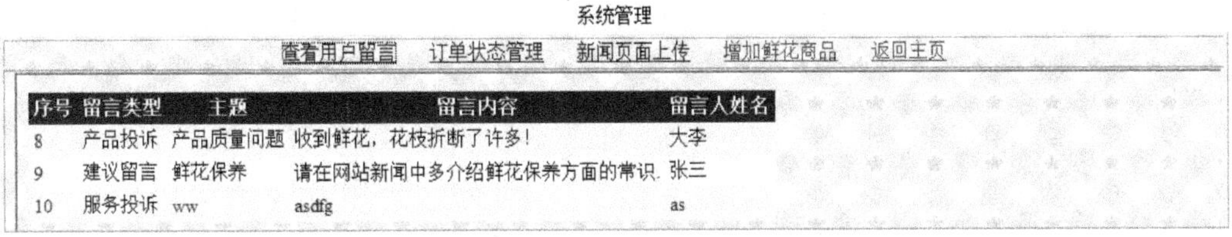

系统管理

查看用户留言　订单状态管理　新闻页面上传　增加鲜花商品　返回主页

序号	留言类型	主题	留言内容	留言人姓名
8	产品投诉	产品质量问题	收到鲜花，花枝折断了许多！	大李
9	建议留言	鲜花保养	请在网站新闻中多介绍鲜花保养方面的常识.	张三
10	服务投诉	ww	asdfg	as

图 16-29　查看用户留言界面

3. 订单状态管理 OrderMana. aspx

该页面主要是由管理员填写订单状态和签收时间，其信息存放于 tOrder 表中，方便会员在前台查询，该页面的设计要点是使用 GridView 控件的编辑和删除功能，订单状态管理页面的浏览效果如图 16-30 所示。

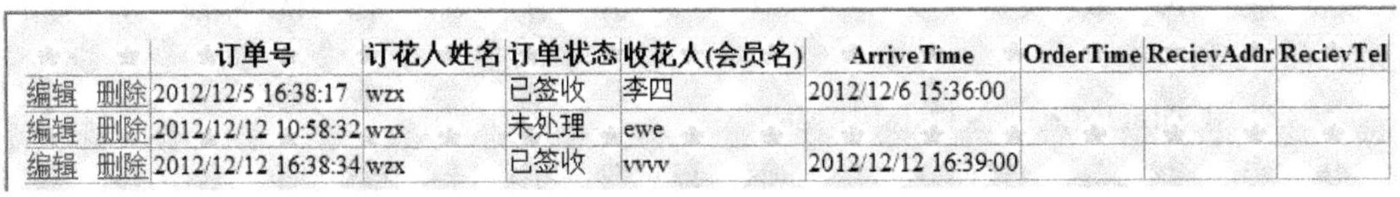

		订单号	订花人姓名	订单状态	收花人(会员名)	ArriveTime	OrderTime	RecievAddr	RecievTel
编辑	删除	2012/12/5 16:38:17	wzx	已签收	李四	2012/12/6 15:36:00			
编辑	删除	2012/12/12 10:58:32	wzx	未处理	ewe				
编辑	删除	2012/12/12 16:38:34	wzx	已签收	vvvv	2012/12/12 16:39:00			

图 16-30　订单状态管理

4. 网站新闻上传页面 UpNews. aspx

网站新闻上传页面 UpNews. aspx 是将网站新闻页面上传至\flower\upload 文件夹里，新闻页面的相关信息（如主题等）保存于表 tNews 中，网站新闻页面使用文件上传控件 UpFileload，UpNews. aspx 页面的浏览效果如图 16-31 所示。

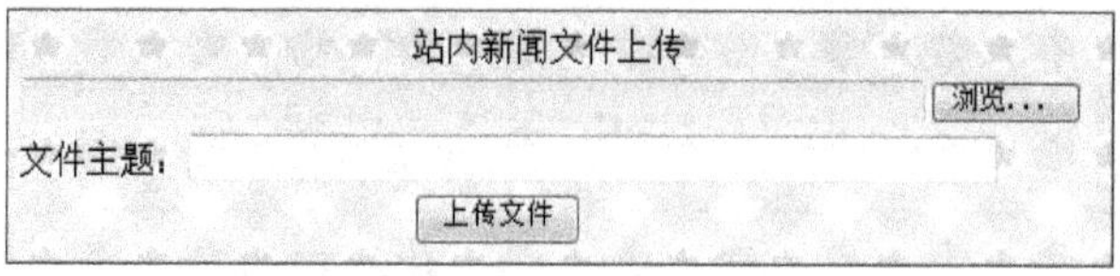

图 16-31　网站新闻页面上传

注意：在实际项目开发时，网站的所有新闻存放在数据库的某个表里，即不是以单个网页文件的形式存放网站新闻。管理员编辑新闻时，要借助于带格式的 HTML 编辑器（如 eWebEditor，可从网上下载），该编辑器可以插入图片。网站前台通常使用一个名为 Show. aspx 的页面显示新闻，并通过链接时传递的 id 值显示不同的新闻内容。

5. 增加鲜花商品 UpFlower. aspx

增加鲜花商品是商品管理的一个重要内容，要在商品表 tFlower_Details 增加一条记录，并将该鲜花照片文件上传至文件夹\flower\flower_images，页面的浏览效果如图 16-32 所示。

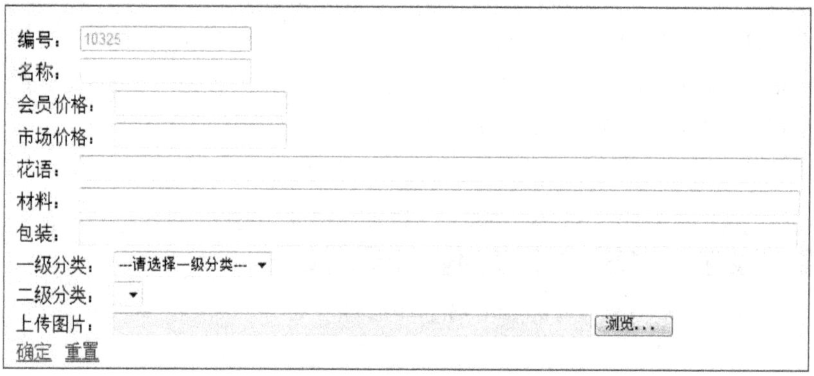

图 16-32　增加鲜花商品

增加鲜花商品页面 UpFlower. aspx 的设计要点如下：

● 商品编号默认自动增加：先将 tFlower_Details 表按 bh 字段降序建立查询，取出第一条记录 bh 字段值，即为目前商品编号的最大值，然后转换成整型后做加 1 处理；

● 商品的一级分类代码和二级分类代码，只能从下拉列表中选择，两个下拉列表的列表项分别来源于表 tFlower_Type 和 tft_Type，并且存在关联，即二级列表项与选择的一级列表项相匹配；

● 使用 FileUpLoad 控件上传商品照片；

● 使用参数式操作查询，因为添加商品记录时的字段信息较多。

习　题　16

一、判断题

1. 所有 Web 控件都具有 Click 事件。

2. 连接、操作数据库的代码与数据库的类型相关。

3. 对控件编程的含义是指在后台服务器代码中访问控件。

4. 由于服务器控件技术的发展,ASP.NET 网站开发不需要使用任何内置对象。

5. 站点地图文件是特殊的 XML 格式的文件。

6. 访问数据库,ASP 和 ASP.NET 都必须使用 Server 对象。

7. 使用 ASP.NET Framework 类库提供的方法前,都必须先创建该类的实例。

8. ASP.NET 网站当然能运行 ASP 应用程序(即用户能浏览网站里的 ASP 页面)。

二、选择题

1. FileUpload 控件所在的命名空间是_____。

    A. System.Timers　　　　　　　　　　B. System.IO

    C. System.Windows　　　　　　　　　D. System.Web.UI.Controls

2. 下列方式建立变量的方式中,信息不存于 Web 服务器端的是_____。

    A. Session　　　　　B. ViewState　　　　C. Application　　　　D. 都不是

3. 下列不具有 Click 事件的控件是_____。

    A. Image　　　　　　　　　　　　　　B. Button

    C. LinkButton　　　　　　　　　　　D. ImageButton

4. 数据绑定控件 GridView 的数据源可以是_____。

    A. 数据库表　　　　B. 数组　　　　　　C. Excel 表　　　　　D. 都可以

5. 修改网站配置文件中的_____标记(节点)与属性,可能引起网站多数页面的变化。

    A. pages　　　　　　　　　　　　　　B. compilation

    C. ConnectionStrings　　　　　　　　D. A 和 C

三、填空题

1. 若 ASP.NET 页面的后台代码使用 C♯,则创建类的实例对象应使用运算符_____。

2. 网站编译后的程序集、引用的第三方控件都存放在网站的_____文件夹里。

3. 向窗体页面增加 Web 用户控件或_____时,需要先在页面头部使用@Register 指令注册。

4. 早期的 ASP 网站运行采用解释方式,ASP.NET 网站运行则采用_____方式。

5. 窗体中对象的事件过程的访问控制符一般为_____,而公用类方法的访问控制符为_____。

实验 16　综合案例分析

（访问 http://www.wustwzx.com/Default.aspx）

一、实验目的

1. 分析前面各章知识（如 Ajax 技术、Web 服务、母版技术、导航技术、用户控件、ADO.NET 技术等）在本综合案例中的应用；
2. 掌握 ADO.NET 用于访问数据库的类、连接数据库的方法；
3. 掌握将查询结果绑定到数据显示控件、使用模板列定义显示外观的设计方法；
4. 掌握在页面调用时将数据绑定控件中的某个字段值传递给目标页面的设计方法。

二、实验内容

预备：下载鲜花网站源代码并解压，在 VS 中通过菜单"文件"→"新建"→"网站"→指向刚才解压的文件夹→选择"打开现有网站"。

1. 浏览鲜花网站，掌握网站业务流程。

【操作方法】

（1）在浏览器地址栏输入网址 202.114.255.64:8011 或在本地 VS 中按 Ctrl+F5 打开网站主页；

（2）在主页中推荐的商品中，单击"详请"超链接，观察浏览器地址栏里页面的变化；

（3）单击网站导航条上的"鲜花"超链接进入鲜花页面，可分页查看所有鲜花商品；

（4）单击鲜花页面右边的"鲜花分类"面板上的某个超链接，即可进入鲜花分类显示页面；

（5）单击网站导航条上的"会员注册"超链接进入会员注册页面，注册一个会员；

（6）在网站主页头部使用刚才注册的用户名和密码登录；

（7）在鲜花页面中挑选若干商品并放入购物车；

（8）单击网站导航条上的"购物车"超链接进入会员的购物车页面，可以删除自己购物车中的商品、修改商品数量或继续挑选商品，单击"提交订单"进入"订单生成"页面；

（9）在订单生成页面中，显示了会员的订单号、所购商品明细、应付金额和汇款的银行账号，并填写接收商品人的有关信息；

（10）单击网站主页底部的"管理员登录"超链接进入管理员登录页面，输入用户名和密码（都是 admin）后进入管理员菜单页面，选择"订单状态管理"；

（11）在订单状态管理中，将刚才下的订单的订单状态设置为"已发货"，单击"返回主页"按钮；

　　　(12) 在主页中重新进行会员登录,单击"网站头部"右上方的"订单查询"超链接,
即可查询本会员的订单状态信息。

2. 研究鲜花网站中相关页面设计的代码,巩固所学知识。

　　【操作方法】

　　(1) 在 VS 中打开主页文件 Default.aspx,查看对 Header.ascx 等用户控件的使
用,参见例 13.4;

　　(2) 在 VS 中打开 ascx\Header.ascx 文件及其后台代码文件,查看在网站头部左
边实时显示服务器时间的代码,参见例 15.2;

　　(3) 查看 Web 用户控件 Header 中缓存 Web 服务(气象信息)数据的后台代码,参
见例 11.2 和 7.4 小节;

　　(4) 观察网站底部控件 Footer 中显示在线人数的代码,参见例 7.4;

　　(5) 查看主页中会员登录(不产生页面跳转)的代码,参见例 5.7;

　　(6) 查看网站地图文件与面包屑导航的对应关系,参见 12.2 节;

　　(7) 查看网站配置文件中连接数据库的连接字符串,参见 9.5.1 小节;

　　(8) 打开 App_Code\DBClass.cs 文件,查看其构造函数和提供的常用方法,参见
9.5.2 小节;

　　(9) 打开 ascx\RightNews.ascx 文件,查看使用 Repeater 控件显示数据源的用
法,参见例 8.7;

　　(10) 查看主页中显示推荐商品中使用 DataList 控件创建重复列的用法,参见 8.6
节;

　　(11) 打开鲜花页面,查看使用 PagedDataSource 类实现分页显示鲜花的相关
代码;

　　(12) 查看购物车页面中提交订单的后台代码中找 GridView 控件中的文本框控
件的方法;

　　(13) 查看管理员使用的增加鲜花商品页面的后台代码中参数式查询的使用
方法;

　　(14) 查看鲜花分类显示页面的后台代码中第三方分页控件 AspNetPager 的
使用;

　　(15) 查看管理员使用的上传网站新闻页面中 UpFileLoad 控件的使用方法;

　　(16) 在主页的精品展示中,查看和分析实现滚动的客户端脚本代码(层的移动)。

3. 将鲜花网站中对 Access 数据库的访问改写成对 SQL Server 数据库的访问。

　　【实验步骤】

　　(1) 在本机的 SQL Server 中新建一个 Flower 数据库,并导入 Access 数据库中的
所有表;

　　(2) 修改 Web.config 文件中＜connectionStrings＞配置节中数据库的连接字符
串为对 SQL Server 数据库的连接,并使用 Windows 验证,只在本机 VS 环境
中浏览;

（3）在网站所有访问数据库的后台代码中，增加对命名空间 System. Data. SqlClient 的引用；

（4）打开主页 Default. aspx，按 Ctrl＋F5 浏览；

（5）通过单击主页的相关链接调试其他相关页面。

三、实验小结

（由学生填写，重点写上机中遇到的问题）

第 17 章　三层架构在 ASP.NET 网站开发中的应用

ASP.NET 三层架构是开发大型项目时必须要用到的开发模式,与传统两层架构应用系统相比,具有明显的优势。本章介绍使用三层架构模式完成的新闻网站的设计与实现,主要内容如下:

- 三层架构的概念和工作原理;
- 了解数据访问层、业务逻辑层、用户表示层在实际项目中所扮演的角色;
- 掌握使用类库来实现各个层分离的方法;
- 熟悉使用 ASP.NET 三层架构开发 ASP.NET 网站的方法。

17.1　ASP.NET 三层架构概述

用户在开发 ASP.NET 网站时,通常要编写大量的代码,系统的"层"是对代码的一种逻辑划分,通过分层架构可将不同功能的代码放到不同的层里去。例如,用户表示层只存放涉及用户界面功能的代码,业务逻辑层只存放设计业务逻辑功能的代码。如果开发的网站较为简单,可以不分层,例如 ASP 网站就属于单层结构;但如果网站很复杂,则应使用多层结构。

在 VS 中,通过"文件→新建→网站"建立的 ASP.NET 网站采用两层架构,一层是.aspx文件中存放的控件代码和.aspx.cs 文件中用于控件显示的部分代码,这就是所谓的表示层(PL);另一层称为业务逻辑层(BLL),由.aspx.cs 文件中非显示代码组成,该层通常还包含了对数据库的连接和查询。

虽然两层架构比传统的单层架构有一定的优势,但仍然存在一些问题,例如,由于业务逻辑层的代码直接与表示层的控件对象相关联,所以当系统的需求发生变化时,需要同时修改表示层和业务逻辑层,这给系统的维护和升级带来很大的不便。

目前,广泛使用通过类库分离的三层架构,将原来业务逻辑层中对数据访问的代码分离出来,形成所谓的数据访问层(DAL)。ASP.NET 的三层架构如图 17-1 所示。

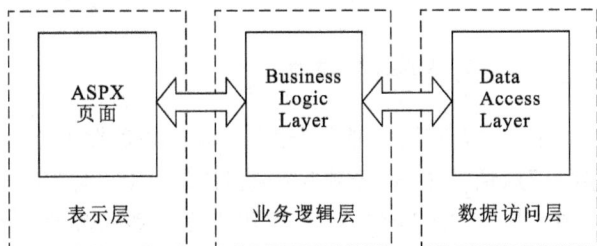

图 17-1　三层架构

注意：在 VS 中采用"文件→新建→网站"属于两层结构，在 VS 中通过"文件→新建→项目→Web"实现的 ASP.NET 网站属于三层架构。

数据访问层（DAL）：主要是实现对数据的增加、删除、修改、查询和存在判断等较通用的数据访问方法，可以访问关系数据库、文本文件或 XML 文档等，数据访问层通常表现为类库。

业务逻辑层（BLL）：是表示层和数据访问层之间通信的桥梁，主要负责数据的传递和处理，例如数据有效性的检验、业务逻辑描述等相关功能，业务逻辑层通常也表现为类库。

注意：在 ASP.NET 中，DAL 层的类文件提供了数据访问的若干字段、属性和方法，BLL 层里的类文件提供了用于处理业务的若干字段、属性和方法。DAL 层和 BLL 层里的若干类文件分别组成一个命名空间，ASP.NET 中的命名空间相当于 Java/JSP 中的软件包。

表示层（PL）：位于最上层，离用户最近，用于显示数据和接收用户输入的数据，为用户提供一种交互式操作界面，表示层一般为 ASP.NET 页面。

在三层结构中，各层之间相互依赖，各层之间的数据传递方向分为请求和响应两个方向。

- PL 层接受用户的请求，根据用户的请求去通知 BLL 层。
- BLL 收到请求，首先对请求进行阅读审核，然后将处理结果返回给 PL 层。如果请求中包含有数据访问，则通知 DAL 层。
- DAL 层通过对数据库的访问得到请求结果，并将请求结果通知 BLL 层。BLL 层收到请求结果后先进行阅读审核，再将请求结果通知 PL 层，PL 层收到请求结果，把结果展示给用户。

ASP.NET 三层架构的特点如下。

- 有利于团队的并行开发。不同层次的开发人员之间，只要遵循一定的接口标准就可以进行并行开发了，最终只要将各个部分拼接到一起构成最终的应用程序。
- 代码的可重用性。DAL 层和 BLL 层以类库形式出现，方便不同 Web 项目中代码的复用，简化了开发人员的代码重写，提高了开发效率。
- 有利于程序功能扩展和升级。在维护程序时，用户不必为了业务逻辑上的微小变化而去修改整个程序，只需要修改业务逻辑层中的一个方法即可。

17.2 如何搭建 ASP.NET 三层架构

17.2.1 搭建表示层——创建 Web 项目

在 VS 中，选择"文件"→"新建"→"项目"命令，如图 17-2 所示。

在弹出的"新建项目"对话框中，选择项目类型为"Visual C♯"下的"Web"，在 Visual Studio 已安装的模板中选择"ASP.NET Web 应用程序"，填写项目名称为"News"，指定项目文件的存放路径，同时选中"创建解决方案的目录"复选框，如图 17-3 所示。

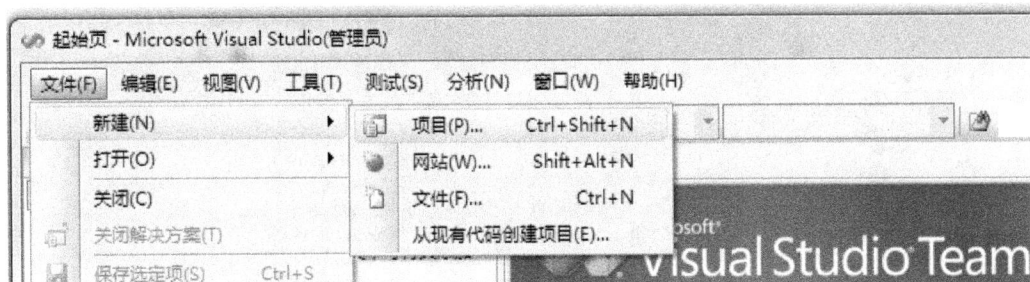

图 17-2　新建项目

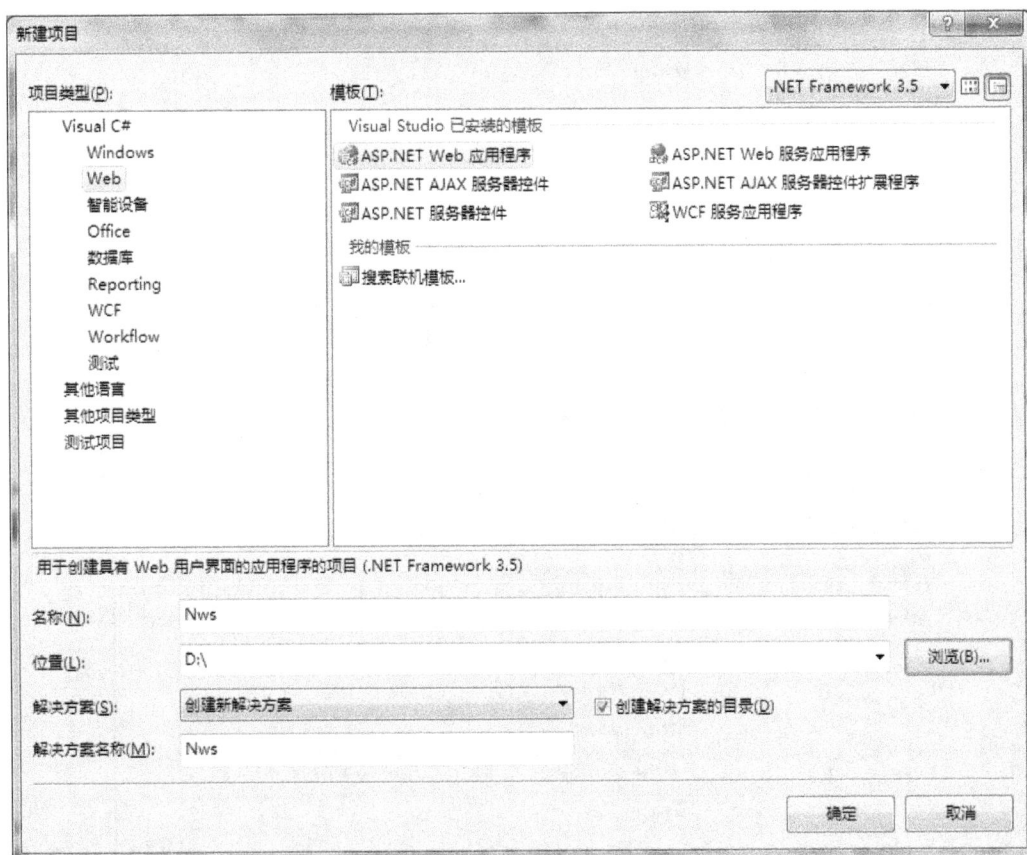

图 17-3　搭建表示层

注意：单击"确定"按钮后，将生成解决方案文件夹 D:\News。

17.2.2　搭建业务逻辑层——创建类库项目

选择"文件"→"新建"→"项目"命令，在弹出的"新建项目"对话框中选择项目类型为
"Visual C♯"下的"Windows"，在 Visual Studio 已安装的模板中选择"类库"，填写项目名
称为"NewsBLL"，位置为刚才创建表示层时生成的解决方案文件夹，在"解决方案"下拉
列表框中选择"添入解决方案"，如图 17-4 所示。

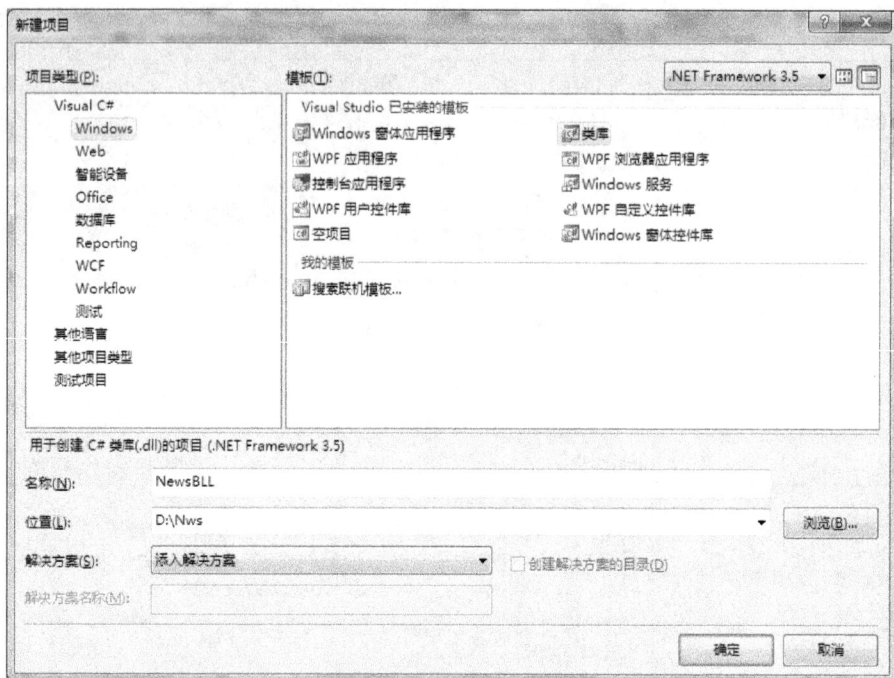

图 17-4　搭建业务逻辑层

17.2.3　搭建数据访问层——创建类库项目

同样地,在"解决方案资源管理器"面板中,右键单击"解决方案"→添加→新建项目,在出现的"新建项目"对话框里,输入类库名称为 NewsDAL,如图 17-5 所示。

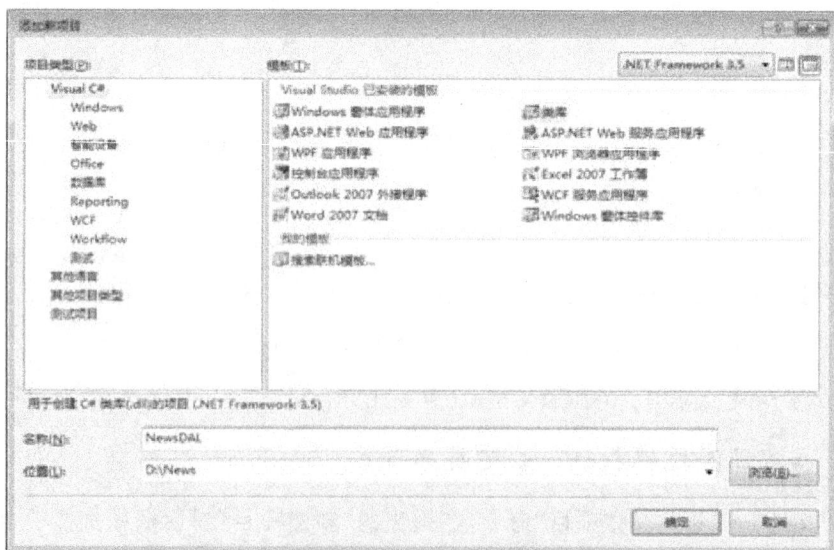

图 17-5　搭建数据访问层

至此,一个 ASP.NET 三层框架的项目搭建基本完成,整个项目的文件系统如图 17-6 所示。

17.2.4　添加各层之间的依赖关系

前面搭建的三层架构中的每层各自独立,现在通过一些简单的步骤来建立它们之间的依赖关系。

若要实现表示层对业务逻辑层的依赖,首先打开 PL 层(News),右击"引用",选择"添加引用"命令,如图 17-7 所示。

接下来在弹出的"添加引用"对话框中选择"项目"选项卡,选中项目名称"NewsBLL"(业务逻辑层),单击"确定"按钮,如图 17-8 所示。

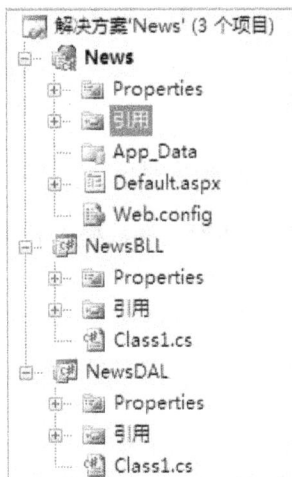

图 17-6　ASP.NET 三层架构的文件系统

图 17-7　选择添加引用

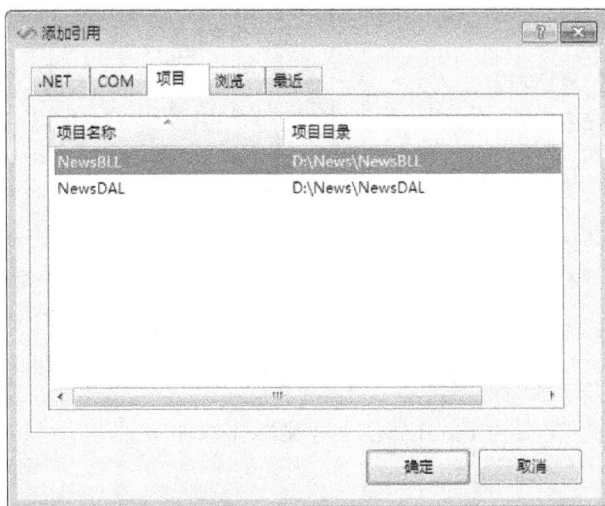

图 17-8　添加引用

PL 层引用 BLL 层后,在 PL 层的引用目录下就会出现 BLL 层的项目名称。同样地,在 PL 层添加对 DAL 层(层名为 NewsDAL)的引用。

至此,一个 ASP.NET 网站的三层架构搭建完成。

17.3　实例分析——新闻网站

下面介绍使用三层架构完成的新闻网站,通过前台及后台页面主要页面的设计与实现,说明 ASP.NET 三层架构的使用方法。

17.3.1　新闻系统分析及数据库设计

此新闻系统共分为两大部分,前台页面可分类展示新闻信息,后台可对用户信息、新闻信息以及新闻类别信息进行管理。使用的 SQL Server 数据库 NewsDB（创建脚本参见本章实验）包含 3 张表，分别为新闻类别表（NewsType）、新闻信息表（News）以及管理用户信息表（Admin）。

17.3.2 数据访问层

DAL 层主要负责数据库的连接以及 SQL 语句和存储过程的执行等，是可以被重复使用的。

首先，在类库项目 NewsDAL 中，删除默认的类程序 Class1.cs。然后，添加类文件 Database.cs，该类文件所包含的所有成员如表 17-1 所示，用户可以在此基础上再定义其他所需的类成员。

表 17-1　类文件 Database.cs 的所有成员列表

属性/方法	功能说明
Conn	数据库连接对象 SqlConnection 对象
ConnString	数据库连接字符串
Open	打开数据库连接
Close	关闭数据库连接
ExecuteSQL	公有方法，执行 Update，Insert 和 Delete 操作查询并返回影响的行数，其他操作返回值为－1
GetDataRow	公有方法，根据 SQL 查询语句获取记录集合中的第一行数据，否则返回 null
GetDataSet	公有方法，根据指定的查询语句返回一个数据集 DataSet
GetDataSetFromProc	公有方法，通过存储过程（不带参数）获取 DataSet，方法重载 1
GetDataSetFromProc	公有方法，通过存储过程（带有参数）获取 DataSet，方法重载 2

类文件 Database.cs 的完整脚本如下。

```
using System;
//using System.Collections;
//using System.Collections.Generic;
using System.Data;
using System.Configuration;
using System.Data.SqlClient;    //访问 SQL Server 数据库

namespace NewsDAL    //新建类文件时，自动以类库项目名作为命名空间
{
    public class Database    //DAL 数据访问层 Database 类
    {
        private string connstring;    //定义连接字符串字段 connstring
        public string ConnString    //定义连接字符串属性 ConnString
        {
            get
```

```
    {           return this.connstring;    }
    set
    {           this.connstring=value;     }
}
private SqlConnection conn;
public SqlConnection Conn      //定义连接对象字段 Conn
{
    get
    {           return this.conn;     }
    set
    {           this.conn=value;          }
}
//Database 构造函数逻辑代码用来直接初始化连接字符串 connString
public Database()
{
    this.ConnString=
            System.Configuration.ConfigurationSettings.AppSettings
["ConnString"].ToString();
}
public void Open()    //打开连接方法
{
    if(Conn==null)
    {
        Conn=new SqlConnection(ConnString);
    }
    if(Conn.State.Equals(ConnectionState.Closed))
    {
        Conn.ConnectionString=ConnString;
        Conn.Open();
    }
}
public void Close()    //关闭数据库连接
{
    if (Conn !=null)
    {
        Conn.Close();
        Conn.Dispose();
    }
}
//用于执行 SQL 语句的方法
//针对 Update,Insert,Delete 操作返回影响的行数,其他就返回-1
public int ExecuteSQL(string sqlString)
```

```
    {
        int count=-1;
        this.Open();
        try
        {
            SqlCommand cmd=new SqlCommand(sqlString,Conn);
            count=cmd.ExecuteNonQuery();   //执行操作查询
        }
        catch
        {
            count=-1;
        }
        finally
        {
            this.Close();
        }
        return count;
    }
    public DataSet GetDataSet(string sqlString) //执行选择查询并得到数据集
    {
        this.Open();
        SqlDataAdapter sda=new SqlDataAdapter(sqlString, Conn);
        DataSet ds=new DataSet();
        sda.Fill(ds);
        this.Close();
        return ds;
    }
    //通过存储过程获取 dataset,存储过程没有参数,方法重载 1
    public DataSet GetDataSetFromProc(string ProcName)
    {
        this.Open();
        SqlDataAdapter sda=new SqlDataAdapter();
        sda.SelectCommand=new SqlCommand();
        sda.SelectCommand.Connection=Conn;
        sda.SelectCommand.CommandType=CommandType.StoredProcedure;
        sda.SelectCommand.CommandText=ProcName;
        DataSet ds=new DataSet();
        sda.Fill(ds);
        this.Close();
        return ds;
    }
    //通过存储过程获取 dataset,存储过程有参数,方法重载 2
```

```
public DataSet GetDataSetFromProc(string ProcName,Hashtable ParaHashtable)
{
    this.Open();
    SqlDataAdapter sda=new SqlDataAdapter();
    sda.SelectCommand=new SqlCommand();
    sda.SelectCommand.Connection=Conn;
    sda.SelectCommand.CommandType=CommandType.StoredProcedure;
    sda.SelectCommand.CommandText=ProcName;
    foreach (object key in ParaHashtable.Keys)
    {
        SqlParameter para=new SqlParameter();
        para.ParameterName=key.ToString();
        para.Value=ParaHashtable[key].ToString();
        sda.SelectCommand.Parameters.Add(para);
    }
    DataSet ds=new DataSet();
    sda.Fill(ds);
    this.Close();
    return ds;
}
//根据指定 SQL 语句 select 获取记录集合中的第一行数据
public DataRow GetDataRow(string sqlString)
{
    DataSet ds=GetDataSet(sqlString);
    ds.CaseSensitive=false;   //表示 DataTable 对象中的字符串比较不区
                                             分大小写
    if(ds.Tables[0].Rows.Count>0)
    {
        return ds.Tables[0].Rows[0];
    }
    else
    {
        return null;
    }
}
}
}
```

17.3.3　业务逻辑层

　　业务逻辑层主要用于完成新闻系统项目中的各个模块的具体业务功能,下面主要以"后台管理用户"模块为例进行说明。

　　首先,删除 NewsBLL 层内默认的类文件 Class1.cs,然后添加一个后台管理用户的类文件 Admin.cs,在其代码中添加对于数据访问层 NewsDAL 的引用,该类所包含的成员如表 17-2 所示。

表 17-2　类文件 Admin.cs 的所有成员列表

属性/方法	功能说明
Adminuser	用户名称属性
Password	用户密码属性
AdminCheck	公有方法,用于判断指定用户是否存在
AdminDelete	公有方法,用于完成对指定用户的删除
AdminInsert	公有方法,用于完成对指定用户的添加
AdminUpdate	公有方法,用于完成对指定用户的更新
GetDatasetFromAdmin	公有方法,获取数据表 Admin 的完整数据集

　　类文件 Admin.cs 的主要代码如下。

```
......
using NewsDAL;  //导入数据访问层的命名空间

namespace NewsBLL   //新建类文件时,自动以类库项目名作为命名空间
{
    public class Admin
    {
        //定义公共成员 db
        private Database db=new Database();
        //类 Admin 构造函数带参数逻辑重载
        public Admin(string user,string pwd)
        {
            this.Adminuser=user;
            this.Password=pwd;
        }
        //字段 adminuser
        private string adminuser;
        //字段 password
        private string password;
        //属性 Adminuser
        public string Adminuser
        {
            get{return adminuser;}
            set{adminuser=value;}
        }
        //属性 Password
```

```
public string Password
{
    get{return password;}
    set{password=value;}
}
//检查当前的 Adminuser 在数据库中是否存在
public bool AdminCheck()
{
    string sqlString="select*from Admin where Adminuser='"+this.
Adminuser+"'";
    if(db.GetDataRow(sqlString)!=null)
    {
        return true;
    }
    else
    {
        return false;
    }
}
//完成用户 Admin 的添加功能
public bool AdminInsert()
{
    if (AdminCheck())   //用户存在
    {
        return false;
    }
    else  //用户不存在
    {
        string sqlString="insert into Admin(Adminuser,Password)
values('"+this.Adminuser+"','"+this.Password+"')";
        int count=db.ExecuteSQL(sqlString);
        if(count!=-1)   //成功
        {
            return true;
        }
        else  //失败
        {
            return false;
        }
    }
}
//完成用户 Admin 的更新功能
```

```
public bool AdminUpdate()
{
        if (AdminCheck())    //用户存在
        {
                string sqlString="update Admin set Password='"+this.
Password+"' where Adminuser='"+this.Adminuser+"'";
                int count=db.ExecuteSQL(sqlString);
                if (count !=-1)    //成功
                {
                        return true;
                }
                else    //失败
                {
                        return false;
                }
        }
        else    //用户不存在
        {
                return false;
        }
}
public bool AdminDelete()    //完成 Admin 删除功能
{
        if (AdminCheck())    //用户存在
        {
                string sqlString="delete from Admin where Adminuser='"+
this.Adminuser+"'";
                int count=db.ExecuteSQL(sqlString);
                if (count !=-1)    //成功
                {
                        return true;
                }
                else    //失败
                {
                        return false;
                }
        }
        else    //用户不存在
        {
                return false;
        }
}
```

```
//返回后台管理用户 Admin 的数据集
public DataSet GetDatasetFromAdmin()
{
    return db.GetDataSet("select Adminuser,Password from Admin order
by Adminuser asc");
}
}
}
```

17.3.4 用户表示层——新闻系统的前台页面设计

用户表示层是直接为用户服务的,其中有大量信息需要从数据库中获取出来进而在页面显示。这里,主要分析了新闻系统前台母版页(NewsMaster.master)、主页(Index.aspx)和内容详细页(Detail.aspx)的设计与实现。

1. 网站主题设计

在 Web 项目 News 内创建一个主题,其默认名称为 DefaultTheme,其中增加一个 Image 文件夹用于保存与样式、外观相关的资源文件,然后再增加一个样式文件 style.css 和一个外观文件 skin.skin,完成后的项目主题结构如图 17-9 所示。

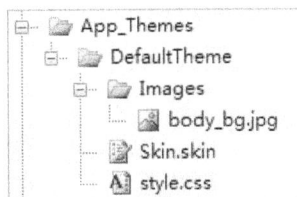

图 17-9 项目主题结构图

注意:应用主题是通过在网站配置文件中的<pages>配置节中使用如下代码实现的:

```
<pages styleSheetTheme="DefaultTheme"/>
```

2. 母版页设计

新闻网站的母版页定义了网站各个页面的公共部分。在 Web 项目 News 里,新建一个母版页 NewsMaster.master,采用 Div 布局,添加 1 个用于网站导航的标签控件、2 个数据显示控件和 1 个占位控件。母版页的设计视图如图 17-10 所示。

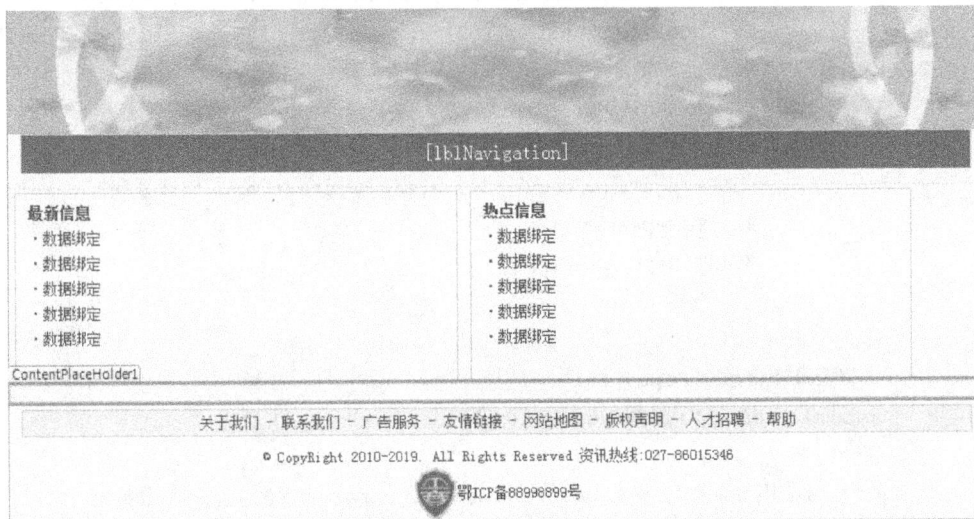

图 17-10 母版页的设计视图

在母版页的后台代码中,访问 SQL Server 数据库 NewsDB,导航条上标签控件的内容来源于 NewsType 表,用于显示"最新信息"和"热点信息"的控件的数据来源于 News 表。

由于要访问数据库,所以先要添加对数据访问层 NewsDAL 的引用(即导入命名空间 NewsDAL)。母版页的主要后台代码如下。

```
......
using NewsDAL;   //导入数据访问层命名空间

public partial class NewsMaster : System.Web.UI.MasterPage
{
    //定义公共元素,方便当前页面的所有事件过程或方法调用
    private Database db=new Database();   //创建实例
    private DataSet ds=new DataSet();   //创建实例
    private DataView dv=new DataView();   //创建实例
    protected void Page_Load(object sender,EventArgs e)
    {
        if(!Page.IsPostBack)
        {
            //通过标签控件获取数据中新闻类别信息构造导航条
            lblNavigation.Text+="<a href='Index.aspx'>新闻首页</a>|";
            //使用 NewsDAL 中的 Database 类的 GetDataSet 方法生成一个数据集
            ds=db.GetDataSet("select TypeID,TypeName from NewsType order
by TypeID asc");
            //生成一个 DataView 对象
            dv=ds.Tables[0].DefaultView;
            for(int index=0;index<dv.Count;index++)
            {
                lblNavigation.Text+="<a href='List.aspx? TypeID="+
                dv[index]["TypeID"].ToString()+"'>"+dv[index]["TypeName"].
ToString()+"</a>|";
            }
            lblNavigation.Text+="<a href='Message.aspx'>留言</a>|";
            lblNavigation.Text+="<a href='Contact.aspx'>联系我们</a>";
            BindToRepeater1();
            BindToRepeater2();
        }
    }
    //绑定最新信息给 Repeater1
    private void BindToRepeater1()
    {
        //使用 NewsDAL 中的 Database 类的 GetDataSet 方法生成一个数据集
        ds=db.GetDataSet("select top 5 NewsID,Title from News order by Date
```

```
desc");
            dv=ds.Tables[0].DefaultView;
            Repeater1.DataSource=dv;
            Repeater1.DataBind();
        }
        //绑定热点信息给 Repeater2
        private void BindToRepeater2()
        {
            //使用 NewsDAL 中的 Database 类的 GetDataSet 方法生成一个数据集
             ds = db.GetDataSet("select top 5 NewsID,Title from News order by
Number desc");
            dv=ds.Tables[0].DefaultView;
            Repeater2.DataSource=dv;
            Repeater2.DataBind();
        }
    }
```

3. 主页 Index.aspx 设计

主页 Index.aspx 也使用 Div+CSS 布局,引用了母版 NewsMaster.master,内容控件中使用了 6 个分类标签控件和 6 个 Repeater 控件。其中,分类标签控件的数据来源于表 NewsType,Repeater 控件绑定表 News,用于分类显示新闻。主页内容控件的设计视图如图 17-11 所示。

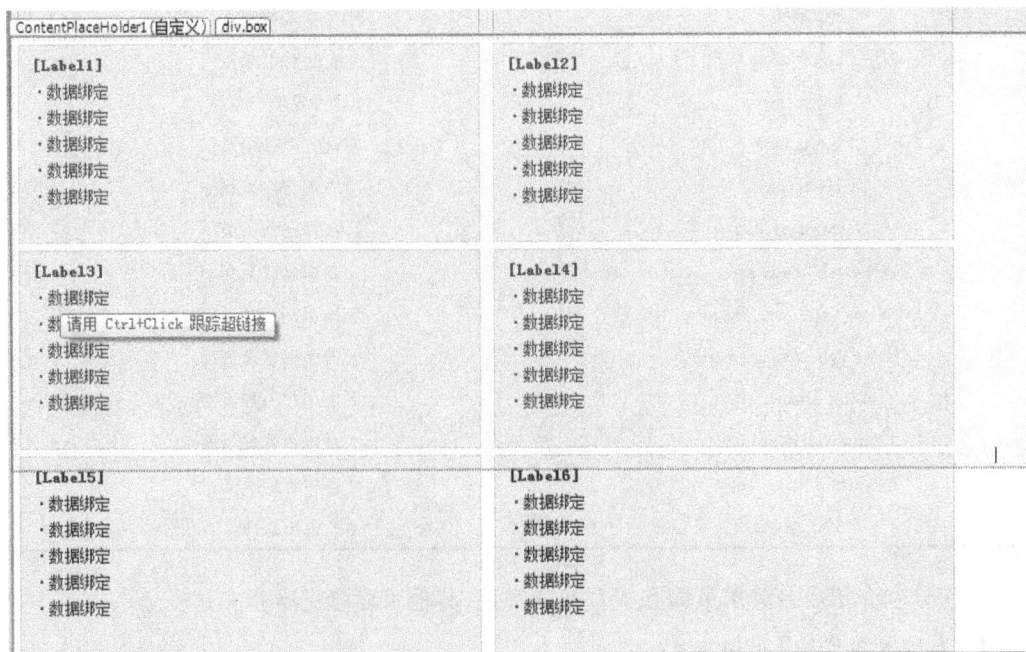

图 17-11　主页内容控件的设计视图

注意：在 Web 项目里，新建"Web 窗体"与新建"Web 内容窗体"的差别是后者才能应用母版。

4. 新闻详情页面 Details. aspx 设计

新闻详情页面 Details. aspx 作为主页中超链接的目标链接页面，它也引用了母版 NewsMaster. master，其内容控件中使用了 6 个标签控件，分别用于显示当前的新闻位置、新闻标题、作者、访问量、发布时间和新闻内容，6 个标签的内容均来源于数据库中的 News 表。新闻详情页的内容控件的设计视图，如图 17-12 所示。

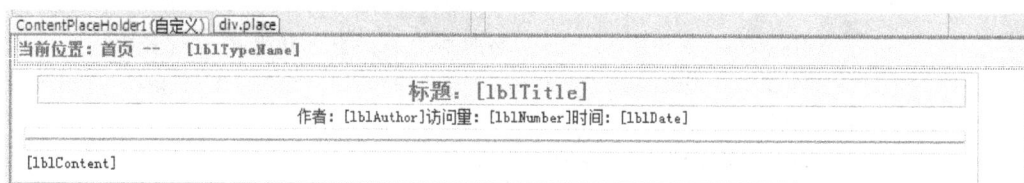

```
ContentPlaceHolder1(自定义) | div.place |
当前位置：首页 -- [lblTypeName]
                    标题：[lblTitle]
        作者：[lblAuthor]访问量：[lblNumber]时间：[lblDate]
[lblContent]
```

图 17-12 新闻详情页内容控件的设计视图

17.3.5 用户表示层——新闻系统的后台管理页面设计

新闻系统的后台管理一般包含以下操作：登录、后台用户管理、后台用户添加、新闻类别管理、新闻类别添加等。后台管理页面位于 Web 项目的 Admin 文件夹内，各页面的具体含义如表 17-3 所示。

表 17-3 新闻系统后台管理文件列表

文件名	功能描述
Login. aspx	后台登录
Index. aspx	后台管理主页面
Left. aspx	左侧列表帮助页面
Help. aspx	右侧帮助页面
NewsInsert. aspx	新闻添加页面
NewsUpdate. aspx	新闻修改页面
NewsTypeInsert. aspx	新闻类别添加页面
NewsTypeManage. aspx	新闻类别管理页面
AdminInsert. aspx	后台用户添加页面
AdminManage. aspx	后台用户管理页面
NewsManage. aspx	新闻管理页面
Exit. aspx	退出页面

下面分别介绍后台登录页面和主页面的实现，其他页面参见本章实验。

1. 后台登录页面 Login. aspx

登录页面的显示效果如图 17-13 所示。

双击"确定"按钮进入页面 Login. aspx 的后台代码编写窗口，其主要程序代码如下。

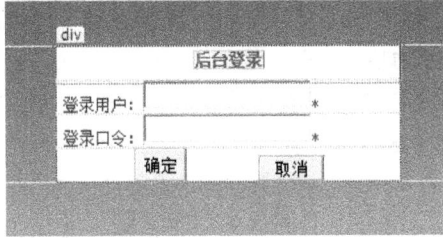

图 17-13　Login.aspx 设计窗口显示效果

```
......
using NewsDAL;    //导入数据访问层的命名空间
using NewsBLL;    //导入业务逻辑层的命名空间

public partial class Admin_Login:System.Web.UI.Page
{
    private Database db=new Database();
    //定义共有元素,以便当前页面其他方法或过程调用
    protected void btnConfirm_Click(object sender, EventArgs e)
    {
        Admin admin=new Admin();    //调用 DAL 层,创建实例
        admin.Adminuser=txtAdminuser.Text.Trim();    //属性赋值
        admin.Password=txtPassword.Text.Trim();
        if(admin.AdminCheck())
        {
            if(db.GetDataRow("select* from Admin where Adminuser='"+admin.
Adminuser+"' and
                Password='"+admin.Password+"'")!=null)
            {
                Session.Add("Adminuser", admin.Adminuser);
            //建立 Session 信息(变量)
                Response.Redirect("Index.aspx");    //进入后台管理主页面
            }
            else
            {
                Response.Write("<script>alert('口令错误');history.back();
</script>");
            }
        }
        else
        {
            Response.Write("<script>alert('用户名称不存在');history.back
();</script>");
        }
    }
}
```

在"确定"按钮的 Click 事件代码中，由于要使用业务逻辑层 NewsBLL 中的 Admin 类，所以在 News 项目中要添加对于业务逻辑层 NewsBLL 的引用（即要导入命名空间 NewsBLL）。同样，由于用户名和密码存放在表 Admin 内，所以要添加对 NewsDAL 层 的引用（即要导入命名空间 NewsDAL）。密码验证过程是：先实例化一个 Admin 对象， 并对属性 Adminuser 和 Passwordmga 赋值，然后使用 Admin 类的 AdminCheck() 方法检 查该用户名是否存在，若存在再检查用户密码是否正确。当用户名存在且密码正确时，进 入后台管理主页面。

2. 后台管理主页面 Index. aspx

该页面是一个框架结构页面，左侧显示 Left. aspx 页面，右侧显示 Help. aspx 页面。 用户成功登录后台管理程序后，页面 Index. aspx 运行显示效果如图 17-14 所示。

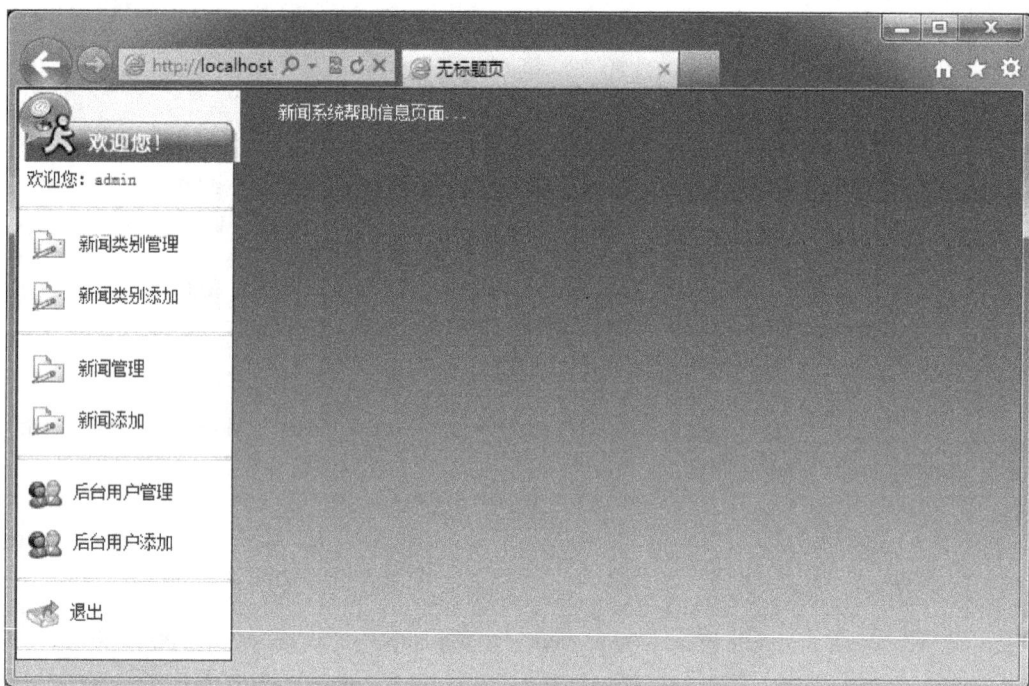

图 17-14　Index. aspx 运行显示效果

后台管理主页面 Index. aspx 采用框架结构，其 HTML 核心源代码如下。

```
<frameset cols="178,*" border="0" framespacing="0" rows="*" bordercolor=
"#FFECDF">
    <frame name="left" scrolling="YES" src="Left.aspx">
    <frame name="main" scrolling="YES" src="Help.aspx">
</frameset>
```

后台管理主页面 Index. aspx 的程序代码主要是在 Page_Load 事件中限制用户必须 登录之后才能访问此页面，可通过 if 语句判断 Session["Adminuser"] 来完成此功能，因 为未登录用户没有定义 Session，获取到的值为 null。Page_Load 事件代码如下。

```
protected void Page_Load(object sender,EventArgs e)
{
        string Adminuser=string.Empty;
        if(Session["Adminuser"]==null)
            Adminuser="";
        else
            Adminuser=Session["Adminuser"].ToString();
        if(Adminuser=="")
            Response.Redirect("Login.aspx");
}
```

习 题 17

一、判断题

1. 三层架构体现了将网站开发作为项目开发的思想。

2. 在三层架构中,对数据库的操作代码应放置业务逻辑层中。

3. 在三层架构中,仍然可以将数据库的连接字符串放置网站的配置文件中。

4. 在三层架构中,不能使用窗体的后台代码文件。

5. 在 Windows 类库项目里,新建类文件时,自动以库项目名作为命名空间。

6. 一个解决方案里,可以包含多个 Web 项目和 Windows 类库项目。

二、选择题

1. 在三层架构中,表示层的主要职责是_____。
   A. 数据处理　　　B. 数据展示　　　C. 数据传递　　　D. 数据存取

2. 在三层架构中,业务逻辑层的职责除了数据处理外,还有_____。
   A. 数据查询　　　B. 数据展示　　　C. 数据传递　　　D. 数据存取

3. 在三层架构中,数据访问层的主要职责是_____。
   A. 数据处理　　　B. 数据展示　　　C. 数据传递　　　D. 数据存取

4. 下列不属于三层架构优点的是_____。
   A. 易于分工　　　B. 易于维护　　　C. 安全性高　　　D. 代码量小

5. 在三层架构中,ADO.NET 数据访问类放在_____中使用。
   A. 表示层　　　B. 数据访问层　　　C. 业务逻辑层　　　D. 每一层都可以

6. 下列说法中,不正确的是_____。
   A. 使用"文件→新建→网站"属性两层架构
   B. 在 VS 中使用三层架构开发 ASP.N ET 网站,必须使用"文件—新建—项目"
   C. 新建 Web 项目时,不会自动创建 Default.aspx 和 Web.config 文件
   D. 除了 Web 项目外,还有 Windows 项目、安装和部署项目

三、填空题

1. 在三层架构中,以类库形式提供的是业务逻辑层和_____层。

2. 使用三层架构开发 ASP.NET 网站,必须新建 Web 项目和_____项目。

3. 在表示层的后台中,添加对于业务逻辑层的引用要使用_____关键字。

4. 在三层架构中,面向对象编程三大特征体现最强的是_____。

5. 新建 Windows 类库项目时,会自动创建 Properties 文件夹和_____文件夹。

实验 17　三层架构在 ASP.NET 网站开发中的应用

（访问 http://www.wustwzx.com/Default.aspx）

一、实验目的

1. 掌握通过新建 Web 项目和 Windows 类库项目搭建 ASP.NET 网站三层架构的实现方法；
2. 通过分析使用三层架构开发的新闻网站，掌握 BLL 层和 DAL 层里类的建立与使用方法；
3. 通过分析新闻网站，掌握使用 Div+CSS 布局页面的方法；
4. 掌握在 Web 项目中应用母版的方法；
5. 使用三层架构的开发模式，自行设计一个留言板。

二、实验内容及步骤

预备：下载新闻网站源代码并解压，通过 Web 项目 News 内 App_Data 文件夹里的查询文本文件 NewsDB.sql，在本机上建立 SQL Server 数据库 NewsDB。

1. 研究新闻网站中相关页面设计的代码，巩固所学知识。
   (1) 双击解压文件夹里的解决方案文件 News.sln，右键单击 Web 项目 News 中的主页文件 Index.aspx，选择"在浏览器中查看"，即可浏览新闻网站。
   (2) 双击解决方案里的 NewsDAL 项目文件夹里的类文件 Database.cs，仔细查看连接数据库的字符串代码。
   (3) 仔细查看类文件 Database.cs 中对数据库操作的各个方法。例如：GetDataSet()方法和 ExecuteSQL()方法。
   (4) 双击解决方案里的 NewsBLL 项目文件夹里的类文件 Admin.cs，第一行是导入命名空间 NewsDAL，后面的代码是建立该类文件。
   (5) 查看类文件 Admin.cs 中的 AdminCheck()方法对 DAL 层里 Database 类的调用。
   (6) 分别查看母版页、主页的前台代码，掌握使用 Div+CSS 布局页面的方法。
   (7) 掌握在 Web 项目中应用母版的方法。
2. 使用三层架构完成新闻网站中的留言板功能。
   (1) 在 NewsDB 数据库中添加一张新表，用于保存留言信息、留言用户、留言时间等信息。
   (2) 在 Web 项目 News 中添加一个新建项，选择"Web 内容窗体"，命名为 Message.aspx，设计该页面，实现让用户输入留言信息并提交至服务器。
   (3) 在留言页面的后台代码中，编写该页面的服务器端代码，将用户提交的留言信息等内容保存至系统数据库。

（4）按 Ctrl＋F5，测试浏览该页面。

（5）通过单击新闻系统主页的相关链接调试该留言页面。

三、实验小结

（由学生填写，重点写上机中遇到的问题）

附录一　在线测试

网页设计虽然重在实践,但指导实践的是理论,理论也来源于实践。设计完成后,要即时总结。为此,作者设计了一套在线测试题,在提交后能立即显示答题者的成绩和每道题的正误对照,以方便学生练习。

该测试题含有判断题、单选题和多选题三种题型,其中判断题共 15 题,每小题 2 分,共 30 分;单选题共 20 题,每小题 2 分,共 40 分;多选题共 10 题,每小题 3 分,共 30 分。

读者使用在线测试的方法是访问 http://www.wustwzx.com/ zxcs.html。

附录二　三次实验报告内容

在完成某个阶段的学习后,要写一次综合性的实验报告。本书共设计了三次实验报告:第一次实验报告对应于前七章的内容;第二次实验报告对应于第 8～10 章的内容;第三次实验报告对应于第 11～15 章的内容。

实验报告分为实验目的、实验内容及步骤和实验小结共三个部分,只有实验步骤和实验小结要求学生填写。学生可以将实验报告的文本事先打印出来,以供在实验前分析和思考。

三次实验报告文本的下载地址:http://www.wustwzx.com/default.aspx。

实验名称:ASP.NET 网站运行环境与服务器控件的使用

一、实验目的

1. 通过用户登录界面的设计,掌握 TextBox 控件、Button 控件和 Session 对象的使用;
2. 掌握 Button 控件的客户端事件与服务器事件的使用;
3. 掌握在后台代码中向 DropDownList 控件添加列表项的用法;
4. 掌握页面链接时传递参数的设计方法;
5. 掌握 ASP.NET 网站的运行环境和 PostBack 机制。

二、实验内容及步骤

(提示:根据实验目的,组织教材中的相关示例,说明相关用法)

三、实验小结及思考

(由学生填写,重点写上机中遇到的问题)

实验名称:ASP.NET 网站的数据访问技术

一、实验目的

1. 通过 ADO.NET 提供的五大对象的使用;
2. 掌握使用 PagedDataSource 类对数据绑定控件分页的用法;
3. 掌握使用模板设计数据源显示格式的用法;
4. 掌握实现对数据库增/删/改/查的公用类的设计方法;
5. 掌握 XML 控件访问 XML 文件的用法。

二、实验内容及步骤

(提示:根据实验目的,组织教材中的相关示例,说明相关用法)

三、实验小结及思考

（由学生填写，重点写上机中遇到的问题）

实验名称：ASP. NET 的 Ajax 技术、Web 服务、Web 用户控件和母版

一、实验目的

1. 结合聊天室的设计，掌握 Ajax 技术的基本应用；

2. 掌握使用 Web 服务的方法；

3. 掌握 Web 用户控件的设计与使用方法；

4. 掌握母版的用法。

二、实验内容及步骤

（提示：根据实验目的，组织教材中的相关示例，说明相关用法）

三、实验小结及思考

（由学生填写，重点写上机中遇到的问题）

附录三 模拟试卷及参考答案

本课程在不同的学校有不同的考核方式,一般有两种。其一是使用传统的出试卷的方式;另一种是提交设计的方式。作者认为,以试卷方式考核,有利于学生总结设计的基本理论和技巧,而本课程的课程设计以提交设计的方式较宜。

作者提供的模拟试卷分为六种题型,即单项选择题(20 小题共 20 分)、判断题(10 小题共 10 分)、填空题(10 小题共 20 分)、多选题(5 小题共 15 分)、简答题(2 题共 15 分)和综合填空题(5 个空共 20 分)。其中,选择题和判断题要求识记一些重要知识点(如服务器控件的一些重要属性名和值);填空题要求完全掌握某些知识要点;多选题考核一些重要的知识点之间的联系和区别;简答题要求准确表达某个概念或设计方法;综合填空题是使用 ADO. NET 访问数据库的编程中的填空。

模拟试卷下载地址是:http://www.wustwzx.com/ exam&answer.doc。

习 题 答 案

习 题 1

一、判断题(正确用"T"表示,错误用"F"表示)

1~6:FTTTFT

二、选择题

1~5:DBADC

三、填空题

1. PHP 2. Ctrl+F5 3. id 4. 相对

5. 主 6. 浏览器程序 7. XMLHttpRequest

习 题 2

一、判断题(正确用"T"表示,错误用"F"表示)

1~5:TTFFF 6~8:FTF

二、选择题

1~5:DBCBC

三、填空题

1. 源 2. 帮助 3. 配置节 4. 代码

5. ＜system.codedom＞ 6. ＜system.webServer＞

习 题 3

一、判断题(正确用"T"表示,错误用"F"表示)

1~7:TTTTTTT

二、选择题

1~5:BCCDC

三、填空题

1. True 2. 内容 3. bin

4. 事件名 5. Web 安装

习 题 4

一、判断题（正确用"T"表示，错误用"F"表示）

1～6：TFTTFT

二、选择题

1～5：CBDDA

三、填空题

1. 属性 2. 引用 3. 方法

4. object 5. Camel 6. 程序集

习 题 5

一、判断题（正确用"T"表示，错误用"F"表示）

1～5：TFTTF 6～7：TF

二、选择题

1～5：ADDBB 6～7：DD

三、填空题

1. GroupName 2. HTML 服务器控件 3. RadioButton 或 RadioButtonList

4. NavigateUrl 5. CheckBox 或 CheckBoxList 6. HotSpots 7. Item. Add()

8. AutoPostBack

习 题 6

一、判断题（正确用"T"表示，错误用"F"表示）

1～5：TTFFT

二、选择题

1～5：BBDDB

三、填空题

1. System. Web 2. QueryString() 3. Redirect() 4. Platform

5. Remote_Addr 6. PreviousPage 7. ApplicationPath

习 题 7

一、判断题（正确用"T"表示，错误用"F"表示）

1～5：TTTFT

二、选择题

1～5：BBBCD

三、填空题

1. Application 2. HttpSessionState 3. Response

4. Request 5. Session_OnStart()

习 题 8

一、判断题(正确用"T"表示,错误用"F"表示)

1~5:FFTTF 6~8:TTF

二、选择题

1~5:DCDDA

三、填空题

1. PageSize 2. 模板列 3. <connectionStrings> 4. False 5. 高级

6. <Columns> 7. 服务器资源管理器 8. 主键 9. HyperLinkField

习 题 9

一、判断题(正确用"T"表示,错误用"F"表示)

1~6:FTTFTT

二、选择题

1~5:DDADB

三、填空题

1. System.Data.OleDb 2. DataSource 3. DataTable

4. System.Data.SqlClient 5. ExecuteReader()

6. System.Data 7. public

习 题 10

一、判断题(正确用"T"表示,错误用"F"表示)

1~5:FTTTF

二、选择题

1~5:BDBCD

三、填空题

1. DocumentSource 2. ReadXml() 3. WriteXml()

4. WriteElementString() 5. Flush()

习 题 11

一、判断题(正确用"T"表示,错误用"F"表示)

1~5:TFTTT 6~7:FT

二、选择题

1~5:DBCDD

三、填空题

1. 添加 Web 引用 2. App_WebReferences 3. App_Code

4. Web 引用名 5. XML 6. 命名空间

习 题 12

一、判断题（正确用"T"表示，错误用"F"表示）

1~5:TTTTT 6~7:TF

二、选择题

1~4:ADDD

三、填空题

1. sitemap 2. SiteMapDataSource 3. RootToCurrent

4. ＜siteMap＞ 5. ＜siteMapNode＞

习 题 13

一、判断题（正确用"T"表示，错误用"F"表示）

1~5:FFFFF 6~8:TFT

二、选择题

1~6:DBBDCA

三、填空题

1. App_Theme 2. 母版 3. SkinId

4. ContentPlaceHolder 5. Content 6. 选择项 7. bin

习 题 14

一、判断题（正确用"T"表示，错误用"F"表示）

1~5:FTTTT

二、选择题

1~5:ACACD

三、填空题

1. System.IO 2. TextWriter 3. Button

4. PostedFile 5. 命令按钮

习　题　15

一、判断题(正确用"T"表示,错误用"F"表示)

1～5:TTTFT

二、选择题

1～5:CADCB

三、填空题

1. Onreadystatechange　2. responseText　3. EnablePartialRendering

4. Interval　5. UpdatePanel　6. 毫秒

习　题　16

一、判断题(正确用"T"表示,错误用"F"表示)

1～5:FTTFT　6～8:FFT

二、选择题

1～5:DBADD

三、填空题

1. new　2. bin　3. 第三方控件　4. 编译　5. protected,public

习　题　17

一、判断题(正确用"T"表示,错误用"F"表示)

1～6:TFTFTT

二、选择题

1～6:BCDDBC

三、填空题

1. 数据访问层　2. Windows 类库　3. using　4. 封装　5. 引用

参 考 文 献

陈作聪,等.2012.Web 程序设计——ASP.NET 上机实验指导.北京:清华大学出版社.

邵良杉,等.2007.ASP.NET(C♯)实践教程.北京:清华大学出版社.

沈士根,等.2009.Web 程序设计——ASP.NET 实用网站开发.北京:清华大学出版社.

吴志祥.2011.网页设计理论与实践.北京:科学出版社.

许锁坤.2007.ASP.NET 技术基础.北京:高等教育出版社.

张恒,等.2009.ASP.NET 网络程序设计教程.北京:人民邮电出版社.